전자기초실험

임승하 · 황호웅 · 나승권 · 이종성 공저

남두도서

남두(南斗) : 남두육성(南斗六星)

은하의 중심인 사수자리에 있는 국자모양의 여섯 개의 별로서, 인간의 탄생을 결정하는 별로 알려져 있다.

이 책의 머리말

Preface

21세기의 현대사회에서 정보와 기술은 빠른 속도로 발전을 거듭하고 있다. 특히 첨단을 다루는 전기, 전자와 통신 분야는 급격한 기술 변화가 진행되고 있다. 미래의 산업을 주도하기 위해서는 국가가 고도의 산업기술을 필요로 하는 전기, 전자와 통신 분야에서 능력 있는 기술인력을 육성하는 것이 매우 중요하다. 또한 개인은 스스로의 발전을 이룩하기 위해 산업환경 변화에 능동적으로 적응하면서, 창의적인 자기 개발의 노력을 기울여야 한다.

전기, 전자와 통신 분야에서, 이론만으로 전자와 전기의 성질을 이해하는 것은 힘들다. 실험을 통한 실습교육은 이론과 실기의 특성을 이해하는 가장 좋은 방법이 될 것이다.

이 교재에서는 전기, 전자 및 통신을 공부하려는 학생들에게 기초적이면서도 기본적인 중요한 회로에 대하여 실험을 쉽게 이해할 수 있도록 구성하였다. 각 장마다 핵심적인 이론 부분을 수록하여 실험에 앞서 사전지식을 배양하게 하였고, 그 다음 실험을 통하여 이를 검증하게 하였다. 유익한 실험을 하기 위해서는 각장의 실험과제에 대한 철저한 사전 준비와 결과에 대한 고찰이 매우 중요하다.

따라서 각 장마다 실험(예비)보고서에서는 목적, 이론과 절차 등을 작성하도록 하였으며, 실험(결과)보고서에서는 실험결과를 바탕으로 이론과 실제에 대한 검토를 하게 하여 이해하도록 하였다.

한편 이 교재에서는 실험을 하기 위한 기본지식으로 단위와 측정오차를 비롯하여 저항, 콘덴서와 코일의 종류와 읽는 법, 회로도의 기호와 약호 등의 기초적인 소자 사용법을 수록하였다. 또한 실험하는 데 매우 중요한 직류전원 전압기(power supply), 멀티 메터와 오실로스코프, 함수 발생기(function generator) 등의 실험장비 등을 설명하여 전기, 전자와 통신 분야에 처음 접하는 학생들에게 참고하게 하였다.

이 교재의 앞부분에서는 회로의 기초가 되는 키르히호프의 법칙, 테브난과 노튼의 정리 등을 통해 R, L, C 등의 수동소자를 이해하게 하였다. 중간 부분에서는 다이오드, 트랜지스터와 FET 등을 이용한 실험을 하여 반도체의 기초를 이해하게 하였다.

마지막 부분에서는 모든 소자 등을 이용한 응용회로를 실험하게 하여 실제로 사용하는 회로를 구성하였다.

이 교재가 전기, 전자와 통신 분야를 전공하는 학생들에게 많은 도움이 되기를 바란다. 또한 교재를 펴내면서 세심한 노력에도 불구하고, 다소 미흡한 부분에 대해서는 여러분의 의견을 모아 계속적으로 수정·보완하고자 한다. 끝으로 출간되기까지 도와주신 모든 분들에게 감사를 드린다.

공저자 씀

이 책의 차례

Contents

제 I 편

실험을 위한 기본지식

제Ⅱ편
실 험

■ 부 록

제 I 편
실험을 위한 기본지식

제1장

실험에 필요한 일반적인 사항

1. 실험의 정의와 목적

실험은 과학적 연구방법의 하나로서 어떤 대상에 입력신호를 가한 후 인위적인 조건에 따라서 변화되는 현상을 관찰하는 방법이라고 정의할 수 있다.

따라서, 실험은 목적에 따라 연구개발을 위하여 미지의 분야에 속하는 문제의 해결을 위한 실험, 기존지식을 적용함으로써 현재의 관례나 사례를 개선하기 위한 실험, 어떤 사실이나 원리를 완전히 이해할 수 있도록 하기 위해서 이미 알고 있는 원리를 실험을 통하여 확실히 이해하도록 하는 실험 등과 같이 구분할 수 있다.

한편 학교에서 학습하면서 행하는 실험의 목적은 학생들이 직접적인 경험을 통하여 어떤 원리나 원칙 및 기술의 과학적 근거를 잘 이해하고, 실험을 통해서 기술을 습득하며, 문제를 실험적인 방법에 의하여 해결하려는 태도를 기르는 데 있다.

특히, 전기·전자 분야를 전공하는 데 있어서의 실험은 학문의 원리나 현상, 구조 및 특성 등을 배우고, 기술을 습득하는 것이 주목적이라 할 수 있고, 더 나아가 직업에 대한 올바른 가치관, 태도 및 습관 등을 함양하는 것이 필요하다.

2. 실험에 필요한 기본자세

실험을 행하는 학생들은 실험에 의하여 진리를 추구하겠다는 과학자의 자세로 임해야 할 것이며, 또 기기와 기구를 잘 사용하고 보존할 수 있는 기술자의 양심을 가지고 실험을 행해야 할 것이다. 이와 같은 실험을 하기 위하여 갖추어야 할 기본자세는 다음과 같다.

- 실험을 시작하기 전에 그 실험의 목적이 무엇이며, 관련 이론, 실험절차, 안전 및 유의사항 등을 습득하고 있어야 한다.
- 여러 명이 한 조가 되어 실험을 행하는 경우는 서로 협동하여 진행하여야 하며, 방관자가 되어서는 안 된다.
- 실험기기 및 기구의 사용법을 미리 설명서나 교수를 통하여 충분히 알고 있어야 한다.
- 실험기기 및 부품 등의 성능은 실험하기 전에 잘 살펴보도록 해야 하며, 실험 중에는 항상 성능과 동작 상태에 대하여 관찰하는 자세로 실험에 임해야 한다.
- 실험 중에 나타나는 여러 가지 현상들을 주의 깊게 관찰하여 기록하여야 하며, 사용기기의 형명과 조건을 상세히 기록한다. 이것은 실험이 끝난 다음에 실험결과를 분석하고 검토할 때 중요한 자료가 된다.
- 실험이 끝난 다음에는 보고서와 결과 그래프를 작성하여 실험결과를 정리하고, 분석하는 습관을 기르도록 해야 한다.

3. 실험시 안전수칙

안전교육은 실험을 안전하게 진행할 수 있고, 안전에 관한 제반규칙을 지킬 수 있도록 하는 것이지만, 인간이 안전한 습관과 태도로 임하기는 쉬운 일이 아니다.

따라서, 안전에 대한 지식과 기술, 태도는 다른 기술과 마찬가지로 이해하고 준수하여야 하며, 많은 연습을 통해서만이 행동으로 나타날 수 있다.

안전사고는 방심과 자만에서 일어나는 경우가 많으며, 특히 실험은 전기와 화학물질 등에 의한 위험이 따르므로, 실험은 계획과 운영을 행하는 데 있어서 안전을 우선적으로 고려해야 한다.

학교의 실험실에서는 저전압, 소전류 상태에서 실험을 하기 때문에 안전에 소홀히 하는 경우가 많은데, 이는 장차 현장에서의 위험을 초래하게 되는 원인이 될 수도 있기 때문에 학교 실험에 있어서도 안전에 관해서는 몸에 익히도록 철저히 배워야 한다.

전기의 감전 원인은 전기가 흐르고 있는 전선에 접촉될 경우, 누전된 기구류에 접촉되는 경우, 물기나 습기가 있는 곳에서 감전될 경우에 발생되며, 인체의 조건 등에 따라 감전 정도가 정해지는데, 그 이유는 대전체와 대지 사이에 인간이 회로를 구성시키는 조건에 따라 차이가 있으나, 인체 내에 흐르는 전류의 세기에 따라 피해 정도가 다르기 때문이다.

감전사고의 원인은 전기 기구 및 기기에서 충전 부분의 노출, 전기배선의 절연 피복의 손상, 시설 자체의 결함, 작업방법의 미숙 및 동력선 부분의 부주의에 의한 접촉 등을 들 수 있다. 따라서, 감전사고를 방지하기 위해서는 전기 설비의 철저한 점검, 전기기기 및 장비의 정비, 작업자에 대한 안전교육, 전기기기에 위험 표시, 절연 보호구의 사용, 허가자 이외의 전기기기 및 기구의 사용 금지 등을 유의해야 한다.

따라서 학생들이 실험실에서 지켜야 할 안전에 관한 일반적인 수칙은 다음과 같다.

- 모든 과제를 수행하시 전에 기기 및 장비의 상태를 잘 점검한다.
- 작업은 모든 기기들이 정돈된 상태에서 이루어져야 한다. 그렇지 않을 경우에는 결선의 단락 및 전기 충격사고 등의 원인이 된다.
- 물이 젖어 있는 바닥에서의 전기 작업은 접촉 저항의 감소로 누전 및 감전의 위험이 따르므로 주의하여야 한다.
- 기기의 안전장치를 함부로 만지지 않는다.
- 작업 중에는 불필요한 말과 행동을 하지 않는다.
- 모든 일은 서두르지 말고 침착하게 해야 한다.
- 모든 사고가 발생하였을 때는 즉시 보고한다.
- 모든 기기 및 장비는 소중히 사용하며, 사용한 다음에는 제 위치로 이동하여 정리 · 정돈하여 보관한다.

4. 실험시 측정기 및 장비의 취급요령

실험실 내에 있는 측정기와 장비 및 공구는 학생이 언제나 사용할 수 있도록 준비되어 있어야 한다. 뿐만 아니라, 실험실에서 사용되는 측정기 및 장비 등은 각각 그 특유의 기능을 가지고 있으므로, 그 취급에 있어서 주의를 해야 하며, 실험실에서의 측정기 및 장비의 취급요령은 다음과 같다.

- 전원 및 기기의 퓨즈는 규격품을 사용하고, 정격 이상에서 동작하지 않도록 해야 한다.

- 실험의 과제마다 지정된 측정기 및 장비를 사용해야 하며, 조작법, 결선 등의 미숙으로 파손시키는 일이 없도록 한다.
- 측정기 및 장비는 사용목적에 따라 바르게 선정한다.
- 모든 기기의 사용할 때는 그 규격을 자세히 검토한 후 조심성 있게 다룬다.
- 파손 및 고장이 발생했을 때에는 다음 실험에 지장이 없도록 즉시 보고하고, 가능한 범위 안에서 지도교수의 지도를 받아 수리한다.
- 정전시는 일단 모든 전원을 꺼야 한다.
- 측정 계기류는 직류·교류의 필요한 범위와 정밀도 등을 고려하여 적당한 것을 선택할 필요가 있다.
- 전압계에 있어서는 배율기를, 또 전류계는 분류기를 외부에서 연결하여 사용하는 경우에 접속방법에 주의해야 한다.
- 저항기를 선택할 때에는 저항값뿐만 아니라, 허용 전력을 고려하여 적당한 것을 선택하여야 한다.
- 콘덴서에 인가되는 전압이 높을 경우 내압을 고려해야 한다.
- 가변 저항기와 저항 박스는 사용목적과 정밀도에 따라 적당한 것을 사용해야 한다.
- 배선은 될 수 있는 한 짧고 간결하게 하고, 전원 스위치를 닫기 전에 반드시 잘못이 없는지를 미리 확인해야 한다.
- 실험을 중단할 때에는 전원 스위치를 끄고, 실험 도중에 사소한 전선의 변경할 때에도 스위치를 반드시 끄고 행한다.

5. 실험보고서 작성방법

실험보고서를 작성하는 목적은 다음과 같다.

- 실험실에서 어떤 일이 일어났는지를 문서화하고, 실험에서 적용된 각종 원리와 개념을 얼마나 잘 이해했는지를 알리는 데 있으며,
- 기술적인 보고서 작성 기법을 향상시키기 위한 좋은 경험을 쌓도록 하는 것이고,
- 이론 학습을 통해서 실질적으로 실험결과를 확인하면서 기능을 습득하고 실

제로 응용할 수 있도록 하는 데 있다.

일반적으로, 실험보고서 작성요령은 예비보고서와 결과보고서의 두 단계로 나누어 작성한다. 예비보고서는 〈표 1-1〉과 같이 미리 실험할 내용에 대해 이론을 중심으로 관련된 내용을 고찰・서술하고, 실험의 교재내용을 풀이하여 실험 당일, 시작 전에 제출 또는 확인받는다. 그리고, 실험결과 보고서는 〈표 1-2〉와 같이 실험한 결과를 비교 분석하도록 주어진 과제로 실험에 필요한 회로도를 숙지하여 연결 또는 조립하고, 측정방법과 측정계기의 원활한 조작, 실험절차, 실험목적에 따라 정확한 데이터를 얻고 작성해야 한다. 물론 혼자서도 가능하지만 실험 조원의 역할분담에 따라 각자의 일을 하고 서로가 같이 할 수 있는 능력을 갖추어야 한다.

실험이 끝나면 학생들은 그 시간에 설정된 실험과제의 목적이나 관련 이론을 충분히 이해하고, 실험과정 중에 나타나는 여러 가지 현상 등을 주의 깊게 관찰하고, 실험결과를 보고서로서 작성하는 능력은 매우 중요하다.

일반적으로 보고서를 쓰는 방법은 여러 가지 형식이 있으나, 실험을 담당하는 지도교수의 지도에 따라 보고서를 작성하여 제출하면 된다.

〈표 1-1〉 실험 (예비) 보고서 작성요령

실험 (예비) 보고서		
학과명 :	학 번 :	성 명 :
1. 실험 과제명 : 2. 실험 목적 3. 기기 및 재료 4. 관련 이론 5. 실험 절차		

〈표 1-2〉 실험 (결과) 보고서 작성 요령

실험 (결과) 보고서		
실험조 :	공동실험자 :	실험일자 :
1. 실험명 :		
2. 인 적 사 항 : 학과	학번	성명
3. 실험표		
4. 그래프		
5. 검토 및 정리		

6. 단위와 측정오차

(1) 기본단위와 유도단위

여러 가지 물리적인 양의 기준 측정량이 단위(unit)이고, 같은 측정량이 단위의 몇 배인가를 표시하는 것이 측정의 수치(number)이다. 예를 들어 무게가 100[kg]이라고 말할 때, 킬로그램[kg]은 무게의 기준단위이고, 무게 단위의 수의 값은 100이다. 그러므로 물리적인 양인 무게는 킬로그램 단위에 의해서 정의된다. 단위가 없으면, 측정의 수치는 물리적인 의미가 없다. 과학이나 공학에 있어서 단위의 두 종류가 사용되는데 기본단위(fundamental unit)와 유도단위(drived unit)이다.

기본단위는 길이(M), 질량(K), 시간(S) 등으로 주 기본단위라 부른다. 또 열분야, 전기분야 및 조명분야에 있어서의 어떤 물리적인 양의 측정에도 기본단위로 표현된다. 이와 같이 특별한 물리적인 양의 측정에 사용되는 단위를 보조기본단위라 한다.

기본단위의 항으로 표현되어질 수 있는 모든 단위를 유도단위라 부르고, 모든 유도단위는 그 단위를 정의하는 물리법칙에서 이루어진다. 예를 들어, 면적에 대한 유도단위는 m^2이다.

일반적으로 전기분야에서 사용되는 단위계는 MKS 단위계로서, 여기에서는 모든 단위의 기본이 되는 길이, 질량, 시간을 각각 미터(meter), 킬로그램(kilogram), 초(second) 단위로 측정하며 국제 표준(SI) 단위계라고도 부른다. 길이, 질량, 시간과 함께 전기현상을 설명하는 데 추가적으로 필요한 기본량으로서는 전류와 온도가 있는데 MKS 단위계에서는 각각 암페어(Ampere)와 절대온도인 켈빈(Kelvin)을 사용한다. 이와 같이 다섯 가지 기본량의 조합으로 모든 전기량의 단위가 표현된다.

〈표 1-3〉은 이들 5개의 기본단위들을 정리한 것이다.

〈표 1-3〉 전기분야의 기본단위와 기호

물리양	기호	단위	단위의 약자
길이	l	Meter	m
질량	m	Kilogram	kg
시간	t	Second	s
전류	I	Ampere	A
온도	T	Kelvin	K

(2) 10진 표기법

실제로 전기 이론분야에서 다루어지는 수의 범위는 매우 크므로 편의상 특별한 10진 표현이 필요하다. 〈표 1-4〉에 표준적으로 사용되고 있는 10진 지수의 접두어를 사용하는 십진 표기법을 나타내었다.

(3) 실용단위

CGS(㎝, g, s) 단위가 전기나 자기측정에 사용될 때 복잡성 때문에 CGS 정전단위와 CGS 전자단위라는 두개의 단위계가 세워졌다.

전자단위계에서 전류와 전압에 대한 유도단위는 실제 측정에 있어서 암페어(ampere)와 볼트(volt)가 사용된다. 이 두 단위를 포함한 쿨롱(coulomb), 옴(ohm), 헨리(henry), 패럿(farad) 등의 단위가 제 3단위계로 채택되어 이것을 실용단위계라 부른다. 전기에서 사용하는 전류, 전압, 에너지 및 전력 등의 실용 전기단위계에 포함됨으로써 단위계가 확장되었다.

〈표 1-4〉 10진 지수 표기법

접두어	약자	읽기	등가값	어원
exa	E	엑사	10^{18}	그리스 ex, "beyond"
peta	P	페타	10^{15}	그리스 petasos, "outreach"
tera	T	테라	10^{12}	그리스 teras, "monster"
giga	G	기가	10^{9}	라틴 gigas, "giant"
mega	M	메가	10^{6}	그리스 megas, "great"
kilo	k	킬로	10^{3}	그리스 chilioi, "a thousand"
hecto	h	헥토	10^{2}	
deca	da	데카	10^{1}	
deci	d	데시	10^{-1}	
centi	c	센티	10^{-2}	
milli	m	밀리	10^{-3}	라틴 mille, "a thousand"
micro	u	마이크로	10^{-6}	그리스 mikros, "small"
nano	n	나노	10^{-9}	그리스 mamos, "dwarf"
pico	p	피코	10^{-12}	스페인 pico, "small quantity"
femto	f	펨토	10^{-15}	덴마크 femten, "fifteen"
atto	a	아토	10^{-18}	덴마크 atten, "eighteen"

〈표 1-5〉는 전기분야에서 주로 사용되는 실용 단위들을 정리한 것이다.

〈표 1-5〉 전기분야에서의 실용 단위표

물리량	기호	단위의 명칭	단위의 약자	물리량	기호	단위	단위의 약자
전류	I	암페어(Ampere)	A	전력	P	와트(watt)	W
전위	V	볼트(volt)	V	전하	Q	쿨롬(coulomb)	C
저항	R	옴(ohm)	Ω	정전용량	C	패럿(farad)	F
콘덕턴스	G	모우(mho)	℧	인덕턴스	L	헨리(henry)	H
에너지, 일	W	줄(joule)	J	주파수	f	헤르쯔(hertz)	Hz
자속	ϕ	웨버(weber)	Wb	기전력	E	볼트(volt)	V

7. 측정과 오차

(1) 측 정

측정은 일반적으로 어떤 양이나 변수의 크기를 결정하는 물리적인 방법을 말하며, 대소를 수량적으로 나타내는 조작을 하는데 필요한 장치를 측정기라 한다.

새로운 기술의 발달로 더 정교하고 정확한 측정기가 요구되어 좋은 측정기를 사용한다. 그러나 그 사용법이나 취급방법을 잘 알지 못하면 정확한 결과를 얻을 수 없으므로 측정기를 올바르게 사용하기 위해서는 측정기의 구조와 조작원리를 잘 이해하여 측정기가 측정 대상에 적합한가를 평가할 수 있어야 한다.

(2) 정확도와 정밀도

정확도(Accuracy)는 측정된 양이 참값에 가까운 정도 혹은 일치하는 정도를 의미하는 것이다. 즉, 참값이 100[V]일 때 99.9[V]보다 99.99[V]가 한 자리 높은 정확도이다.

정밀도(Precision)는 측정을 여러번 할 때 측정군의 측정량 혹은 측정기 사이의 일치 정도를 뜻하며, 눈금을 얼마나 미세하게 식별이 가능한가이다. 즉 1[V] 단위보다 0.1[V] 단위가 한 자리 높은 정밀도이다.

(3) 유효숫자

유효숫자라 함은 그 자릿수 전까지는 오차를 포함하지 않으나 그 자릿수는 오차를 포함하는 숫자까지의 자리수를 말한다.

측정에 대한 정밀도의 표시는 측정결과에 표시된 유효숫자로부터 얻는다. 유효숫자는 어떤 양의 크기와 측정의 정밀도를 고려해서 실제적인 정보를 나타내어 준다. 유효숫자가 많을수록 측정의 정밀도는 높다.

예를 들면, 12300의 유효숫자는 1, 2, 3의 3개 숫자이다.

여기서, 0이 아닌 숫자는 유효숫자, 0이 아닌 숫자 사이에 끼어 있는 0은 유효숫자, 소수에서 0이 아닌 숫자 뒤에 오는 0은 유효숫자이다. 그러나 단순히 자리수만 맞추기 위해서 있는 0은 유효숫자가 아니다.

1) 근사값의 덧셈과 뺄셈의 경우

유효숫자의 끝자리를 반올림하여 같은 자리로 맞추어 계산한다. 즉, 24.3과 7.35인 경우 24.3과 7.4와 같이 유효숫자의 끝자리를 반올림하여 덧셈이나 뺄셈을 한다.

2) 근사값의 곱셈과 나눗셈

반올림하여 유효숫자의 개수를 작은 쪽에 맞추어 계산하고, 곱이나 몫도 반올림하여 처음 두 수와 같은 개수만큼의 유효숫자로 정한다.

예를 들면, $32.4\times8.5=32\times8.5=272.0=2.7\times10^2$

— 큰 수를 기술적으로 좀더 정확하게 표시하는 법은 10의 거듭제곱을 이용하여 표시한다.

(4) 오 차

오차란 이론이나 계산에 의해 구해지는 참값과 측정에 의해 구해지는 측정값의 차이를 말하며, 측정값을 M, 참값을 T라 하면

$$\text{오차(error)}\ \ \varepsilon=M-T$$

$$\text{오차율(상대오차)}=\frac{\varepsilon}{T}=\left|\frac{M-T}{T}\right|$$

$$\text{백분율 오차}=\frac{\varepsilon}{T}\times100[\%]=\left|\frac{M-T}{T}\right|\times100[\%]$$

이며, 오차는 여러 가지 원인에 의해 발생하며, 3가지 중요한 오차에는 총체오차, 계통오차, 우연오차가 있다.

1) 총체오차

측정기 눈금의 오독, 계기의 부정확한 조정, 계기의 잘못 적용, 그리고 계산의 잘못 등 주로 사람이 발생시킨 오차이다.

약간의 총체오차(gross error)는 필연적으로 발생하게 된다. 그러나 총체오차를 완전히 없애는 것이 불가능할지라도 우리는 오차의 발생을 예견하고, 보정하려는 노력이 필요하다. 측정시 초보자에 의해서 발생하는 공통적인 총체오차는 측정기의 부적합한 사용에서 일어난다.

일반적으로 지시계기는 회로에 접속되었을 때 회로의 상태를 변화시키므로 측정값은 사용한 측정방법에 의해 변화한다. 예로써 전압계의 부하효과에 의해서 발생된 오차는 전압계를 올바르게 사용함으로써 제거할 수 있다. 또한 측정전에 '0'점을 잘못 조정했을 때 총체오차가 발생하고 이 경우 모든 판독은 틀리게 된다.

따라서, 총체오차는 수학적으로 취급될 수 없으며, 오직 측정결과를 읽고 기록하는데 주의를 기울여야만 피할 수 있다. 한 번 측정으로 정확한 측정을 얻을 수 없으므로 적어도 계기가 ON/OFF되는 조건에서 세 번 이상 측정을 하여야 한다.

2) 계통오차

계통오차(systematic error)란 부품의 결함이나 마모 등으로 인한 계측기의 결점, 혹은 계기나 측정자에 대한 환경의 영향에 의해 생기는 오차이다.

측정기 오차는 측정기의 기계적 구조에서 생기는 고유한 오차이며, 사용하는 계기의 형태에 의한다. 측정자는 항상 자기가 사용하고 있는 측정기가 적절히 동작하고 있는지 혹은 사용목적에 따라서 심한 오차를 발생시키는지를 검토해야 한다. 측정기의 오차는 불규칙한 환경, 결과의 안전성과 재현성에 대해 점검함으로써 검출할 수 있다. 측정기를 점검하는 정확하고도 손쉬운 방법은 계기를 특성이 같은 다른 계기와 비교한다든지, 혹은 더 정확하다고 알려진 계기와 비교하는 것이다.

측정기 오차를 피하는 방법은 측정대상에 적합한 측정기의 선택하고, 측정기 오차의 양을 결정한 후에 보정률을 결정하여, 측정기를 다시 표준기로 교정하는 것이다.

환경오차는 측정기의 외부상태, 즉 측정기가 보관되어 있는 주위의 온도, 습도, 압력 혹은 전계 및 자계의 변화에 의한 것이다.

3) 우연오차

우연오차(random error)란 측정파라미터나 시스템의 불규칙한 변화로 발생하며, 규명할 수 없는 원인에 기인하는 오차를 말한다. 이러한 오차를 제거할 수 있는 방법은 측정회수를 증가시키고, 통계방법을 사용해서 참값에 가장 근접한 측정치를 얻는 것이다.

4) 기타 제한오차

대부분의 지시계기에서 정확도는 최대눈금 지시치의 백분율(%)에 의해 보증된다. 회로소자(저항, 콘덴서 등)는 그 정격치의 몇 % 이내로 보장된다. 이와 같은 정격으로부터 편차의 제한치를 제한오차(Limiting error) 혹은 보장오차(Guarantee error)라 한다.

제2장 전자부품의 이해

최근에는 전자회로 기술의 눈부신 발전으로 새로운 형태로 된 각종 부품도 많이 나오고 있지만, 기본적인 성분은 R(저항기), L(코일), C(콘덴서)가 합성된 것에 불과하다. 즉, 전자회로의 3요소는 R, L, C로서 어떤 특수한 전자회로나 부품도 결국은 R, L, C로 구성된다. 전자부품은 크게 수동부품과 능동부품, 보조부품으로 구분되고, 능동부품은 입력과 출력을 갖추고 있으며, 전기를 가한 것만으로 입력과 출력에 일정한 관계를 갖는 소자를 능동소자라 한다. 예를 들면, 트랜지스터, IC, 다이오드, FET, 연산증폭기 등이 있다.

수동부품은 부품 스스로 아무 동작도 할 수 없지만 능동소자와 조합되었을 때 그 기능을 발휘하는 부품으로 저항, 코일, 콘덴서 등이 있다.

보조부품은 소자의 접속 및 고정하기 위한 부품으로 커넥터, 기판, 단자, 스위치, 선재 등이 있다.

1. 저항기

(1) 저항기의 개요

저항기(resistance)란 전류의 흐름을 억제하는(흐름을 곤란하게 하는) 기능을 가지고 있다. 단위는 옴(Ohm, Ω)이 사용된다.

저항기를 사용하는 경우에 중요한 핵심은 저항값 이외에, 정격전력, 온도계수, 열화현상, 잡음특성, 오차 등을 고려해야 한다.

1) 정격전력

저항기가 견딜 수 있는 소비전력(W:와트)으로, 저항에 전류가 흐르면 반드시 열이 발생하게 되며, 그로 인해 저항값이 변화한다. 열의 허용 범위를 정격전력으로 표현하며 일반적으로 정격전력의 1/2 이하에서 사용되며, 전자회로에서 흔히 사용되는 것으로 1/8W, 1/4W, 1/2W 등이 있다.

전자회로의 신호회로(미약전류)에서는 너무 의식할 필요 없이 1/8W로 충분하지만, 큰 전류가 흐르는 전원회로나 발광 다이오드의 전류제어용과 같은 저항기에는 정격전력을 염두에 둘 필요가 있다. 예를 들면, 47[kΩ], 1/8[W]의 저항기의 경우, $\sqrt{0.125 \times 47 \times 10^3} = 76.7$[V]이다. 전자회로의 신호회로에서 예로든 47[kΩ]에 이러한 전압을 걸어주는 경우는 거의 드물다.

2) 온도계수

온도에 의하여 저항치는 변화하며 이것을 온도계수라 한다. 온도계수가 300ppm/℃인 저항의 온도가 20℃ 상승하면 저항값은 0.6% 증가한다. 따라서 정밀 회로를 만들 때에는 온도계수를 계산에 넣을 필요가 있다.

3) 주파수 특성

주파수가 높은 고주파에서 저항을 사용하면 구조상 코일이나 콘덴서와 동일한 요소가 포함되기 때문에 순수한 저항의 기능을 상실하게 된다. 일반적인 카본 저항이라면 수 10[MHz]까지는 사용할 수 있으나 코일 저항은 구조가 코일 그 자체이기 때문에 고주파에는 사용할 수 없다.

4) 열화 현상

큰 전류에 사용되는 저항은 자체 발열에 의하여 저항에 오차가 발생한다. 사용 초기에는 저항이 상온으로 돌아오면 원래의 값으로 회복되나 오랜시간 동안 발열이 지속되거나 사용시간이 경과함에 따라 원래의 값으로 돌아오지 않을 수 있으며 오차가 커지게 되므로, 충분히 여유를 갖고 사용해야 한다.

5) 잡음 특성

저항은 본질적으로 열잡음을 발생시킨다. 저 잡음이 필요한 오디오 등에는 특수용 저항이 쓰여지며, 일반적으로 금속 피막 저항기가 좋은 특성을 갖고 있다.

(2) 저항값의 표준

저항값의 표준에 대해서는 KS 규격이나 JIS 규격을 사용하고 있으며, 이것들은 E 계열이라 하며, 10을 대수적으로 몇 등분하는가에 따라 E3, E6, E12, E24 등과 같이 표현한다. 예를 들어 E3 계열이면 10을 대수적으로 3등분, 즉 $10^0(=1)$, $10^{\frac{1}{3}}(=2.2)$, $10^{\frac{2}{3}}(=4.7)$, $10^{\frac{3}{3}}(=10)$와 같은 값으로 된다.

일반적으로 많이 사용되고 있는 것은 허용오차 ±5%의 E24 계열과 허용오차 ±1%의 E96 계열이다.

예를 들면, E24 계열로 취할 수 있는 저항값은 다음과 같다.

1.0	1.1	1.2	1.3	1.5	1.6	1.8	2.0	2.2	2.4	2.7	3.0
3.3	3.6	3.9	4.3	4.7	5.1	5.6	6.2	6.8	7.5	8.2	9.1

이 값을 보면 상당히 무질서한 값으로 보이지만 24등분된 값이므로 실제로 설계할 때 필요한 적절한 값을 사용할 수 있을 것이다.

단위의 호칭 방법은 통상 다음과 같다.

단위	읽는 법	수치
mΩ	밀리옴	1/1000
Ω	옴	1/1
kΩ	킬로옴	1000
MΩ	메가옴	1000000

(3) 컬러코드

저항에는 각각 전기저항의 크기(저항치)를 가지나 저항기의 외형이 상당히 소형이기 때문에 숫자를 직접 쓸 수 없다. 컬러로 된 선으로 저항의 값과 오차를 나타내고 있으며 이것을 컬러코드라고 한다. [그림 2-1]은 4색띠와 5색띠의 색깔 표시의 예를 나타냈고, 〈표 2-1〉은 보통저항의 컬러코드와 색깔표시의 값를 〈표 2-2〉는 정밀저항의 컬러코드와 색깔표시의 값을 나타냈다.

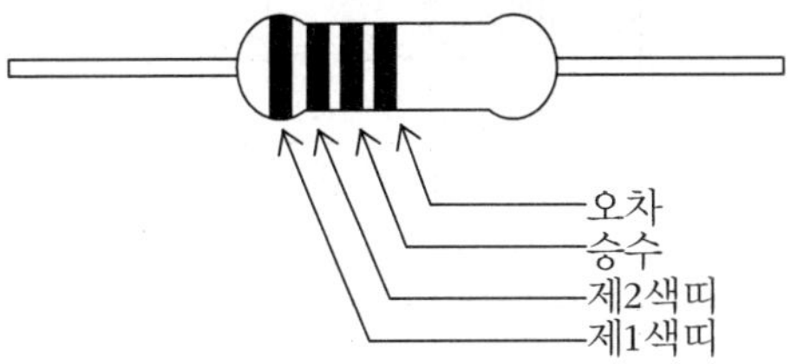

(a) 제4색띠 저항기

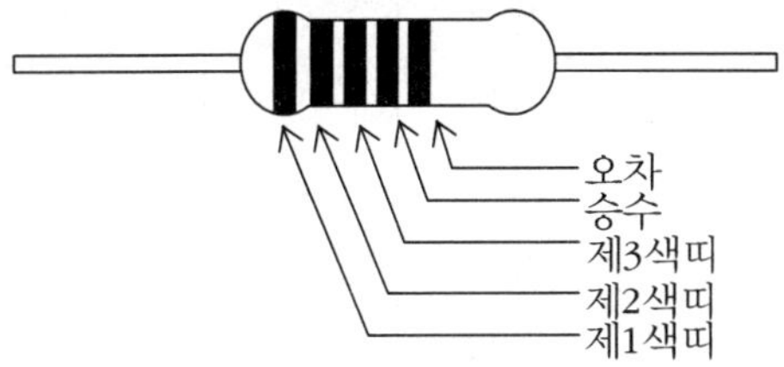

(b) 제5색띠 저항기

[그림 2-1] 저항기의 색띠

예를 들면, [그림 2-1] (a)에서 색띠의 순서가 노랑색, 보라색, 빨강색, 은색으로 되어 있으면 47×10^2, 10%=4700[Ω]±10[%]=4.7[kΩ]±10[%]의 저항값이다.

[그림 2-1] (b)에서 색띠의 순서가 빨강, 노랑, 분홍, 갈색, 녹색일 경우는 243×10^1, 0.5%=2430[Ω]±0.5[%]=2.43[kΩ]±0.5[%]이다.

〈표 2-1〉 보통 저항의 컬러코드와 색값

색깔	제1색띠	제2색띠	제3색띠	제4색띠
흑색	0	0	10^0	
갈색	1	1	10^1	±1%
적색	2	2	10^2	±2%
등색	3	3	10^3	
황색	4	4	10^4	
녹색	5	5	10^5	±0.5%
청색	6	6	10^6	
자색	7	7	10^7	
회색	8	8	10^8	
백색	9	9	10^9	
금색			10^{-1}	±5%
은색			10^{-2}	±10%
무색				±20%

〈표 2-2〉 정밀저항의 컬러코드와 색값

색깔	제1색띠	제2색띠	제3색띠	제4색띠	제5색띠
흑색	0	0	0	10^0	
갈색	1	1	1	10^1	±1%
적색	2	2	2	10^2	±2%
등색	3	3	3	10^3	
황색	4	4	4	10^4	
녹색	5	5	5	10^5	±0.5%
청색	6	6	6	10^6	±0.25%
자색	7	7	7	10^7	±0.1%
회색	8	8	8	10^8	
백색	9	9	9	10^9	
금색				10^{-1}	±5%
은색				10^{-2}	
무색					

(4) 저항기의 종류

저항기는 용도에 따라 고정저항기, 가변 저항기로 구분된다. 고정저항기란 저항값이 고정된 것으로, 탄소피막 저항기, 쏠리드 저항기, 권선 저항기 등이 있으며, 전자회로에 가장 많이 사용된다.

1) 탄소피막 저항기

자기막대에 탄소피막을 구어 붙인 것으로, 외부에 탄소피막 보호와 절연을 위해 도료가 칠해져 있다.

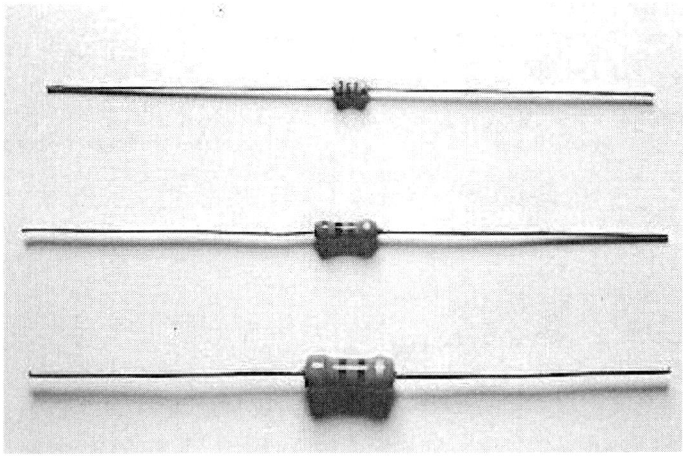

[그림 2-2] 탄소피막 저항기

2) 어레이 저항기

여러 개의 같은 값을 가진 저항기가 일체형으로 만들어져 있다.

각 저항기의 한쪽이 내부에서 접속되어 있는 것도 있다. 여러 개의 발광 다이오드 전류를 제어하는 경우 등, 실장 공간을 적게 차지하여 편리하다.

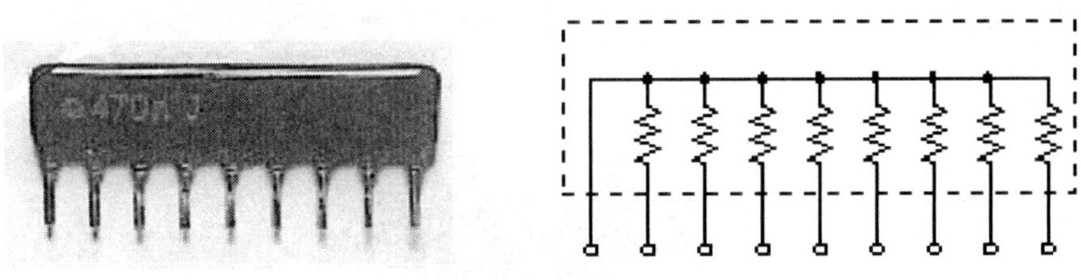

[그림 2-3] 어레이 저항기

3) 금속피막 저항기

금속피막 저항기의 저항체 재료는 Ni-Cr(nichrome) 등이 사용되고 있다. 금속피막 저항기는 브리지 회로나 필터와 같이 저항값의 오차가 회로의 성능에 크게 영향을 미치는 경우, 또는 아날로그와 같은 잡음의 영향을 적게 받는 회로 등에 사용한다.

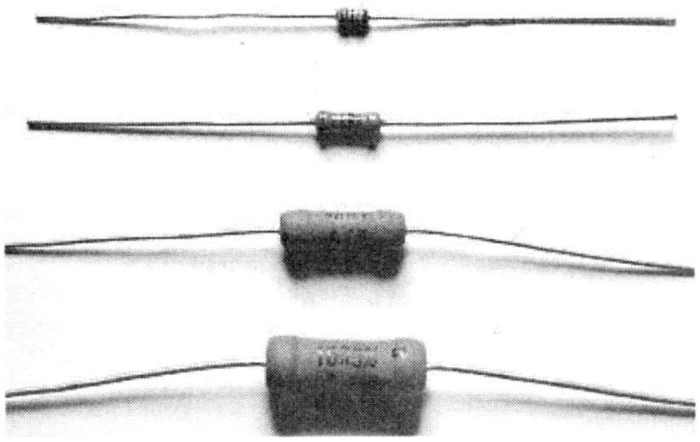

[그림 2-4] 금속피막 저항기

4) 권선 저항기

권선 저항기는 금속의 미세한 선을 재료로 사용한 것으로, 선의 길이를 조정함으로써 정밀한 저항값을 얻을 수 있다.

그리고 굵은 선재를 사용할 수 있어 대전력용의 저항기를 만들 수 있다. 실제로는 정밀한 저항값을 얻는 것보다 대전력용 저항기의 용도로 많이 사용한다. 결점으로는 선을 절연체에 코일 형태로 감아 붙이기 때문에 주파수가 높은 회로에는 사용할 수 없다.

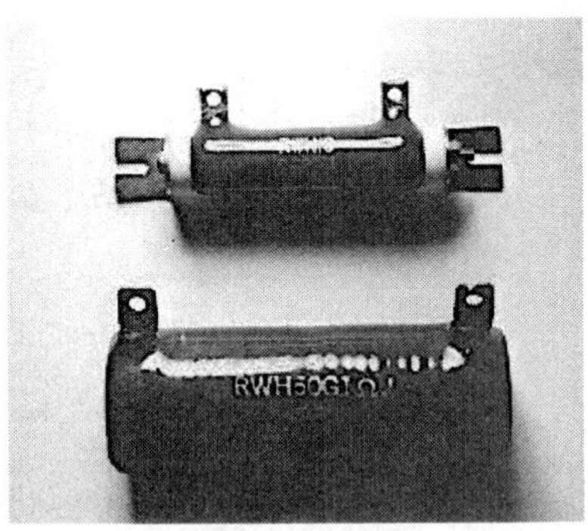

[그림 2-5] 권선 저항기

5) 세라믹(시멘트) 저항기

저항기의 몸체에 직접 정격전력, 저항값, 허용오차를 표시하는 경우가 많으며, 허용오차는 알파벳을 아래와 같이 표기한다.

알파벳	D	F	G	J	K
허용오차	±0.5%	±1%	±2%	±5%	±10%

[그림 2-6] 세라믹 저항기

6) 가변 저항기

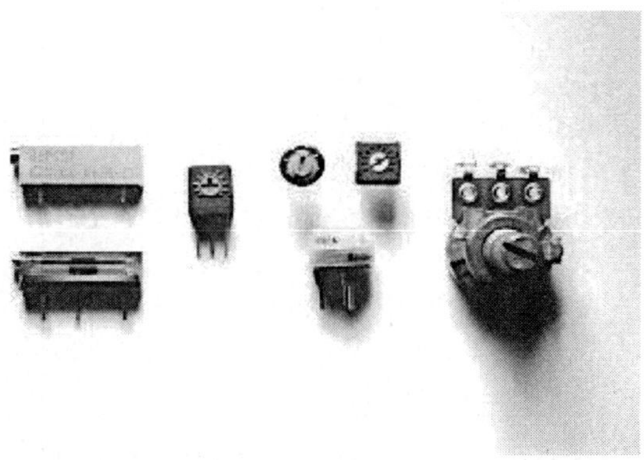

[그림 2-7] 가변 저항기

가변 저항기(VR : Variable Register)는 일반적으로 볼륨(variable ohm)이라 부르는 경우가 많다. 라디오의 음량조정과 같이 용이하게 저항값을 바꿀 수 있는 것과, 전자회로에서 부품의 오차에 의한 동작 상태를 조정(adjust, ADJ)해야 하는 경우 등에 사용하고, 한번 조정하면 저항값을 바꾸지 않는 반고정 저항기가 있다.

일반적인 가변 저항기, 반고정 저항기는 회전할 수 있는 각도가 300°정도이지만, 저항값을 세밀하게 조정하기 위해 기어(gear)를 조합하여 다회전(10～25회 정도)시킬 수 있는 퍼텐쇼미터(potentiometer)라는 것도 있다.

〈표 2-3〉 저항기의 종류

종 류	특 징	사 용 방 법
탄소피막 저항	· 일반용으로 가격이 싸며 가장 많이 사용됨 · 저항범위 : 1.0[Ω]～100[MΩ] · 전력범위 : 1/8[W], 1/4[W], 1/2[W] · 오차범위 : ±5 % · 온도계수 : +350 ～ −1500ppm/℃	· 고정밀도나 대전력이 아닌 모든 경우에 사용
금속피막 저항	· 온도특성이 좋은 고정밀도 0.1%～0.5% · 저항범위 : 20[Ω]～2[MΩ] · 전력범위 : 1/8[W], 1/4[W], 1/2[W] · 오차범위 : ±0.5%, ±1 %, ±2 % · 온도계수 : ±25～±250ppm/℃	· 아날로그 회로 등으로 고정밀도가 필요할 때에 사용
산화금속 피막 저항	· 열에 강한 대전력용 · 저항범위 : 10Ω～100 k Ω · 전력범위 : 0.5[W], 1[W], 2[W], 3[W] · 오차범위 : ±2 %, 5 % · 온도계수 : ±200～±350ppm/℃	· 전원회로 등 대전류, 대전력용으로 사용
코일 저항 (정밀용)	· 안정성이 좋은 정밀저항 · 저항범위 : 0.1[Ω]～200[kΩ] · 전력범위 : 1/8[W]～2[W] · 공칭오차 : ±0.1%, ±1 % · 온도계수 : ±30～±100	· 계측기에 주로 사용
시멘트 저항 법랑 저항 (코일 저항)	· 대전력용으로 전력과 저항치가 표면에 숫자로 인쇄 · 저항범위 : 0.01[Ω]～400[kΩ] · 공칭오차 : ±5 % · 범위 : 2[W]～100[W]	· 전력이 큰 경우에 사용
어레이 저항 (네트워크 저항)	· 여러개(4～10개 정도)의 저항을 하나의 패키지 형태로 한 것	· 디지털 회로처럼 동일한 회로에 많은 저항기가 필요한 경우 사용

2. 콘덴서

(1) 콘덴서의 개요

콘덴서는 전기를 축적하는 기능을 가지고 있다. 그러나, 일반적으로는 전기를 축적하는 기능 이외에 직류전류를 차단하고 교류전류를 통과시키려는 목적으로 사용된다.

콘덴서는 기본적으로는 2장의 전극판을 대향시킨 구조로 되어 있고, 여기에 직류전압을 걸면, 각 전극에 전하(電荷)라고 하는 전기가 축적되며, 축적하고 있는 도중에는 전류가 흐른다. 축적된 상태에서는 전류는 흐르지 않게 된다.

콘덴서의 용량을 나타내는 단위는 패러드(farad, F)가 사용된다. 일반적으로 콘덴서에 축적되는 전하용량은 매우 적기 때문에 $\mu F(10^{-6}F)$나 $pF(10^{-12}F)$의 단위가 사용된다.

(2) 용량 표시법

콘덴서의 크기 즉, 용량은 일본 공업규격의 E3 계열이나 E6 계열이 채용되고 있다. 따라서 일반적으로 쉽게 구할 수 있는 콘덴서의 용량은 다음과 같이 된다.

E3 계열	1.0　2.2　4.7
E6 계열	1.0　1.5　2.2　3.3　4.7　6.8

콘덴서의 용량 표시는 부품 메이커에 따라 용량을 3자리의 숫자로 표시하거나, 그대로 표시하기도 한다.

3자리 숫자로 나타내는 경우에는 앞의 2자리 숫자가 용량의 제 1숫자와 제 2숫자이고, 3자리째가 승수가 된다. 표시의 단위는 [pF]이다.

예를 들면, 마일러 콘덴서 부품 표시가 2H103K일 때 콘덴서를 판독해 보자. 정격전압 '2H'는 〈표 2-4〉에 나타낸 바와 같이 정격전압 $5.0\times10^2=500$[V]이고, 정전용량은 103으로 10×10^3[pF]이고, 허용오차 K는 〈표 2-5〉에서 ±10[%]이므로 용량값은 0.01[μF]±10[%]이다.

100[pF] 이하의 콘덴서는 용량을 그대로 표시한다. 즉, 47은 47[pF]를 의미한다.

〈표 2-4〉 정격전압

단위 [V]

	A	B	C	D	E	F	G	H	J	K
0	1	1.25	1.6	2.0	2.5	3.15	4.0	5.0	6.3	8.0
1	10	12.5	16	20	25	31.5	40	50	63	80
2	100	125	160	200	250	315	400	500	630	800
3	1000	1250	1600	2000	2500	3150	4000	5000	6300	8000

〈표 2-5〉 허용오차

문자	B	C	D	F	G	J	K	M	N	V	X	Z	P
[%]	±0.1	±0.25	±0.5	±1	±2	±5	±10	±20	±30	+20 −10	+40 −10	+80 −20	+100 − 0
[pF]	±0.1	±0.25	±0.5	±1	±2								

(3) 콘덴서의 종류

두 극판의 전극간에 절연체(유전체라고 한다)를 넣어(절연체를 두 전극 사이에 삽입) 콘덴서를 만드는데, 이 재질에 따라 여러 종류의 콘덴서가 있다. 아무것도 삽입하지 않고 공기를 유전체로 하는 콘덴서도 있다.

1) 알루미늄 전해 콘덴서

전해 콘덴서 또는 케미콘(chemical condenser)이라고도 부르며, 알루미늄 콘덴서는 유전체로 얇은 산화막을 사용하고, 전극으로는 알루미늄을 사용하고 있다. 유전체를 매우 얇게 할 수 있으므로 콘덴서의 체적에 비해 큰 용량을 얻을 수 있다.

전해 콘덴서에는 [그림 2-8]과 같이 마이너스측 극성을 표시하는 마크가 있고, 실장할 때는 주의해야 한다.

[그림 2-8] 전해 콘덴서

2) 탄탈 전해 콘덴서

탄탈 전해콘덴서는 tantalum powder를 소결하여 굳혔을 때에 나오는 빈틈을 이용하는 구조로 되어 있어 탄탈 콘덴서(tantalum condenser)라고도 부르며, 전극에 탄탈륨이라는 재료를 사용하고 있는 전해 콘덴서로서, 비교적 큰 용량을 얻을 수 있다.

그리고 온도 특성(온도의 변화에 따라 용량이 변화한다. 용량이 변화하지 않을수록 특성이 좋다), 주파수 특성 모두 전해 콘덴서보다 우수하다.

이 콘덴서도 극성이 있으며, 통상, 콘덴서 자체에 +의 기호로 전극을 표시하고 있다. 탄탈 콘덴서도 절대로 극성을 잘못 접속해서는 안 된다.

가격은 전해 콘덴서보다 비싸기 때문에 온도에 의한 용량이 거의 변화하지 않는 회로 또는 어느 정도 주파수가 높은 회로 등에 사용한다.

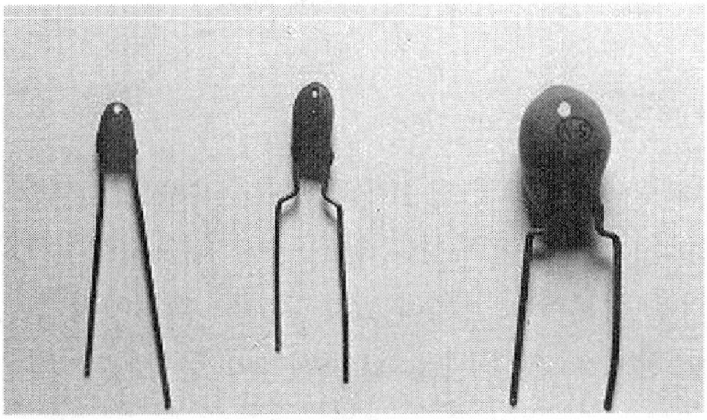

[그림 2-9] 탄탈 콘덴서

또한, 알루미늄 전해 콘덴서에서 발생하는 스파이크(spike) 형상의 전류가 나오지 않으므로 신호 파형을 중요시하는 아날로그 신호계에는 탄탈 콘덴서를 사용하는 것이 일반적이다. 스파이크와 같은 불필요한 파형이 문제가 되지 않는 경우에는 전해 콘덴서로도 충분하다.

3) 세라믹 콘덴서

세라믹 콘덴서는 전극간의 유전체로 티탄산 바륨(Titanium-Barium)과 같은 유전율이 큰 재료가 사용되며, 인덕턴스(코일의 성질)가 적어 고주파 특성이 양호한 특징을 가지고 있어, 고주파의 바이패스(고주파 성분 또는 잡음을 접지로 통과시킨다)에 흔히 사용된다.

모양은 원반형으로 되어 있으며, 용량은 비교적 작다.

세라믹은 강유전체의 물질로 아날로그 신호계 회로에 사용하면 신호에 일그러짐이 나오므로 이와 같은 회로에는 사용할 수 없다.

[그림 2-10] 세라믹 콘덴서

4) 적층 세라믹 콘덴서

적층 세라믹 콘덴서는 전극간의 유전체로 고유전율계 세라믹을 다층 구조로 사용하고 있으며, 온도 특성, 주파수 특성이 양호하고 또한 소형이라는 큰 특징이 있다.

비교적 높은 주파수 성분이 포함되어 있는 디지털 회로에서 취급하는 구형파(펄스파) 신호의 바이패스용으로 흔히 사용되고, 전극의 극성은 없다.

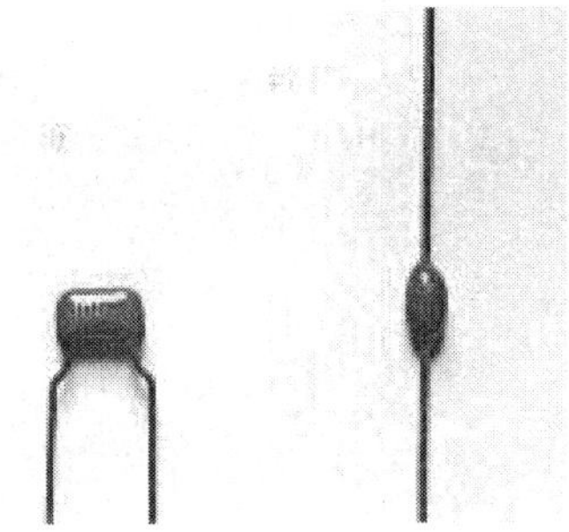

[그림 2-11] 적층 세라믹 콘덴서

5) 스티롤 콘덴서

스티롤 콘덴서는 전극간의 유전체로 폴리스티렌(polystyrene) 필름이 사용되며, 필름을 감은 구조이므로 인덕턴스(코일) 성분이 크기 때문에 고주파에는 사용할 수 없으며, 수백 kHz 이하의 필터 회로나 타이밍 회로 등에 흔히 사용된다.

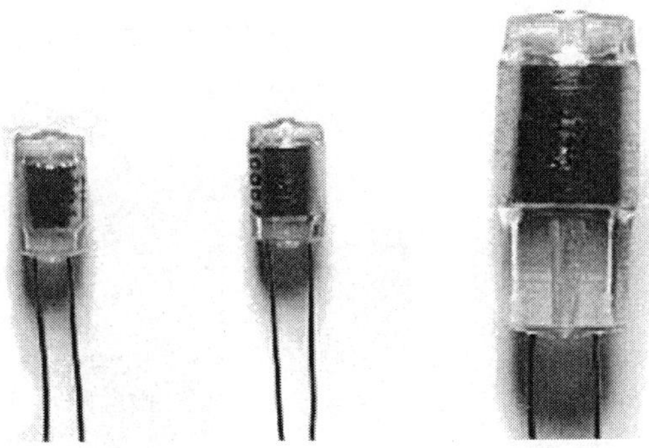

[그림 2-12] 스티롤 콘덴서

6) 슈퍼 콘덴서

슈퍼 콘덴서(Super condenser)의 용량은 0.47F(470,000μF)와 같은 초대용량 콘덴서이다.

이와 같은 대용량의 콘덴서를 전원회로 등에 사용할 때에는 각별한 주의가 필요하다. 그 이유는 콘덴서가 텅 비어 있을 때에는(전기가 축적되어 있지 않을 때) 전류가 계속 유입하므로 정류기 등이 과전류로 인해 파괴되는 경우가 있기 때문이다.

[그림 2-13] 슈퍼 콘덴서

7) 폴리에스테르 필름 콘덴서

마일러(Mylar) 콘덴서라고도 하며, 얇은 폴리에스테르(polyester) 필름을 양측에서 금속으로 삽입하여, 원통형으로 감은 것이다.

저가격으로 사용하기 쉽지만, 높은 정밀도는 기대할 수 없다. 오차는 대략 ±5%~±10% 정도이다.

메이커에 따라 용량을 표시하는 방법이 다르므로 주의할 필요가 있다.

[그림 2-14] 마일러 콘덴서

8) 폴리프로필렌 콘덴서

폴리에스테르 콘덴서보다 높은 정밀도가 요구되는 경우에 사용한다. 유전체 재료는 폴리프로필렌(polypropylene) 필름을 사용하며, 100[㎑] 이하의 주파수에서 사용하면 거의 용량의 변화가 없다.

9) 마이카 콘덴서

유전체로 운모(mica)를 사용한 콘덴서이다. 운모는 온도계수가 작고 안정성이 우수하며, 주파수 특성도 양호하기 때문에, 고주파에서의 공진회로나 필터회로 등에 사용된다. 또한, 절연내압도 우수하므로 고압회로에도 사용된다. 이전에는 진공관식 무선 송신기 등에는 흔히 사용되었다. 용량이 그다지 크지 않고, 비싸다는 것이 단점이다.

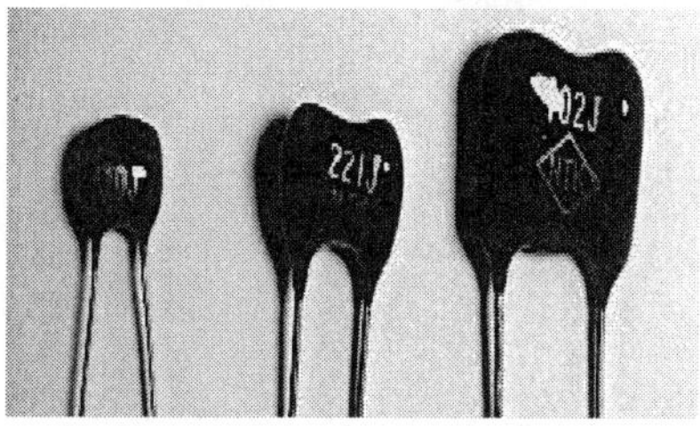

[그림 2-15] 마이카 콘덴서

10) 메틸라이즈드 폴리에스테르 필름 콘덴서

[그림 2-16] 시멘트 MKT 적층 콘덴서

시멘스 MKT 적층 콘덴서라고도 하며, 전극으로 증착 금속피막을 사용한 폴리에스테르 필름 콘덴서로 전극이 얇기 때문에 소형화가 가능하다.

이 콘덴서는 리드가 떨어지기 쉽기 때문에 취급에 주의할 필요가 있다. 한번 떨어져 버리면 사용할 수 있는 방법이 없다.

11) 가변 용량 콘덴서

용량을 변화시킬 수 있는 콘덴서이며, 주로 주파수 조정 등에 사용하고, [그림 2-17] 좌측에 나타낸 것은 트리머(trimmer)라 부르는 가변용량 콘덴서이며, 유전체로 세라믹(자기)를 사용하고 있다. 그 외에도 폴리에스테르 필름 등을 유전체로 사용한 것도 있다.

프린트 기판에 실장할 수 있도록 만들어져 있다.

[그림 2-17] 가변 용량 콘덴서

① 바리콘과 트리머

[그림 2-18]은 바리콘이라 부르는 가변용량 콘덴서로 라디오의 튜너 등에 사용되며, 그림에서 좌측의 바리콘은 공기를 유전체로 하고 있으며, 3개의 독립된 콘덴서를 조합하고 있다(3련 바리콘이라고 부른다). 용량은 각각 2[pF]~18[pF]까지 변화한다. 조정축을 돌리면 3개의 콘덴서의 용량이 동시에 변화한다.

이러한 바리콘은 여러 종류가 있으므로, 목적에 적합한 것을 선택하여 사용해야 한다. [그림 2-18]의 우측에 나타낸 것은 소형 바리콘으로 폴리에스테르 필름을 유전체로 사용하고, 2개의 독립된 콘덴서를 조합하고 있다(2련 폴리바리콘이라고 한다).

용량은 한 쪽이 12[pF]~ 50[pF], 다른 한쪽이 11[pF]~70[pF]까지 변화한다.

사진에 나타낸 것은 각 콘덴서에 다시 소형의 트리머가 내장되어 있으며, 15[pF] 정도의 미세조정을 할 수 있다.

[그림 2-18] 바리콘과 트리머

〈표 2-6〉은 콘덴서의 종류별로 특징과 사용방법을 요약하였다.

〈표 2-6〉 콘덴서의 종류

콘덴서 종류	특 징	사 용 방 법
전해 콘덴서	· 비교적 용량이 큼(0.1μF ~ 15000μF) · ±의 극성이 있다 · 정격전압이 있다. (2V ~ 500V) · 비교적 허용차가 크다 (±10%, ±20%, －10% ~ ＋30%) · 비교적 저주파 대역용(DC ~ 수백kHz)	· 직류회로의 전원 필터나 교류회로의 커플링으로서 사용 · 사용 가능 주파수가 비교적 낮기 때문에 주의 필요 · 오디오용 특별 저잡음형도 있음 · 2개의 리드선 중에 긴 쪽이 (＋) 극성임
탄탈 콘덴서	· 비교적 용량이 큼(0.1μF ~ 220μF) · ±의 극성이 있다 · 정격전압이 있다(3V ~ 35V) · 전해 콘덴서보다 주파수 특성이 좋다 (DC ~ 수십MHz)	· 주파수 특성이 비교적 좋기 때문에 노이즈 진폭 제한기나 바이패스, 커플링, 전원 필터로서 사용 · 2개의 리드선 중 긴 쪽이 (+) 극성임
(적층) 세라믹 콘덴서	· 비교적 용량이 작다(수 pF ~ 수 μF) · 정격전압이 있으며 고 전압용도 있다 (25V ~ 3kV) · 온도 보상용으로서 온도 계수가 관리되는 것이 있다 · 극성이 없으며 허용차가 크다 (±10%, ±20%) · 적용 주파수 대역이 넓다 (수 kHz ~ 수GHz)	· 고주파 대역에서 사용에 적합하기 때문에 고주파용 바이패스, 동조용, 고주파 필터로서 사용
전기 이중층 콘덴서	· 특히 대용량의 콘덴서(0.01F ~ 0.5F) · 정격전압이 비교적 낮다 (수V가 일반적임) · 주파수 특성은 나쁘다.	· 직류의 축전용, 배터리의 대용으로서 사용할 수 있지만 대전류 공급은 어려우며 메모리의 백업 전지 대용으로 사용

3. 코 일

(1) 코일의 개요

코일(coil)이란 인덕터(inductor) 또는 인덕턴스(inductance)라고도 부르며, 동선과 같은 선재(線材)를 나선 모양으로 감은 것이다. 또, 코일의 단위는 헨리(Henry, H)가 사용된다. 선재를 감으면 감을수록 코일의 성질이 강해지며 헨리의 값도 커진다. 코일은 내부에 아무것도 넣지 않은 공심으로 하는 것보다 철심에 감거나 코어라 부르는 철분말을 응고시킨 것에 감는 것이 보다 큰 헨리값이 얻어진다. 통상 전기회로에서 사용하는 코일은 마이크로 헨리[μH]부터 헨리[H]까지 폭넓게 사용된다.

(2) 코일의 성질

코일의 여러 특성 가운데서 몇 가지 주요 성질은 다음과 같다.

1) 전류의 변화를 안정시키려고 하는 성질이 있다

즉, 전류가 흐르려고 하면 코일은 전류를 흘리지 않으려고 하며, 전류가 감소하면 계속 흘리려고 하는 성질이다. 이것을 '렌츠의 법칙'이라 부르는데, 전자유도작용에 의해 회로에 발생하는 유도전류는 항상 유도작용을 일으키는 자속의 변화를 방해하는 방향으로 흐른다.

2) 상호 유도작용이 있다

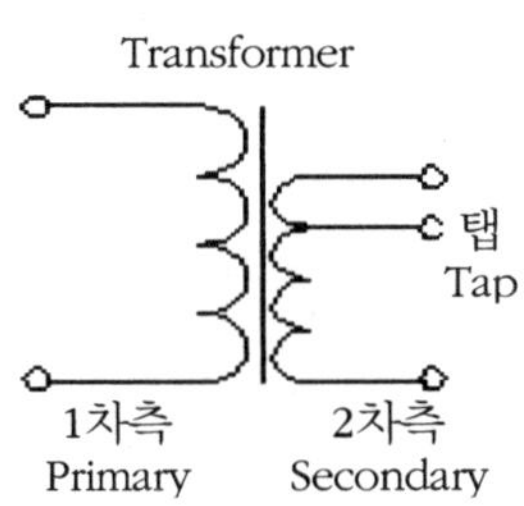

[그림 2-19] 트랜스 [Transformer]

이것은 두 코일을 가까이 하면 한쪽 코일의 전력을 다른 쪽 코일에 전달할 수 있다는 것이다. 이 성질을 이용한 것이 트랜스이다.

전력을 공급하는 쪽의 코일(입력)을 1차측, 전력을 꺼내는 쪽(출력)을 2차측이라고 한다. 1차측 권수와 2차측 권수의 비율에 따라 2차측의 전압이 변화한다.

전원 트랜스 등은 2차측에서 권선의 도중에 선을 내어(tap이라고 한다) 여러 종류의 전압을 얻을 수 있도록 한 것이 많다.

3) 전자석의 성질이 있다

전류가 흐르면 철이나 니켈을 흡착하는 성질을 이용한 것으로 계전기(릴레이)가 있다. 전류가 흐를 때에 철판을 끌어당겨 철판에 부착된 스위치를 닫도록 하는 것이다. 그리고 차임벨도 전자석의 성질을 이용한 것이다.

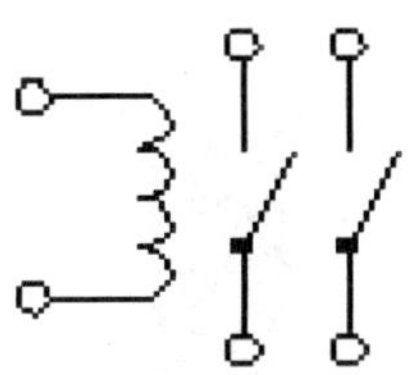

[그림 2-20] 계전기

4) 공진하는 성질이 있다

코일과 콘덴서를 조합하면 어떤 주파수의 교류전류가 흐르지 않거나, 쉽게 흐르기도 한다. 라디오의 방송국을 선택하는 튜너는 이 성질을 이용하여 특정한 주파수만을 선택하고 있는 것이다.

(3) 각종 코일의 종류

1) 고주파 및 안테나 코일

고주파 코일이나 안테나 코일 등은 [그림 2-21]과 같이 일정한 형태가 아니고, 여러 가지 형태로 되어 있어 제품의 규격표를 참조하여야 한다.

[그림 2-22]의 맨 좌측에 있는 것은 소북 모양의 코어에 가느다란 동선을 감은 것으로, 100[μH]의 것이다. 고주파의 공진이나 고주파의 저지 등에 사용하며, 두번째의 것은 봉 모양의 코어에 가는 동선을 감은 것으로, 코일의 값은 470[μH]이다.

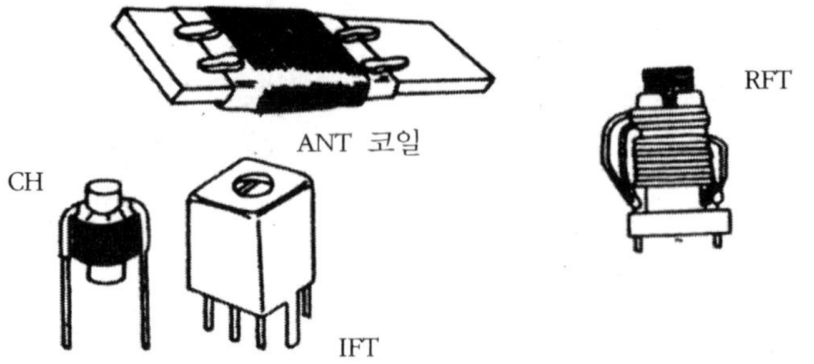

[그림 2-21] 고주파 코일과 안테나 코일

우측에 있는 2개는 고주파용의 트랜스이다. 트랜지스터 라디오 등의 발진용, 중간 주파수(455kHz)의 동조 등에 사용된다.

[그림 2-22] 고주파 코일 및 발진 코일

주파수가 고주파이므로 다른 회로로부터 자기에 의한 영향을 받지 않도록 하거나, 또는 주변 부품에 영향을 주지 않도록 하기 위해 [그림 2-22]와 같이 금속 케이스(차폐 상자 또는 실드 케이스라고 한다)에 수납되어 있고, 이 케이스는 반드시 어스에 연결한다.

2) 저주파용 변성기

[그림 2-23]과 같은 트랜지스터용의 입력 변성기(IPT)와 출력 변성기(OPT)는 통상 임피던스의 크기가 기입되어 있지 않으며, 다만 적색(출력 변성기), 청색 또는 녹색(입력 변성기) 등 색깔로만 구분되어 있다.

(a) IPT(청색) (b) OPT(적색)

[그림 2-23] 변성기

일반적으로 소출력용이라면 그대로 이용이 가능하다. 그러나 1차와 2차의 구분을 알 수 없을 때에는 회로 시험기로 직류 저항을 측정한다. 대개 OPT의 경우는 저항이 낮은 쪽이 2차이고, 저항이 높은 쪽이 1차이며, IPT의 경우는 그 반대가 된다. 또, 한 쪽이 3단자인 OPT(출력 변성기)의 경우는 대개 3단자 쪽이 1차이며, IPT(입력 변성기)에서는 그 반대가 된다.

3) 전원 변압기

전원 변압기(Power transformer)는 [그림 2-24]와 같이 1차 코일에는 AC 110[V], AC 220[V] 등의 탭이 나온 것도 있어 전압이 낮은 곳에서는 0과 110[V]에 접속하고, 높은 곳에서는 0과 220[V]에 접속한다. 2차는 0, 5, 6, 9, 12[V]같이 기입되어 있는데, 이것은 전파 정류용이며, 0은 코일의 중심 탭을 나타낸다.

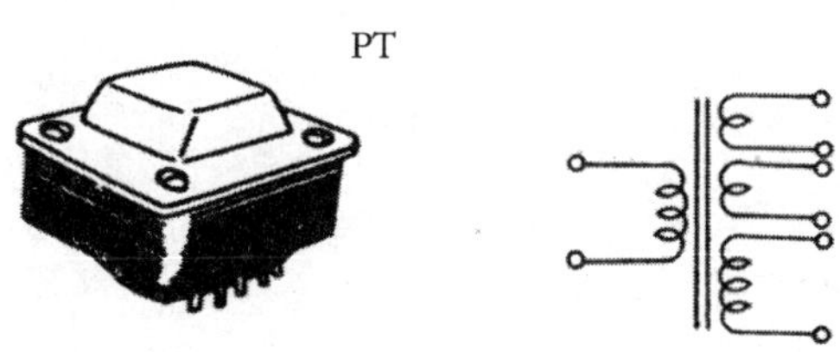

(a) 외형 (b) 전원 변압기 기호

[그림 2-24] 변압기

(4) 코일의 인덕턴스

코일의 인덕턴스의 값이 고정되어 있는 것과 가변시킬 수 있는 것이 있으며, 고정된 것은 저항기와 마찬가지로 컬러코드로 값을 표시하고 있는 것도 있다.

그 종류는 1μH 정도부터 수백 μH까지 여러 가지가 있다.

예를 들면, 1μH, 2.2μH, 3.3μH, 3.9μH, 4.7μH, 5.6μH, 6.8μH, 8.2μH, 10μH, 15μH, 18μH, 22μH, 27μH, 33μH, 39μH, 47μH, 56μH, 68μH, 82μH, 100μH 등이 있다.

코일의 인덕턴스의 값을 조정할 수 있는 것은 동조용이나 발진용에서 인덕턴스값을 변화시킬 수 있도록 되어 있고, 코일 중심의 코어부는 나사 모양으로 되어 있어, 드라이버 등으로 돌리면 코어가 코일에 들어가거나, 나오기도 한다. 따라서 코어의 상하 움직임에 따라 코일의 인덕턴스 값이 변화한다.

FM 라디오의 튜너부 등은 87.5MHz～108MHz 부근의 고주파를 취급하기 때문에 코어에 코일을 감으면 인덕턴스 값이 너무 커지므로 공심 코일이 사용된다.

제3장

전자회로도의 해석 및 설계

1. 전자회로도의 해석

(1) 회로도의 개념

회로도는 회로의 동작을 다른 사람에게 전달하거나 동일한 것을 만들 수 있도록 하기 위한 것으로 설계자의 의도를 표현한 것이다. 따라서 회로도를 통해서 설계 의도나 회로 동작을 이해할 수 있다.

(2) 회로도의 기본적인 요소

기본적인 회로도를 이해하기 위해서는 부품의 명칭 및 종류, 부품의 정수, 각 부품 사이의 연결 관계 등을 알아야 한다.

그러나 회로도 안에 사용되고 있는 부품이나 기호에는 기본적인 규약이 있고, 이것을 이해해야만 회로의 동작을 이해할 수 있다.

1) 도선의 교차와 접속

회로도에서 부품 사이의 접속관계는 직선으로 표현하는데 직선이 서로 교차하는 경우에 접속여부를 잘 구별해야 한다. 회로도에서는 일반적으로 교차한 직선을 표시할 때 [그림 3-1]과 같이 하고 있다.

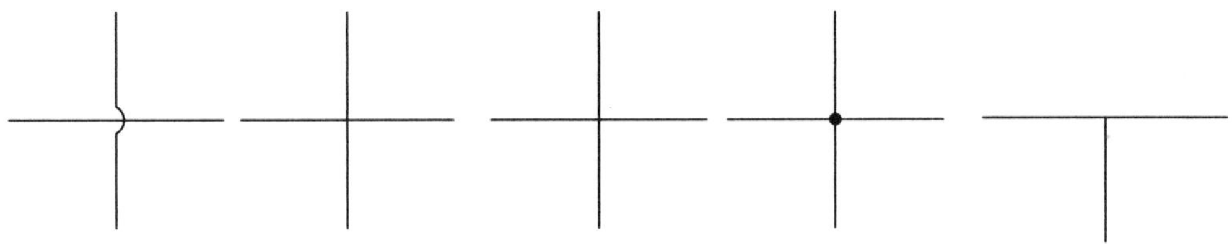

(a) 교차점과 접속점 (b) 교차점과 접속점 (c) 분기점

[그림 3-1] 교차점과 분기점

[그림 3-1] (a)와 같이 +자형 교차점에 반원이 있으면 접속되지 않은 것이며 그렇지 않은 것은 교차한 것이고, [그림 3-1] (b)와 같이 +자형 교차점에 점이 있으면 접속된 것이고, 그렇지 않은 것은 접속되지 않은 것이다.

[그림 3-1] (c)의 T자형 교차점은 분기점으로 접속된 것이다.

따라서 교차점에 점을 찍는 경우는 반원 표시를 생략하는 경우가 많으며 반원 표시를 사용하는 경우는 점을 찍지 않는 것이 일반적이다.

또한 교차점이 접속이 된 것인가 안된 것인가는 회로의 동작을 보면 접속이 되어야 할 곳인지 접속되지 않아야 할 곳인지를 알 수 있다.

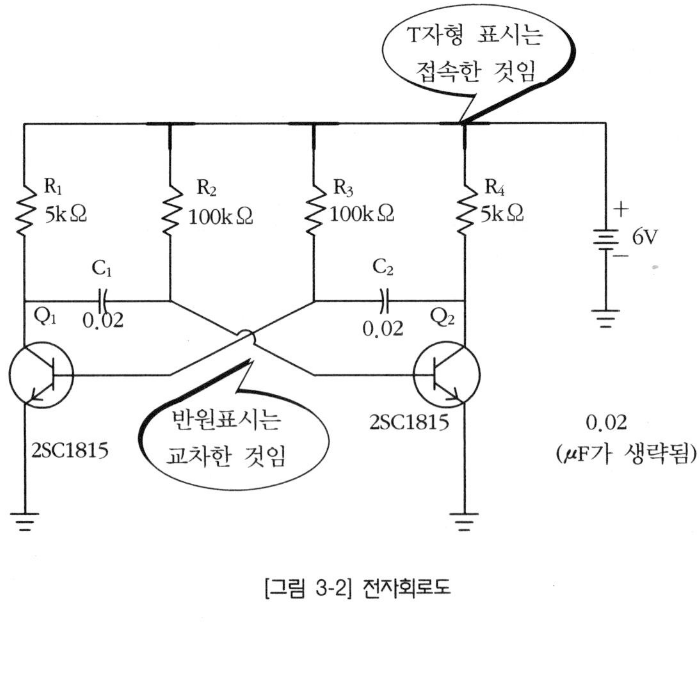

[그림 3-2] 전자회로도

2) 회로도 상의 부품의 표시 및 기본단위

[그림 3-2] 회로도에서 부품 근처에는 다양한 숫자와 기호가 쓰여 있으며, 이 중에 부품의 값이 포함되어 있고 그것들에는 단위가 붙어 있다.

실제 회로도에서는 100[Ω], 0.1[μF] 값에서 [Ω], [μF]의 단위는 생략하여 100, 0.1로 표기되는 경우가 많다.

3) 회로도의 기호

① 전원과 그라운드

회로도에 표시되어 있지만 명확한 접속관계가 없는 것이 전원과 그라운드이다. 전원 및 그라운드 기호로 〈표 3-1〉과 같은 것이 일반적인 것이다.

〈표 3-1〉 전원과 그라운드의 표시

기 호	약 호	기 능
V_{CC} 	Vcc	전원의 양(+)에 접속
V_{CC} 	Vcc	전원의 양(+)에 접속
+5V 	+5V	+5[V] 전원에 접속
V_{CC} 	Vcc	전원의 양(+)에 접속
	GND	전원의 부(−) 또는 0[V]에 접속하며 그라운드 또는 어스라고 부른다.
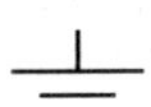	FG	금속 케이스 또는 샤시에 접속하며 프레임 그라운드라고 부른다.

전원기호로 표시된 것은 전원 (+) 또는 (−)단자에 접속하며, 그라운드 기호로 표시된 것은 전원의 (−)에 접속한다.

4) 약호의 의미

회로도를 잘 판독하기 위해서는 회로도에 자주 나타나는 약호와 그 의미에 관한 지식이 있어야 하며, <표 3-2>에 그 대표적인 약호와 그 의미를 나타내었다.

<표 3-2> 약호와 의미

약 호	의 미
IC	집적 회로(integrated circuit) : 트랜지스터나 저항을 실리콘 위에 고 집적화하여 복잡한 회로를 모듈화
J-FET	접합형 전계 효과 트랜지스터(junction field effect transistor)
MOS-FET	금속 산화 피막 전계 효과 트랜지스터(metal oxide semiconductor FET) : 상당히 높은 입력 임피던스를 갖고 있으며 도통시 저항도 낮기 때문에 대전력용으로 취급가능
Tr	트랜지스터(transistor) : 반도체 증폭 소자의 기본
Op-Amp	연산증폭기(operational amplifier) : 아날로그 증폭회로를 IC화 한 것
D	다이오드(diode) : 정류소자로서 고주파용에서 전원용까지 다양한 종류가 있다
LED	발광 다이오드(light emitting diode)
SCR	실리콘 제어 정류 소자(silicon control rectifier) : on/off 게이트 기능을 갖는 다이오드
R	저항 또는 저항기(registor, resistance)
C	콘덴서 또는 정전용량(capacitor, capacitance)
L	코일, 인덕턴스(indector, inductance) : 고주파 회로의 동조용이나 필터로 많이 사용
T	트랜스(transformer) : 교류전압을 변화시키는 것으로 전원이나 고주파 회로 등에 사용
PT	전원 트랜스(power transformer) : 전원용이나 전압 측정용 변압기
X-tal	수정 진동자, 크리스탈 발진자(crystal) : 안정된 발진 주파수를 얻는 곳에 사용
IFT	중간주파 트랜스(internediate frequency transformer) : 고주파 회로의 단간 동조에 사용하는 트랜스
RFC	고주파 초크 코일(radio frequency choke) : 고주파의 필터용 코일
SW	스위치(switch)

(3) 회로도에 표시되지 않는 것

일반적인 규칙에 따라 그려진 회로도에도 명확하게 표현되지 않는 부품들이 있다.

그러나 이러한 것들도 어느 정도 일정한 규칙에 의한 것으로 익숙해지면 별로 문제가 되지 않는다.

또한 최근에는 FPGA나 마이크로컴퓨터 등을 회로에 많이 사용하는데 이러한 것들은 내부에 소프트웨어가 내장되어 있어서 회로도만으로는 동작이나 기능을 완전히 이해할 수 없다. 따라서 내장된 프로그램을 이해하지 못하면 동작이나 기능을 완전히 알 수 없다.

1) 배치나 배선 관련

회로도에 표시되지 않았지만 실제로 조립할 때 주의해야 할 점들이 있으며, 이러한 것들은 대부분 경험이나 관행에 따른 노하우로 되어 있다.

① 전원 및 그라운드의 접속

전원이나 그라운드 기호로 종단되어 있는 배선은 동일한 기호로 되어 있는 것들끼리 전부 접속되어 있다고 간주한다.

② 디지털 IC의 전원 및 그라운드

예를 들어 디지털 IC의 14 핀이나 16 핀 등과 같이 표준 DIP 형의 IC는 전원과 그라운드 핀이 정해져 있기 때문에 회로도에 표시를 생략한 것이 많이 있으며, 이러한 것들은 배선이나 프린트 기판 제작시 빠뜨리지 않도록 해야 한다.

③ 실장 레이아웃이나 배선의 방법

특히 짧게 배선해야 하거나 굵은 선재를 사용할 필요가 있어도 회로도에 그것들이 명기되지 않는 경우가 많다. 특히 고성능 오디오와 같은 것에 이러한 경우가 많으며, 이것들은 경험을 통해서 배우는 것 말고 다른 방법이 거의 없다. 또한 고주파 회로에서는 배치나 배선루트에 따라 이상 발진하는 경우도 있으며, 이러한 것도 노하우로 경험에 의해 배우는 방법밖에 없다.

④ 부품의 종류

대부분의 경우 저항이나 콘덴서를 어떠한 종류를 써야 하는지 지정되어 있지 않는 경우가 많으며, 주변 회로의 특성에 따라 어떤 종류의 부품을 사용할 것인지를 결정해야 한다.

2) 기구 부품 관련

케이스와 같이 조립할 때 필요해지는 기구에 관련된 부품은 대부분 명기되지 않는다.

① IC 등의 소켓

IC 등 실제로 실장할 때는 소켓을 사용할 때가 많이 있지만 이러한 것은 회로도에 표시되지 않는다.

② 케이스 등의 기구 부품

케이스나 방열판과 같이 많은 기구 부품은 회로도에 표시되지 않는 경우가 많다.

3) 기능이나 타이밍 관련

실제 동작이나 신호의 타이밍에 관한 것은 회로도에 그려지지 않는다.

① 신호의 동작 타이밍

경우에 따라서 회로도에 타임 차트가 함께 그려지는 경우도 있지만 통상 그려져 있지 않기 때문에 이것을 회로도로부터 판독해야 한다.

② IC의 기능이나 동작

특히 최근의 LSI는 회로도를 보는 것만으로 동작을 이해하는 것이 불가능하며, 이것은 LSI의 설명서를 통해서 기능을 이해한 다음 회로도를 판독할 수밖에 없다.

2. 전자회로의 구성 및 설계

일반적으로 복잡한 전자회로도는 몇 개의 블록으로 구성되어 있으며, 블록은 몇 개의 모듈로 구성되어 있다. 각 모듈들은 잘 알려진 기본적인 템플릿이 있으며 그것들에서 저항값을 바꾼다든지 해서 자신의 회로에 맞도록 하면 의외로 간단하게 회로를 설계할 수 있다.

(1) 전자회로의 연결

전자회로는 한 개의 부품만으로는 만들 수 없고 많은 부품으로 만들어지고 있다. 이러한 부품들은 서로 정보를 교환하는 방법에는 정보를 전류의 전달과 전압의 전달이 있다. 모듈간 정보의 전달은 대부분의 경우 전압으로 이루어지고, 모듈 내 부품간의 정보교환은 전압일 수도 있고, 전류일 수도 있다.

(2) 전자회로의 기본법칙

상당히 많은 법칙들이 있으나 실제로 필요한 법칙은 불과 몇 안 된다. 옴의 법칙, 키르히호프의 법칙과 같은 기본적인 법칙들만 잘 이해하고 활용해도 훌륭한 전자회로를 설계하고 만들 수 있다.

(3) 회로도면의 설계

회로도면은 단위 기능을 가지는 회로 블록이나 장치들을 조합하여 구성하는 경우가 대부분이다. 또, 이들 사이에는 전기적인 교류가 빈번히 이루어지는 것이 특징이다. 전자기기는 제작공정에서 배선작업이 차지하는 비중이 매우 높다. 따라서, 회로도는 접속이나 배선은 물론 설계된 내용을 간단 명료하게 표현해야 한다.

1) 블록도

전자응용 기기의 전체적인 동작이나 기능은 계통도로 그리는 경우가 많다. 이 계통도를 블록 다이어그램 또는 간단히 블록도라고 한다.

2) 회로도

회로도는 전자기기를 구성하고 있는 부품을 정해진 기호로 표현함으로써 기술의 보존 및 전달이 쉽도록 한 도면이다. 회로도는 일반적으로 기능이 다른 여러 전자회로의 요소가 모여 하나의 완전한 회로를 구성하므로, 정해진 기호로 명확하면서 간결하며, 전체적인 배치와 균형이 유지되도록 그려야 한다.

회로도에는 부품 요소가 상세히 표현되지만, IC 소켓, 방열기, 기판의 정전용량, 배선의 저항 등과 같이 일부의 요소는 표현되지 않는 경우도 있다.

회로도를 작성할 때 고려해야 할 사항은 다음과 같다.

- 신호의 흐름은 도면의 왼쪽에서 오른쪽으로, 위에서 아래로 그린다.
- 도 기호와 접속선의 굵기는 원칙적으로 같게 하며, 0.3~0.5[mm] 정도로 한다.
- 주 회로와 보조 회로가 있는 경우에는 주 회로를 중심으로 그린다.
- 보조 회로는 주 회로의 바깥쪽에, 전원 회로는 맨 아래에 그린다.
- 대칭으로 동작하는 회로는 접지를 기준하여 대칭되게 그린다.
- 접지선 등을 굵게 표현하는 경우의 실선은 0.5~0.8[mm] 정도로 한다.
- 도면은 IC, 트랜지스터, 특수 반도체, 표시 장치 등의 주요 능동소자를 중심으로 그린다.
- 대각선과 곡선은 가급적 피한다.
- 선과 선이 전기적으로 접속되는 곳에는 '•' 표시를 한다.
- 물리적인 관련이나 연결이 있는 부품 사이는 파선으로 나타낸다.
- 선의 교차가 적고 부품이 도면 전체에 고루 분포되도록 그린다.

3) 전원 회로도

전자회로는 대부분 직류를 전원으로 사용하고 있으며, 출력전압을 전기적으로 일정하게 유지시키는 안정화 전원이 대부분이다.

3. 전자회로의 배선방법

(1) 배선의 색별 적용

[그림 3-3]과 같은 회로를 구성하고자 할 때, 회로에 사용되는 배선을 〈표 3-3〉와 같이 사용하면 회로 점검이나 고장 수리를 할 때 알아보기가 편리하다.

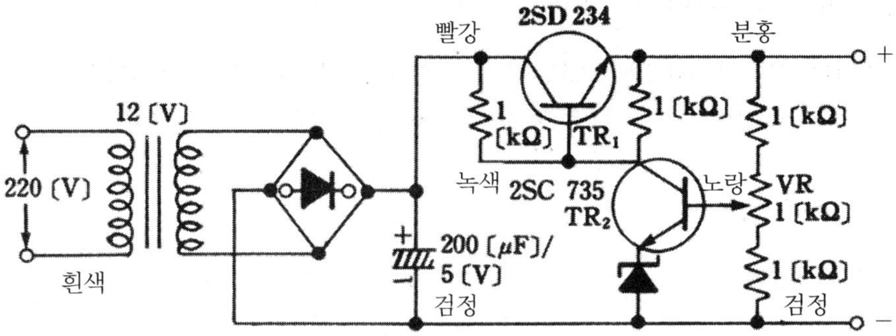

[그림 3-3] 색별 배선의 보기

〈표 3-3〉 배선의 색별과 적용 회로의 실례

색별	지정회로	실 례		
		전원회로	신호회로	그 밖의 예
검정	접지회로	교류회로(접지)		접지회로
빨강	정(+)회로, 콜렉터회로	교류회로		정(+)회로
노랑	베이스회로, 제어그리드회로	전압제어회로	모니터회로	베이스회로, 신호회로
파랑	램프회로, 히터회로	교류회로		히터회로
흰색	교류입력회로, 그 밖의 회로	교류회로	동기회로	교류회로
갈색	정(+)회로	일반교류회로	수직회로	콜렉터회로, 정(+)회로
등색	정(+)회로		수평회로	정(+)회로
녹색	이미터회로	계기회로	귀선소거회로	이미터회로, 신호회로
자주	부(−)회로			부(−)회로
회색				교류회로
하늘색			직류신호회로	
분홍		정(+)회로		

(2) 배선시 주의사항

1) 배선의 순서

일반적으로 배선은 정해진 순서에 따라 배선하면 작업이 쉽고 정확하게 된다. 원칙적으로 리드선만으로 끝나는 배선부터 한다. 프린트 기판에 하는 배선은 거의 필요성이 없다.

2) 부품의 표시값이 잘 보이게 한다

저항이나 콘덴서보다 먼저 배선을 하면 부품 등에 기록된 정격표시가 보이지 않게 된다. 모든 부품의 기호나 글씨가 잘 보이도록 배선하는 것이 중요하다.

3) 입체 배선을 피한다

부품들이 입체적으로 장착되면 내부에 위치한 것은 정격표시가 잘 보이지 않게 되고, 필요한 부품의 교환, 콘덴서와 저항의 조정 등을 하고자 할 때 작업하기가 힘이 들기 때문이다.

4) 절연에 주의한다

일반적으로 콘덴서의 리드선은 절연이 되어 있고, 저항의 리드선은 도금 처리가 되어 있을 뿐이므로 다른 부품이나 섀시 등에 닿으면 합선의 원인이 된다. 또한, 부품이 흔들리게 배선해서도 안 된다.

5) 배선은 짧고 직선적으로 한다

입력과 출력이 근접하면 발진이 일어나기 쉬우며, 신호선에 교류전류가 흐르는 전선이 근접하면 잡음이 생기는 원인이 된다. 그러므로 이렇게 되지 않는 범위에서 모든 배선은 가장 짧고 직선으로 해야 한다. 특히, 고주파 회로에서는 배선의 길이가 길어지면 코일과 콘덴서의 성분이 생성되게 되므로 배선의 길이는 가능한 한 짧게 하는 것이 효율적이다.

4. 전자회로의 기판 조립

전자기기에 사용되는 전자회로를 구성하도록 얇은 도체를 절연판에 붙여 제작한 것을 인쇄회로 기판(PCB : Printed Circuit Board)이라 한다.

PCB 위에 전자회로 부품을 부착시킨 다음 납땜을 하여 회로를 구성할 수 있으며, 회로의 특성을 측정할 때 사용되는 브레드 보드(bread board)와 직접 납땜을 하여 완성된 회로를 제작할 때 사용되는 만능기판(universal board)으로 분류된다.

(1) 브래드 보드

브래드 보드는 회로의 개발 또는 원형판(prototype version)을 위하여 사용하는 기판으로 전원선으로 사용되는 버스 스트립(bus strip)과 부품을 부착시켜 배치하는 데 사용되는 소켓 스트립(socket strip)으로 구성되어 있다. 보드의 크기는 다양하므로 실험 회로에 적합한 크기의 브레드 보드를 골라서 사용한다.

1) 브래드 보드 사용법

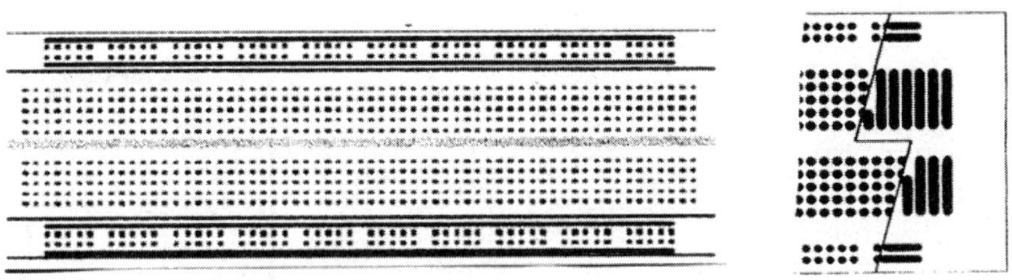

(a) 외형구조 (b) 내부구조

[그림 3-4] 브래드 보드

브래드 보드는 적색과 파란색, 흑색 글씨로 이루어진 구멍이 있는데 적색과 파란색 표시 구멍의 같은 줄은 모두 연결되어 있고, 흑색 표시 구멍은 5개씩 연결된 상태에서 독립되어 있다.

- 브래드 보드의 구멍은 각 부품을 꽂아 사용하는 데 알맞도록 가로×세로가 1[mm]×1[mm]이며, 배선은 양끝의 절연 피복을 3~5[mm] 정도 벗겨내어 사용한다.
- [그림 3-4]에서 버스 스트립은 가로줄은 전류가 통하고, 세로줄은 전류가 통하지 않는다. 일반적으로 적색은 (+), 파란색은 (−)로 접속하여 사용한다.
- 소켓 스트립은 수직으로 5개의 구멍이 연결되어 전류가 통하고, 수평으로는 전류가 통하지 않는다.
- 부품은 라디오 펜치(롱노즈플라이어)를 이용하여 기판 깊숙이 꽂는데, 부품을 먼저 꽂고, 연결선은 나중에 회로도를 하나하나 따라가며 연결한다.
- 부품과 부품 사이는 연결선을 이용함이 원칙이며, 보드 전체를 넓게, 골고루 이용하며 부품이 한쪽으로만 치우치지 않도록 구성한다.
- 중앙 부분의 중심선을 따라서 세로로 부품을 부착시킬 수 있으며, 접점의 간

격은 일반적인 IC 등의 핀들이 간격과 일치하므로 중앙선에 IC 등을 꽂아서 실험할 수 있다.

- 회로가 완성되어 동작시킨 뒤에 부품과 연결선은 제자리에 모아둔다.

(2) 만능기판

만능기판은 부품을 끼울 수 있는 앞면(또는 부품면)과 실제 납땜을 할 수 있는 뒷면(또는 동박면)으로 구성되어 있다.

기판 구멍의 크기와 간격에 따라 집적 회로용과 트랜지스터용 및 커넥터용이 있다.

(a) 집적회로용 (b) 트랜지스터용 (c) 커넥터용

[그림 3-5] 만능기판의 종류

5. 패턴도

패턴도란 실습할 회로도를 보고 기판 위에 부품이 안정감 있고, 균형을 이루도록 배치를 하여 그리는 것으로, 부품면(component side pattern)으로 그리는 방법과 실제 납땜할 면인 동박면(soldering side pattern)으로 그리는 방법이 있다.

일반적으로 회로의 접점이나 측정시에 편리하도록 동박면으로 그린 패턴도를 많이 이용된다. 배선은 될 수 있는 대로 교차(jumper)되지 않도록 하고, 직선과 직각 배치를 하며, 배선에 교차가 발생할 때는 피복을 입혀 기판 위의 부품면에서 연결한다.

배선의 길이는 가능한 짧게 하여 납땜할 부분을 줄임으로써 오동작과 잡음을 줄일 수 있다.

(1) 패턴도 작성시 유의사항

- 입력과 출력간의 간섭을 피하도록 한다.
- 배선의 교차가 될 수 있는 대로 없도록 한다.
- 기판 전체에 균형과 안정감이 있게 배치한다.
- 부품을 기판의 배선 단자 및 커넥터 단자에 대해 직각 또는 평형으로 배치한다.
- 가변 저항기, 스위치 등은 기판의 가공을 고려하여 배치한다.
- 외부단자는 기판 위 가장자리에 위치하도록 한다.
- 집적회로 등의 소켓을 사용할 때에는 소켓의 크기와 면적을 고려하여 배치한다.
- 집적회로 커넥터 기판의 경우에는 외부 단자를 규정에 맞게 사용한다.

(2) 부품 배치시 유의사항

- 연관성이 있고, 균형이 잡히도록 배치한다.
- 기판의 크기를 고려하여 부품의 배치도를 방안지에 미리 작성하여 본다.
- 부피가 큰 부품부터 배치한다.
- 입력과 출력은 격리시켜 배치하고, 리드선을 구분한다.
- 저항의 색깔띠는 같은 방향으로 한다.
- 점프선이 생기지 않도록 한다.
- 기판 전체를 활용하도록 한다.
- 부품의 리드가 꼬이지 않고, 직선적으로 꽂히도록 한다.
- 외부단자로 연결되는 단자는 기판 가장자리 동박면에서 볼 때 회로도와 같도록 한다.
- 부품의 높이가 일정하도록 한다.
- 집적회로 소켓을 이용할 때는 지표점을 확인하여 배치한다.

(3) 패턴도의 실례

[그림 3-6] (a)는 회로도이며, 이에 대한 패턴도는 [그림 3-6] (b)와 같이 그릴 수 있다.

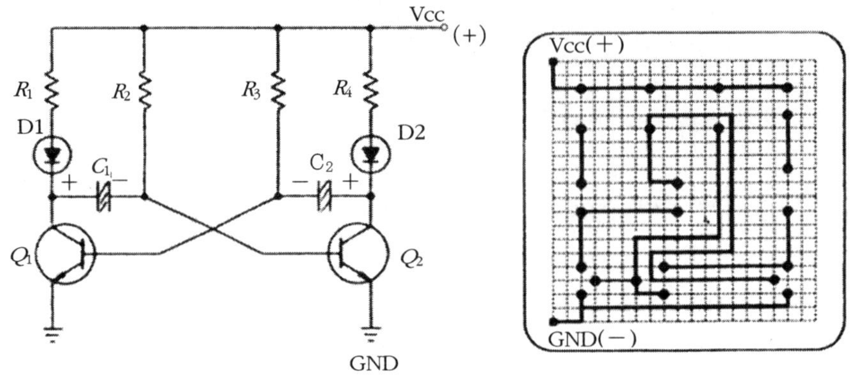

(a) 회로도 (b) 패턴도의 예

[그림 3-6] 회로도와 패턴도

6. 직류전원 전압기

직류전원 전압기(DC power supply)는 아날로그 계측기가 구비된 정전압, 정전류를 연속적으로 가변시킬 수 있는 직류 안정화 전원이며, [그림 3-7]의 전면부의 각 스위치 및 단자의 기능은 다음과 같다.

(1) 각 부의 기능

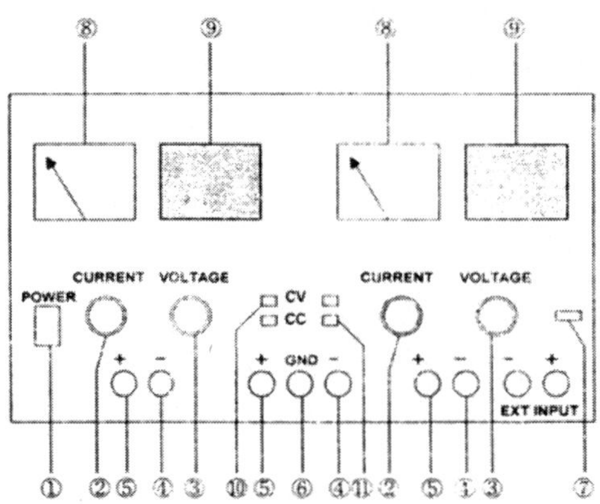

[그림 3-7] 직류전원 공급기

① 전원 스위치
② 전류조절 단자 : 정전류시 출력전류의 양을 조절하는 손잡이
③ 전압 조절 단자
④ 부(−) 출력 단자
⑤ 양(+) 출력 단자
⑥ GND 단자 : 접지단자로 어스에 접지하여 사용
⑦ INT/EXT 스위치 : 내부 및 외부의 전압을 측정하는 스위치
⑧ 전류계 : 출력되는 전류의 크기를 나타냄
⑨ 전압계 : 출력되는 전압의 크기를 나타냄
⑩ CV LED : 정전압을 표시, 녹색을 발광
⑪ CC LED : 정전류를 표시, 흐르는 전류의 양이 부족할 때에 적색을 발광

(2) 3전원 결성법

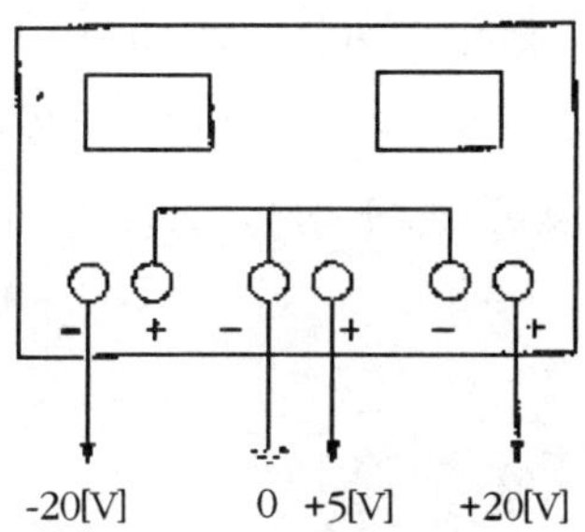

[그림 3-8] 3전원 결성법

[그림 3-7]의 Dual Power Supply로서 2개의 0～20V, 1.5A Max의 전원과, 5V, 2A의 정전원이 있다. 따라서 본 기기는 5[V] 정전압을 포함한 3개의 정전원을 가지고 있다. 각 전원은 독립전원(Ground가 분리된 전원)이므로, 예를 들어 5[V], ±15[V] 정전원을 얻기 위해서는 [그림 3-8]과 같이 공통 ground를 위한 외부 결선이 필요하다.

최대 전류치의 설정은 Current Knob(②)의 조절로 가능하며 최대 설정치는 1.5[A]이다.

제4장

회로 시험기

회로 시험기(tester)는 전환 선택 스위치를 돌려서 직류전압, 직류전류, 교류전압 및 저항 등을 측정할 수 있는 기본 계기로서, VOM(Volt-Ohm-Milliammeter) 또는 멀티미터(multi-meter)라고도 한다.

일반적으로 회로 시험기는 측정값을 지침으로 가리키는 아날로그형과 측정값을 숫자로 표시하는 디지털형이 있으며, 디지털형은 아날로그형에 비해 사용법이 편리하고 측정값이 정밀하며, 교류전류의 측정이 가능하다는 장점 때문에 널리 사용되고 있다.

[그림 4-1] (a)는 가장 많이 사용하던 아날로그 멀티미터, [그림 4-1] (b)와 같이 액정 표시부가 부착된 디지털 멀티미터, [그림 4-1] (c)는 포켓용 멀티미터, [그림 4-1] (d)와 같이 발광 다이오드나 네온램프만 붙어 있는 검전 드라이버 등이 있다.

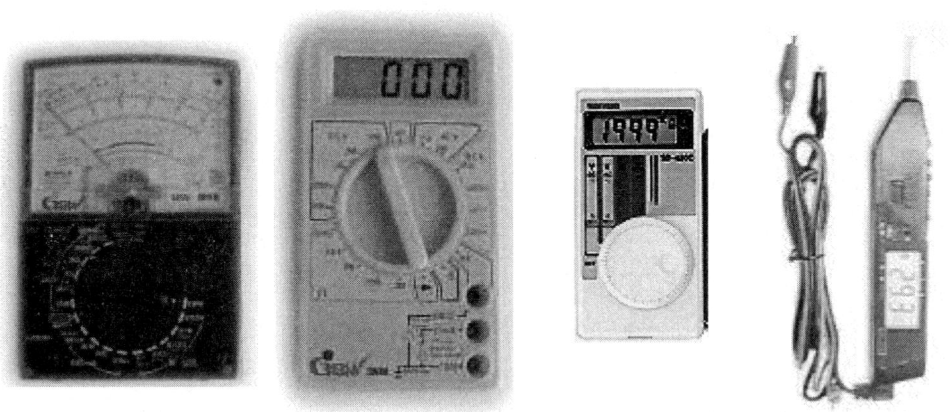

(a) 아날로그 멀티미터 (b) 디지털 멀티미터 (c) 포켓용 멀티미터 (d) 펜타입 멀티미터

[그림 4-1] 멀티미터의 종류

1. 아날로그 회로 시험기

일반적으로 회로 시험기의 내부에는 각 범위(range)의 직류전압, 교류전압 및 직류전류를 측정하기 위해서 가동 코일형인 기본 전류계, 배율기, 분류기 및 정류기 등이 접속되어 있다.

또, 저항을 측정하기 위해서 내부에 전지(1.5[V] 또는 3[V]), 가변 저항기 등이 장치되어 있으며, 계기의 눈금판(scale plate)에는 전압, 전류 및 저항에 대한 여러 가지 눈금이 그려져 있으며, 이 눈금의 선택은 전환 선택 스위치(rotary selector switch)에 의해 선택된 규격에 대응된다.

(1) 주요 기능

아날로그 회로 시험기의 주요 기능은 전압, 전류, 저항의 측정이다. 부가 기능으로는 건전지의 잔량을 측정하거나, 콘덴서, TR 등을 측정 할 수 있는 것도 있다.

(2) 각 부 기능

① DC V : 직류 전압을 측정하는 곳이며, 측정범위는 기종마다 조금씩 차이가 있으나 거의 비슷하다.

② DCmA : 직류전류를 측정하는 곳으로 이 테스터의 경우 최고 300[mA] 레인지밖에 없지만 10[A]까지 측정할 수 있는 것도 있다.

③ Ω : 저항을 측정하는 곳으로 '옴'이라고 읽으며 배선의 도통상태를 테스트할 수 있는 곳이다.

④ 테스터 봉을 삽입하는 곳이며, 통상 플러스(+)가 적색, 마이너스(−)가 흑색이다.

⑤ 저항을 측정하기 전에 이 손잡이로 '0[Ω]'을 세트한다. 즉, 영점 조정이라 하고, 그 방법은 회로 시험기의 리드봉 두 개를 단락시키고 바늘을 '0'에 맞춘다. 이것은 보다 정확한 저항을 측정하기 위한 것으로 전압이나 전류 측정과는 상관없다.

⑥ AC V : 교류전압을 측정하는 곳으로, 0~1000[V]까지 측정할 수 있으나 기종에 따라서는 750V까지밖에 측정할 수 없는 것도 있다. 직류전압이나 교류전

압 등을 측정할 때는 측정하려는 곳의 예상 측정값의 두 배 이상의 레인지에서 측정하는 것이 좋다. 회로 시험기 고장의 대부분은 레인지를 잘못 설정하고 측정함으로써 발생한다는 것을 명심해야 할 것이다.

⑦ 미터의 제로 위치를 맞추기 위한 것으로 지침의 물리적인 위치를 조정하는 것이다.

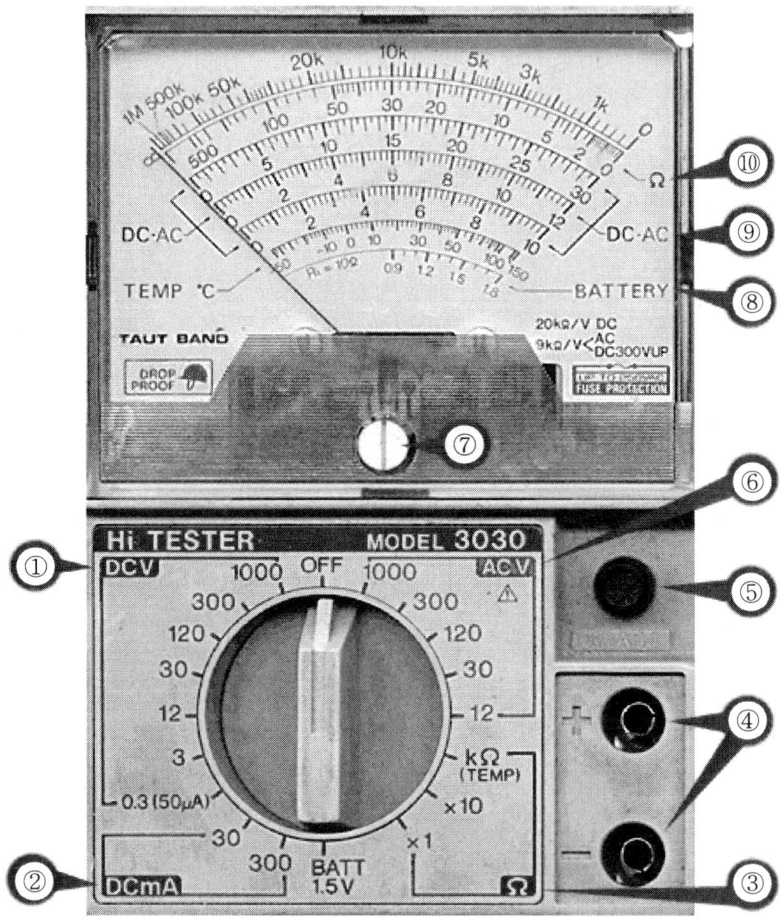

[그림 4-2] 회로 시험기의 전면부

⑧ 건전지의 잔량을 표시하는 눈금으로, 레인지를 BATT 1.5에 놓고 측정한다. 대부분의 회로 시험기는 이 기능이 부가되어 만들고 있다.

⑨ 저항값 이외는 전부 이 눈금을 읽는다.

지시값의 최대값이 10, 12, 30밖에 없지만 그것으로 충분하다. 레인지를 잘 보면 10, 12, 30의 배수로 되어 있음을 알 수 있을 것이며, 그에 따라 10배가 되거나 100배수로 읽으면 되는 것이다.

⑩ 저항값을 읽는 곳으로, 멀티미터에서 사용하고 있는 미터는 아날로그 전류계이기 때문에 전류가 흐른 만큼 바늘이 움직인다. 따라서 저항값이 작을수록 바늘이 많이 움직이며 0[Ω]일 때 최대치가 되며, 저항이 무한대일 때는 바늘이 움직이지 않는다. 즉 전압이나 전류의 측정할 때의 지시값과는 역으로 표시되고 있다.

(3) 주의사항

- 직류를 측정할 때는 극성(+, −)을 역으로 측정하면 안 된다. 디지털인 경우는 극성이 바뀔 때는 (−)으로 표시되겠지만, 아날로그 방식은 바늘이 역방향으로 이동하게 되고, 경우에 따라서는 바늘이 휘어지거나 고장날 수 있다.
- 대부분의 테스터에는 교환 가능한 퓨즈가 내장되어 있기 때문에 고장이 의심되면 내장 휴즈를 확인해 본다.
- 저항 측정에 문제가 있으면 내부의 건전지를 확인해 본다. 저항의 측정은 저항기에 전류를 흘려서 측정하기 때문에 건전지 잔량이 얼마 남지 않으면 측정오차가 커지거나 측정할 수 없게 된다. 그러나 전압이나 전류는 건전지가 없어도 측정할 수 있다(디지털 방식은 건전지가 전부 소비되면 아무것도 할 수 없음).
- 측정하기 전에 레인지는 적절한지 반드시 확인하는 습관을 갖도록 해야 한다. 부적절한 레인지로 측정하면 테스터가 고장나거나 타버리는 경우도 있다.
- 사용하지 않을 때는 off 위치로 하거나 off 위치가 없는 회로 시험기라면 저항 측정 레인지 외에 다른 레인지로 돌려놓고 보관하는 것이 좋다.
- 전압이나 전류의 측정시 가능한 한 오른쪽 눈금으로, 저항의 측정시는 가능한 한 중앙쪽의 눈금으로 값을 읽는 것이 정확한 측정이 될 수 있다.
- 큰 레인지에서 작은 것을 모두 측정할 수 있지만 너무 큰 레인지로 측정하는 것은 좋지 않다. 측정 가능한 가장 작은 레인지로 측정해야 정확한 측정을 할 수 있다.
- 전압의 측정은 대상회로에 회로 시험기를 병렬로 접속하여 측정하며, 직류전압인 경우는 극성이 바뀌지 않도록 주의해야 한다.
- 전류의 측정은 측정하려는 회로에 직렬로 연결해야 하며 극성이 바뀌지 않도

록 주의해야 한다.

- 저항 측정은 레인지를 선택한 후에 회로 시험기의 프로우브를 단락시키고 0점 조정 손잡이를 조정하여 바늘을 0[Ω]에 맞춘 다음 측정대상에 접속하여 측정한다. 저항 측정시 측정부위에 손이나 인체가 접촉되면 측정값이 전혀 다르게 될 수 있으므로 주의해야 한다.

(4) 측 정

1) 직류전압 측정

- 레인지를 DCV의 가장 높은 위치(예 1000)로 전환하고, 측정하고자 하는 곳의 전위 및 전극을 확인한 다음 (+)측에 적색 리드봉, (−)측에 흑색 리드봉을 병렬로 접속한다.
- 이때 지침이 전혀 움직이지 않을 때는 레인지를 한 단계씩 내려서 지침이 중앙을 전후하여 멈추는 곳에 레인지를 고정시킨다.
- 측정전압을 미리 예측을 한 때에는 예측한 전압보다 높은 위치에 레인지를 고정시키는 것이 좋다.

예를 들면, [그림 4-3]과 같이 측정 레인지를 DCV의 12에 위치하고, 미지의 전압을 측정하였더니 다음과 같을 때 측정값을 구해보자.

지시값이 6이고, 배수는 1이므로 6×1=6[V]가 된다.

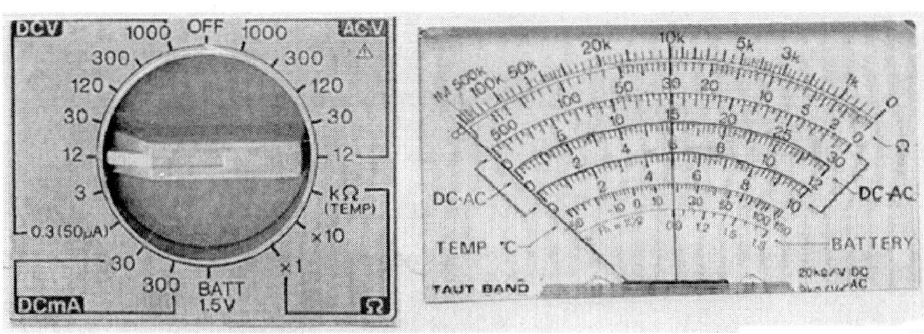

(a) 측정 레인지 위치　　　　(b) 계기 지침의 위치

[그림 4-3] 직류전압 측정

2) 직류전류 측정

- 측정 레인지를 DCmA의 가장 높은 위치(예 300)에 놓고, 측정하고자 하는 위치의 회로를 확인한 다음, 전위의 극성에 주의하여 부하와 직렬로 접속한다.
- 이때 지침이 움직이지 않으면 레인지를 한 단계씩 내려서 지침이 눈금 중앙을 전후에서 멈추는 곳에 레인지를 고정시킨다.
- 눈금은 DCV의 눈금을 공용으로 사용되고, 눈금의 지시값과 배수를 곱하여 읽는다.

예를 들면, [그림 4-4]와 같이 측정 레인지를 DCmA의 300에 위치하고, 미지의 직류전류를 측정하였더니 다음과 같이 지침을 가르켰다. 이때 측정값을 구해보자.

지시값 20×배수 10＝200[mA]이다.

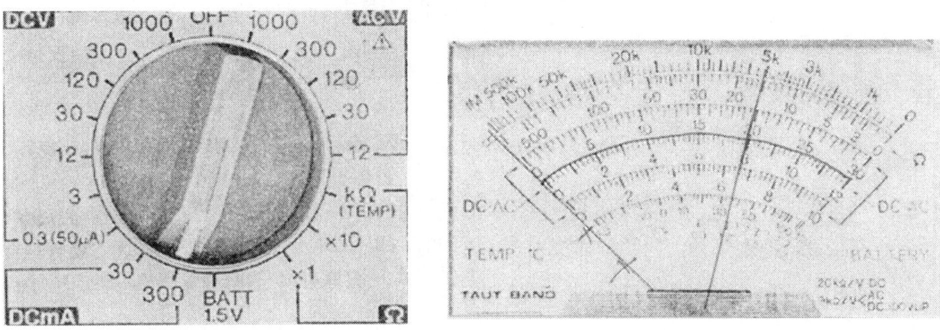

(a) 측정 레인지 위치 (b) 계기 지침의 위치

[그림 4-4] 직류전류의 측정

3) 교류전압 측정

- 측정 레인지를 AC V의 가장 높은 위치(예 1000)에 놓고, 측정하고자 하는 위치의 회로를 확인한 다음 부하와 병렬로 접속한다.
- 이때 지침이 움직이지 않으면 레인지를 한 단계씩 내려서 지침이 눈금 중앙을 전후에서 멈추는 곳에 레인지를 고정시킨다.
- 눈금은 DC V의 눈금을 공용으로 사용되고, 눈금의 지시값과 배수를 곱하여 읽는다.

예를 들면, [그림 4-5]와 같이 측정 레인지를 AC V의 1000에 위치하고, 미지의 교류

전압를 측정하였더니 다음과 같이 지침을 가르켰다. 이때 측정값을 구해보자.

지시값 8×배수 100＝800[V]

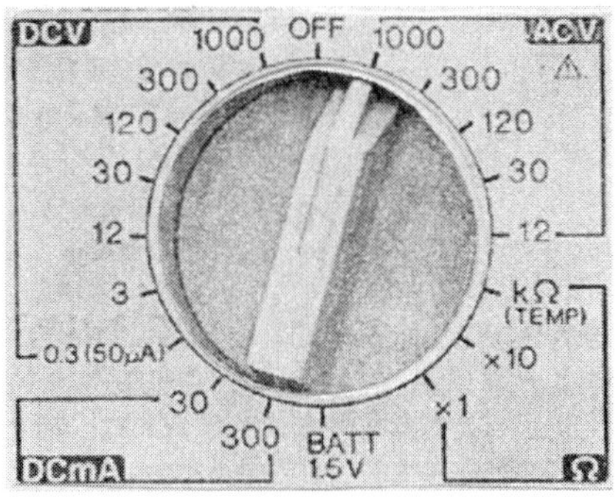

(a) 측정 레인지 위치

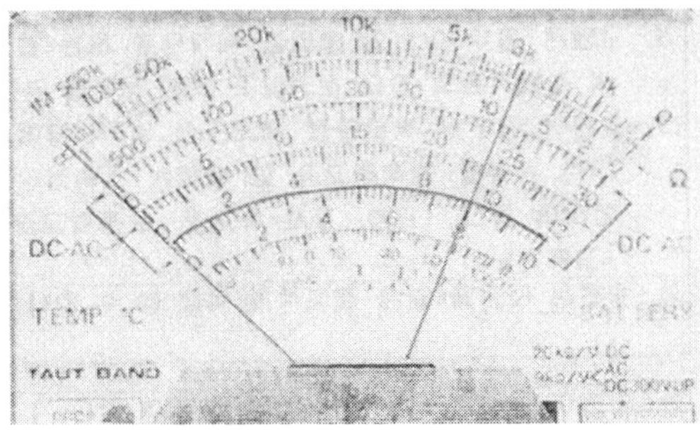

(b) 계기 지침의 위치

[그림 4-5] 교류전압의 측정

4) 저항 측정

- 사용하기 전에 눈금판의 지침이 0점에 일치되었는지 확인하고, 0점을 벗어났을 때에는 0점 조정나사를 돌려 0점에 맞춘다.
- 저항을 측정할 때에는 레인지의 위치에 따라 변하하므로 회로 시험기의 두 리드봉을 단락시켜 지침이 옴[Ω]의 눈금판의 0의 위치에 맞도록 조정해야 한다. 만약 0의 위치를 벗어나면 0[Ω] ADJ의 가변 저항기를 조정하여 맞추고, 조정하였는데도 맞지 않으면 회로 시험기의 내부 전지가 소모되었을 경우가 있으므로 전지를 교환한다.
- 회로 시험기의 두 리드봉을 저항의 양단 리드선에 접속한다.
- 이때 지침이 움직이지 않거나 약간 움직이면, 측정 레인지를 0에서부터 한 단계씩 올려 지침값이 중앙이나 오른쪽으로 되었을 때에 레인지와 눈금판을 읽는다.
- 레인지의 위치를 변경할 때마다 0점 조정을 해야 한다.

예를 들면, 측정 레인지를 R×10에 놓았을 때 계기의 지침이 5[Ω]을 가리켰다면, 측정된 저항값은 5×10＝50[Ω]이 된다.

2. 디지털 회로 시험기

(1) DMM의 개요

디지털 회로 시험기(Digital multi-meter : DMM)는 내부의 전압, 전류원을 이용하여 외부의 직류 및 교류 전압/전류, 저항, 용량 등을 디지털로 측정하는 기기로서 모든 수치가 디지털로 표시되기 때문에 측정이 용이하며, 여러 가지 다양한 값을 측정할 수 있다.

(2) DMM의 주요 기능

- 각 레인지별로 입력이 없을 때에는 자동으로 0점(영점) 조정이 된다.
- 직류전압과 직류전류를 측정할 때에 두 리드봉을 반대로 접속하였을 때에는 표시부의 앞에 (－)로 나타난다.
- 측정 선택 버튼의 초과 전압이나 전류가 입력되었을 때에는 표시부에 '1'만 표시된다.

(3) 각 부 기능

[그림 4-6]은 디지털 회로 시험기의 전면부를 나타낸 것이다.

① Power : 전원 스위치(ON/OFF)
② 0Ω ADJ : 0점(영점) 저항을 세트하기 위한 조정 노브
③ Unit indicator : 측정값의 단위 표시부
④ Display pannel : 측정값의 표시부로 5자리의 LCD로 나타냄
⑤ 20A △ : AC, DC 전류 2[A]~20[A]의 범위를 측정하기 위한 입력단자
⑥ mA/A : AC, DC 전류를 측정하기 위한 입력단자
⑦ COM : 전압, 전류, 저항 측정하기 위한 공통 입력단자
⑧ V/Ω/dBm ▽ : 전압, 저항, 데시벨을 측정하기 위한 입력단자
⑨ HOLD : 측정값을 일시 정지시키는 버튼
⑩ dBm : 교류 측정 전압을 dBm으로 나타냄

⑪ ~V, mV : 교류 또는 직류 전압을 측정하기 위한 버튼

⑫ ~A, mA : 교류 또는 직류 전류를 측정하기 위한 버튼

⑬ Ω : 저항을 측정하기 위한 버튼

⑭ CONTINUITY : continuit 체크기능을 가지고 있음

⑮ RANGE : 전압, 전류, 저항 측정시의 선택 범위 스위치 버튼

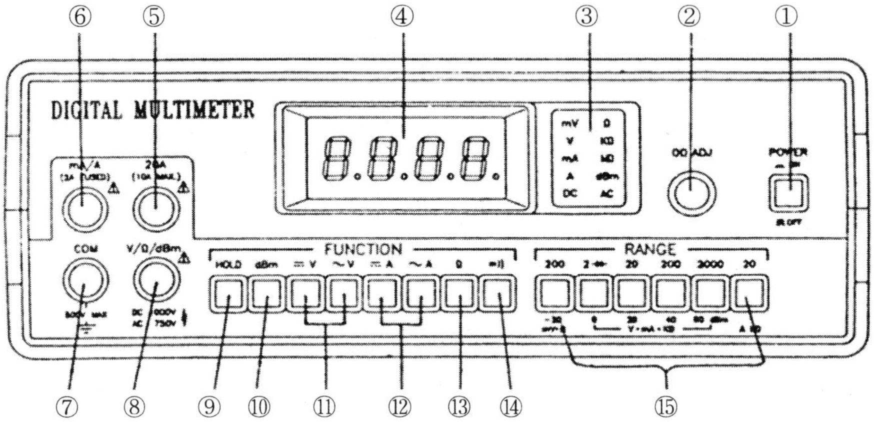

[그림 4-6] DMM의 전면부

제5장

오실로스코프 사용법

오실로스코프(oscilloscope)란, 대단히 빠르게 진행되는 자연현상이나 과도현상 등의 물리적 신호를 전기적 신호로 변환하여 관측 등을 행하는 장치이다. 즉 시간에 따라 변화하는 전기적 신호를 브라운관에 파형으로 묘사시켜 전기적 변화를 측정 분석하는데 사용되는 계측기로 아날로그형과 디지털형이 있다.

[그림 5-1]은 아날로그 오실로스코프를 나타내었다.

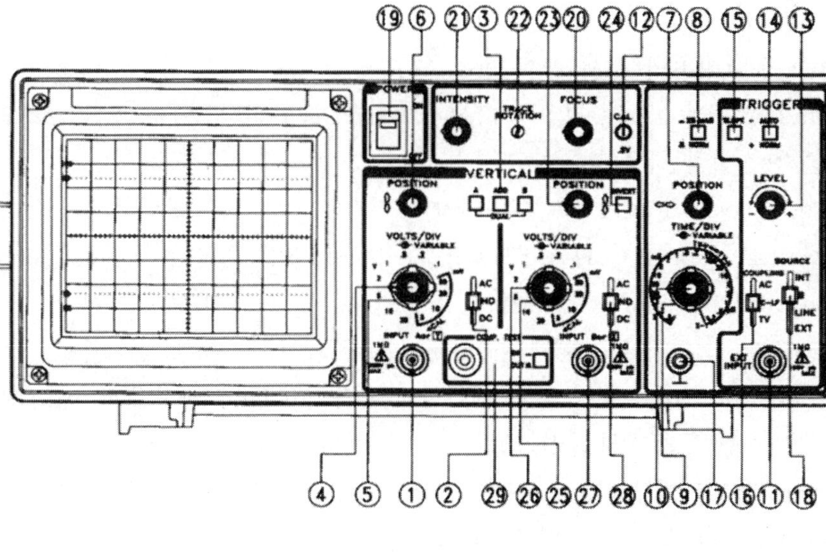

[그림 5-1] 오실로스코프의 전면

1. 아날로그 오실로스코프

(1) 각 단자의 명칭과 기능

① ㉗ Vertical Input : CH-A, CH-B의 수직 입력단자.

② ㉘ AC-GND-DC : CH-A, CH-B의 수직 입력 선택 스위치(AC위치 : 입력신호 중 직류분은 차단, GND 위치 : 입력단자 개방)

③ MODE :

- A : CH-A의 파형 출력, B : CH-B의 파형 출력
- Dual : 0.5sec/DIV부터 1msec/DIV까지의 전자 레인지에 걸쳐 두 체널 모두 상호 교대로 출력
- ADD : CH-A와 CH-B의 두 신호가 합성(INVERT시는 SUB모드)
- Variable : CH-B 수직 감쇠량을 연속가변 조정 손잡이

④ Volts/DIV Variable : CH-A, CH-B용 수직입력 연속가변 감쇄기 손잡이

- Volts/Div : CH-B의 수직 감쇠기

⑤ Volts/DIV : CH-A용 수직입력 감쇄기(0.5㎷/DIV부터 20V/DIV까지 12개의 정량 레인지로 선택 사용)

⑥ Vertical Position : CH-B용 수직위치 조정자

- Vertical Position : CH-A, CH-B용 수직위치 조정 손잡이

⑦ Horizontal Position : 수평위치 조정 손잡이

⑧ X 5MAG : 스위치를 on했을 때 sweep time을 5배로 확대

⑨ SWEEP/TIME/DIV : 수평 소인시간 선택 손잡이(0.2㎲/DIV로 부터 0.5s/DIV까지의 소인시간을 20개의 스탭으로 선택 또는 X-Y 선택)

⑩ Sweep Time/DIV Variable : 수평 소인시간 연속가변조정 손잡이

⑪ EXT TRIG : 외부 트리거링 입력신호단자

⑫ CAL : 스코프 자체 교정전압 출력단자(0.5Vp-p, 약 1KHz의 구형파)

⑬ Triggering Level : 트리거 신호 개시점을 정해주는 조정자

⑭ Auto/Norm 스위치 : 스위치를 누르면 자동 소인기능으로 전환되고 무 입력 신호시에도 소인(sweep)은 자유구동(free running) 상태로 되어 CRT상에 휘선을 나타냄

⑮ Slope+ : 동기신호 경사(Slope)의 극성을 선택

⑯ Coupling : 동기 모드 선택 스위치

· AC : 정상동작시, 이 모드에서는 동기신호가 동기회로에 직접 공급

· HF REJ : 저역통과 필터가 동기신호중의 고주파분을 제거

· TV : TV 혹은 영상복합 신호를 용이하게 동기시킬 수 있으며 SEEP TIME/DIV 으로 TV-V(50μs-0.1ms) 혹은 TV-H(50μs-0.2μs)를 선택

⑰ GND : 접지단자

⑱ Source : 동기신호 선택 스위치, 파형의 정지 또는 트리거를 선택하는 단자

· INT : CH-A와 CH-B로 입력신호가 동기신호원

· CH-B : 트리거 동기신호가 CH-B로부터만 공급. 그러나 Single Channel시는 MODE에 의해 선택된 채널이 우선이 됨

· LINE : AC전원 파형이 동기신호원으로 사용

· EXT : EXT TRIG 단자에 인입된 신호가 동기신호원

⑲ Power Switch : 전원을 켜거나 끄는 스위치

⑳ Focus : 휘선의 선명도를 위한 촛점 조정자

㉑ Intensity : 휘선의 명암을 위해 파형의 밝기를 조정

㉒ Trace Rotator : 휘선이 기울어졌을 때 바른 위치로 조정

㉓ Insert : 스위치를 누르면 CH-B 수직극성이 전환

㉔ Component Test In : 시험하고자 하는 부품이나 부품의 리드선을 연결하는 단자

(2) 기본 측정

1) 기본 교정 및 조작

① 〈표 5-1〉과 같이 단자와 손잡이를 조정한다.

② 전원 스위치(power switch)를 켜고 몇 십 초 동안 기다린다.

③ 화면의 상을 선명하기 위해 Intensity, Focus, Position 등의 손잡이를 다시 조정한다.

④ CH-A의 수직 입력단자에 프로우브의 BNC 콘넥터, CAL 단자에 프로우브 팁을 연결하면 화면에 구형파가 나타난다.

⑤ 출력파형의 주파수 1[㎑], 전압 0.5[V]을 확인하고, 틀리면 Volts/DIV Knob와 Sweep Time/DIV Knob를 다시 조정하여 교정값에 맞춘다.

예를 들면, [그림 5-2]의 출력파형에 대하여 주파수와 전압을 구해보자.

〈표 5-1〉 기본교정의 단자와 손잡이 조정

단자 또는 손잡이	설정	단자 또는 손잡이	설정	단자 또는 손잡이	설정
Volts/Div	0.5V	Intensity	중앙	Triger Mode	Auto
Time/Div	0.5m/s	Focus	중앙	Source	INT
AC-GND-DC	DC	Position	중앙	Mode	CH1

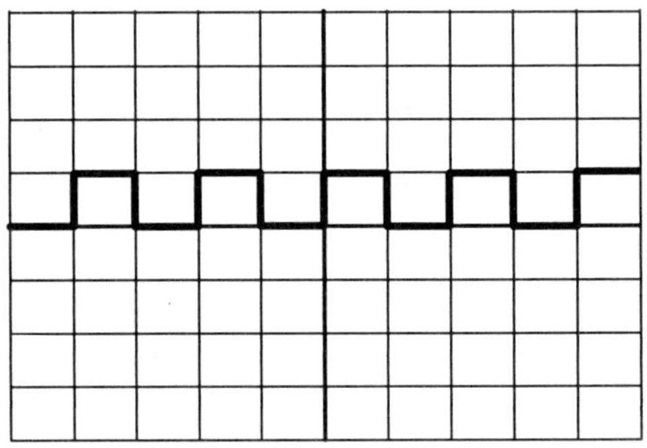

[그림 5-2] 오실로스코프의 CAL 출력 파형

전압 V는 Volts/Div 0.5V×수직축 1칸=0.5[V]

주기 T는 Time/Div 0.5ms×수평축 2칸=[1ms]

따라서 주파수 $f = \dfrac{1}{T} = \dfrac{1}{1 \times 10^{-3}} = 1 \times 10^{3}$[Hz]=1[㎑]

⑥ 교정이 완료되면 CAL 단자로부터 프로우브를 떼어낸다.

2) 전압 측정

수직 이동거리와 Volts/Div의 배율에서 전압을 계산한다.

- 직류전압 : Volts/Div의 배율×수직 이동거리(수직축의 칸 수)×프로우브의 감쇄비
- 교류전압 : Volts/Div의 배율× 진폭(수직축의 칸 수)×프로우브의 감쇄비
- 최대전압 : $V_P = \dfrac{V_{P-P}}{2}$
- 실효전압 : $V_S = \dfrac{V_P}{\sqrt{2}} = \dfrac{V_{P-P}}{2\sqrt{2}}$

예를 들면, [그림 5-3]에서 Volts/Div의 배율은 2[V/㎝]이다. 직류전압과 교류전압을 구해보자. 단, 프로우브의 감쇄비는 1 : 1이다.

직류전압 2.0[V]×3.5×1=7.0[V]

교류최대 전압 $Vp = \dfrac{2.0[V] \times 6칸 \times 1}{2} = \dfrac{12.0[v]}{2} = 6[V]$

교류신호 전압 $Vs = \dfrac{V_P}{\sqrt{2}} = \dfrac{6}{\sqrt{2}} ≒ 4.2[V]$

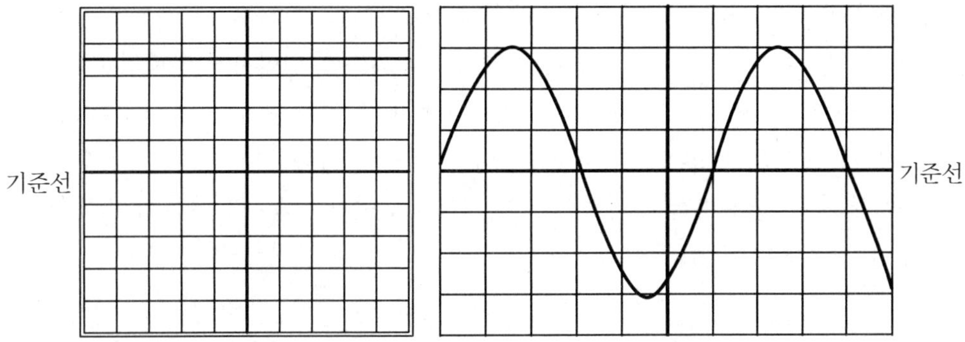

(a) 직류파형 (b) 교류파형

[그림 5-3] 직류 · 교류전압 파형 측정

3) 주기(T) 및 주파수(f) 측정

① 오실로스코프의 기본 교정(CAL)을 한다.

② TIME/Div와 수평거리의 배율로부터 미지의 주기를 측정한다.

③ 주기 T=TIME/Div의 배율×수평거리[㎝]를 구한다.

④ 주파수 $f = \dfrac{1}{T}$[Hz]를 이용하여 구한다.

예를 들면, [그림 5-3](b)에서 주기 T와 주파수 f를 구해보자.

TIME/DIV의 배율=2.0[ms], 수평거리는 6칸이므로 먼저

· 주기 T=2.0×6=12[ms]

· 주파수 $f = \dfrac{1}{T} = \dfrac{1}{12 \times 10^{-3}} ≒ 83[Hz]$

만약 스위치 ×5MAG를 ON했을 때는 다음과 같이 구할 수 있다.

- 주기 $T = 2.0 \times 6 \times \frac{1}{5} = 2.4[ms]$
- 주파수 $f = \frac{1}{T} = \frac{1}{2.4 \times 10^{-3}} ≒ 417[Hz]$

(3) 리사쥬 도형을 이용한 주파수 및 위상차 측정

오실로스코프의 수직축 입력과 수평축 입력에 각각 같은 진폭의 신호전압을 인가한다. 수직측 입력에는 미지주파수의 신호를, 수평측 입력에는 주파수가 판독되는 사인파 발진기의 출력신호를 인가한다. 사인파 발진기의 주파수를 변화시켜 양쪽의 비가 정수가 되도록 하면 두 신호간의 주파수 및 위상차에 따른 리사쥬 도형(lissajous-figure)의 파형을 얻어, 도형의 파형에 의해 두 신호간의 주파수비와 위상차를 구할 수 있다.

리사쥬 도형에 의해 미지의 신호주파수를 기지의 주파수로부터 다음의 관계식으로부터 구할 수 있다.

$$\frac{\text{미지 주파수}}{\text{기지 주파수}} = \frac{\text{수평입력 주파수}}{\text{수직입력 주파수}} = \frac{\text{수평선과의 교차점의 수}}{\text{수직선과의 교차점의 수}}$$

1) 리사쥬 도형을 이용한 위상차 측정

① Horizontal Mode를 X－Y로 설정한다.

② X축(수평축) 입력을 Trigger Source or X로 선택되고 Y축(수직축) 입력은 Vertical Mode의 설정에 의해 CH 1, CH 2 및 Dual 모드로 사용하는 것이 가능하다.

③ 이때 수평축 확대 스위치(×5 MAG)와 BW Limit 스위치는 off로 설정한다.

④ 우선 두 신호의 리사쥬 파형이 1 : 1을 이루도록 한다. 이때 [그림 5-4]와 같이 되었을 경우, 두 신호의 위상차 θ는 다음과 같이 된다.

$$\theta = \sin^{-1}\frac{B}{A} = \sin^{-1}\frac{B'}{A'}$$

예를 들어 A가 10칸, B가 5칸이 되면 위상차는

$$\theta = \sin^{-1}\frac{5}{10} = 30^{\circ}$$

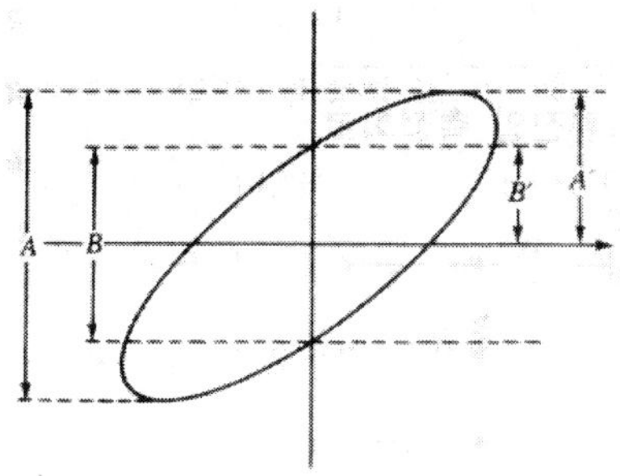

[그림 5-4] 위상차 측정

2) 리사쥬 도형을 이용한 주파수 측정

리사쥬 파형은 사각형에 내접하게 되는데, 그 사각형의 수직면과 만나는 점의 수를 v, 수평면과 만나는 점의 수를 h 라고 하면, 두 신호의 주파수 비는

$$\frac{f_x}{f_y} = \frac{v}{h}$$

의 관계를 가지게 되며, 이를 이용해서 주파수 f_y와 리사쥬 파형으로 미지의 주파수 f_x를 구할 수 있다.

[그림 5-5]와 같은 경우는 $v = 6, h = 4$ 이므로 $f_x = \frac{6}{4} f_y$로 계산할 수 있다.

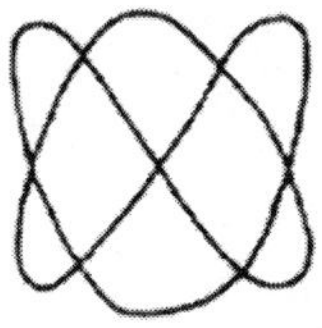

[그림 5-5] 리사쥬 도형

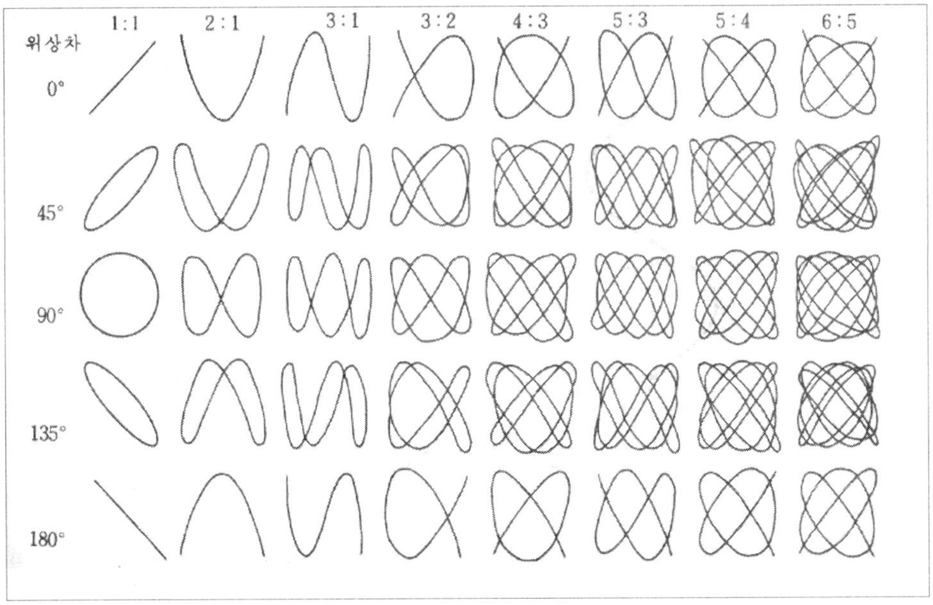

[그림 5-6] 위상차에 따른 리사쥬 파형

제6장 신호 발진기

1. 저주파 발진기

(1) 저주파 발진기의 개요

저주파 발진기는 보통 20[Hz]~200[kHz] 정도의 가청 주파수를 발생시키는 신호 발진기이고, 빈 브리지 방식의 발진방식을 많이 사용하며, 각종 오디오 회로의 특성 측정의 신호원으로 사용한다.

정현파 외에 구형파나 삼각파 등 파형이 다른 주파수를 만들기 위하여 파형 정형 회로를 연결하여 만들며, 출력부에는 감쇠기를 붙여서 출력을 조절한다.

[그림 6-1]은 저주파 발진기의 전면부의 기능들을 나타냈다.

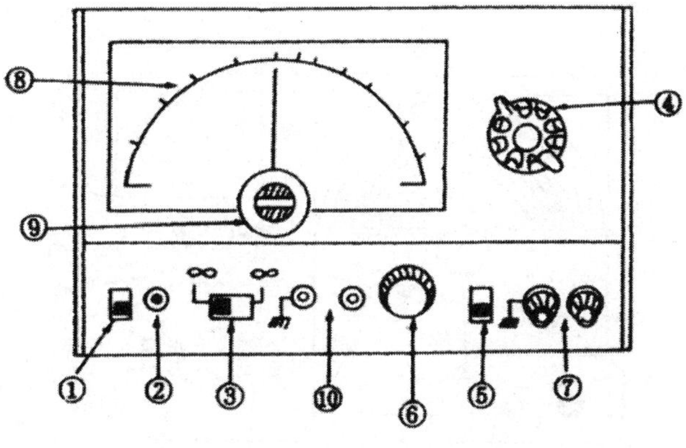

[그림 6-1] 저주파 발진기 전면부

(2) 저주파 발진기의 각부 기능

〈표 6-1〉 저주파 발진기 전면부 기능

번호	기 능	번호	기 능
①	전원스위치	②	전원표시등
③	정현파, 구형파 전환스위치	④	주파수 밴드 전환 스위치
⑤	출력 감쇄기	⑥	가변 출력 감쇄기
⑦	출력 단자	⑧	주파수 표시판
⑨	주파수 변환 손잡이	⑩	빈브리지 출력 전압

2. 고주파 발진기

(1) 고주파 발진기의 개요

고주파 발진기는 보통 200[㎑] 이상의 고주파 신호를 발생시키는 신호발진기이고, 저주파 신호(400[Hz]나 1[㎑])를 합성시킬 수 있다. 또한, 특정 주파수를 중심으로 일정한 대역을 하는 스위프 마커(sweep marker) 발진기, FM스테레오 신호 발진기, TV 영상 신호를 발생시키는 패턴 발진기 등이 있다.

(2) 고주파 발진기의 각 부 기능

[그림 6-2]은 고주파 발진기의 전면부의 기능들을 나타냈다.

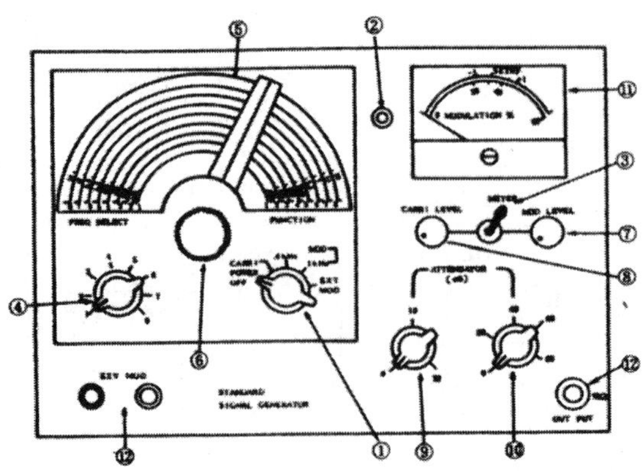

[그림 6-2] 고주파 발진기의 전면부

〈표 6-2〉 고주파 발진기 전면부 기능

번 호	기 능	번 호	기 능
①	전원 및 신호파 선택 스위치	②	전원표시등
③	감쇄기 선택 스위치	④	주파수 밴드 전환 스위치
⑤	주파수 밴드 및 표시부	⑥	주파수 변환 조절 손잡이
⑦	신호파 출력 조절 가변 저항기	⑧	고주파 출력 조절 가변 저항기
⑨	출력 이득 조절 스위치	⑩	출력 이득 조절 스위치
⑪	고주파, 신호파, 변조파 출력 표시	⑫	출력 단자

3. 함수 발생기

(1) 함수 발생기의 개요

함수 발생기(function generator)는 사인파(sine wave), 삼각파(triangle wave), 구형파(square wave), 램프(ramp)파, 펄스파 등의 원하는 주파수와 진폭으로 발진시키는 기기이다.

(2) 함수 발생기의 각 부 기능

[그림 6-3]은 함수 발생기의 전면부에 있는 각 단자의 기능을 나타냈다.

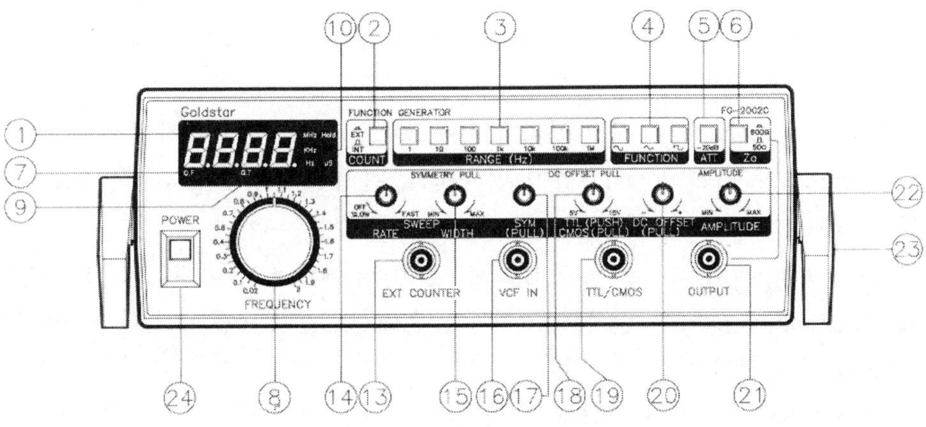

[그림 6-3] 함수 발생기의 전면부

① GREEN LED DISPLAY : 내부 또는 외부 주파수를 표시

② Internal/External Switch : Push on의 경우 외부 주파수 카운터, Push off의 경우 : 내부 함수 발생기의 주파수 카운터

③ Range Switch : 주파수 영역 선택 스위치

④ Function Switch : 정현파, 삼각파, 구형파 출력을 선택

⑤ Attenuator : 출력 신호의 진폭을 −20dB 감쇄

⑥ Output Impedance Selector : 50, 600 OHM 선택

⑦ Overflow Indicator : 지시기에 불이 켜지면 주파수 영역 스위치를 조정해 영역을 증가시키도록 한다.

⑧ Frequency Dial : 카운터는 0.02Hz에서 2Hz까지의 주파수 영역을 표시할 수 없다. 이 영역을 표시하고자 할 때에는 주파수 다이얼을 조절해야 한다.

⑨ Gate Time Indicator

⑩ The Frequency Counting Unit : 주파수 카운팅 단위

⑬ External Counting Input BNC : 외부 카운팅 입력 BNC

⑭ Sweep Rate Control : sweep rate 조절, 내부 Sweep을 조절하는 on/off 스위치. 내부 Sweep generator의 Sweep rate를 조절

⑮ Sweep Width Control : Sweep의 진폭을 조절

⑯ VCF(Voltage Controlled Frequency) IN : 이 단자에 전압을 인가하면 출력 파형의 주파수를 가변시킬 수 있다. 이때 Sweep Rate 조절 스위치는 off 상태여야 한다.

⑰ Symmetry Control : 단자를 당긴 후 회전시키면 출력 파형의 대칭성을 1 : 1에서 4 : 1까지 조정할 수 있다.

⑱ TTL/CMOS 조절 : TTL/CMOS 모드를 선택. 잡아당기면 CMOS 모드

⑲ TTL/CMOS 출력

⑳ DC Offset Control : 단자를 잡아당기면 신호에 DC 전압을 인가할 수 있다. 시계 방향으로 돌리면 양(+)전압이 더해지고, 반시계 방향으로 돌리면 음(−)전압이 더해진다.

㉑ Main Output BNC : 주 출력 BNC로 임피던스 50 OHM 파형의 출력 연결부

㉒ Amplitude Control : 단자를 조정하여 출력신호의 진폭을 조절한다. 0에서 −20dB까지 감쇄시킬 수 있다.

㉓ Power Switch : 전원 스위치

㉔ 이동 손잡이 및 지지대

(3) 사용방법

1) 함수 발생기로서의 사용법

① 교류전원 코드를 콘센트에 연결한다.
② 전원 스위치를 켠다.
③ 출력을 대칭적으로 하고(symmetrical), Sweep 발생기에 의해 영향을 받지 않게 하기 위해 다음과 같이 기기를 조절한다.

제어단자	위 치
Sweep Rate	off(CCW)
Symmetry	off(push)
DC offset	off(push)
Attenuator	RELEASE(button out)
Counter	INT(button out)

④ 원하는 주파수를 선택하기 위해서 영역 스위치(range switch)와 주파수 다이얼(FREQ dial)을 다음과 같이 조정한다. 출력 주파수는 주파수 다이얼에서 조정한 값에서 영역 스위치에 조정한 값의 곱과 같다. 예를 들어, 주파수 다이얼이 0.6 영역 스위치가 10K로 조정되어 있다면 6[㎑]($0.6 \times 10^3 = 6K$)의 출력을 낼 것이다.
⑤ 이제 디스플레이에 원하는 주파수가 나타날 것이다.
⑥ Function 버튼을 눌러 구형파, 삼각파, 정현파 중 원하는 파형을 선택한다.
⑦ 50[Ω] BNC에서 신호를 넣고 싶은 지점에 케이블을 연결한다.
⑧ Amplitude조절기를 이용하여 원하는 진폭을 얻는다.
⑨ DC offset 조절기를 이용하여 50[Ω] BNC 단자에서 나오는 신호에 직류 성분을 더할 수 있다.
⑩ 고정 진폭의 TTL 구형파는 패널 앞의 TTL OUT BNC 단자에서 얻을 수 있다. 이 신호는 진폭조절기, 감쇄기, DC offset 조절기에 의해 영향을 받지 않는다. TTL 출력은 디지털 회로에서 사용하기 위함이다.

2) 펄스 발생기로의 사용법

대칭적인 구형파, 정현파, 삼각파의 경우, 양과 음의 전환 주기가 동일하다(1 : 1). 이 경우는 symmetry 조절기가 꺼져 있는 상태이다.

symmetry 제어기를 잡아당기고 돌리면, 양의 주기를 4 : 1까지 조정할 수 있다.

구형파를 조정해서 사각파(Rectangular wave or pulse)를 만들거나 삼각파를 조정해서 일그러진 정현파(Skewed wave)를 만들어낼 수도 있다.

① 함수 발생기를 설명한 바와 같이 조정하여, 오실로스코프에 함수 발생기의 출력을 연결한다.
② 함수 스위치(function switch)에서 원하는 파형을 선택한다.
③ 특정한 펄스폭(pulse width)과 반복 비율(repetition rate)을 필요로 한다면 다음과 같이 파형을 얻을 수 있다.
  - 주파수 다이얼과 영역 스위치로 파형의 짧은 주기를 조절한다.
  - 대칭 조절기로 파형의 긴 주기를 조절한다.
④ 특정한 펄스의 폭 보다는 반복비율이 중요하다면, 원하는 파형을 다음과 같이 얻을 수 있다.
  - 오실로스코프를 보면서 symmetry 조절기를 조정하여 적절한 파형을 얻을 수 있다.
  - 주파수 다이얼과 영역 스위치로 반복 비율을 조절한다. 주파수 조절은 펄스 폭과 반복 비율 모두에 영향을 미친다.

3) TTL/CMOS 출력으로 사용법

TTL/CMOS 출력은 TTL/CMOS 디지털 논리회로의 출력으로 상호 변환할 수 있다. TTL/CMOS 출력을 사용하기 위해서는, 이 기기 앞면에 있는 TTL/CMOS BNC 단자에서 신호를 주입하려고 하는 곳에 케이블을 연결한다. TTL/CMOS 출력은 여러 동작 모드에서 사용되어질 수 있다.

4) 주파수 변조 신호발생기로서의 사용법

① 함수 발생기에서 설명한 바와 같이 조정한다.
② 직류 성분이 없는 교류신호를 패널 앞면에 있는 VCF IN BNC 단자에 연결한다.
③ 원하는 주파수 편향(deviation)을 위해 교류신호의 진폭을 조절한다.

제7장 각종 전자회로 부품 판별 및 측정

1. 저항기

어떤 물질이 전류의 흐름을 막으려고 하는 성질을 저항이라 하고, 기호는 R, 단위는 [Ω]으로 나타내며, 저항기는 회로에 필요한 전류나 전압을 꺼내기 위하여 여러 저항값을 갖게 한 부품이다.

(1) 고정 저항기

1) 저항값의 표시

① 전자기기 등에 사용되는 저항기는 대부분 소형 경량으로, 그 값이나 특성을 색에 의한 컬러코드, 또는 숫자와 문자 등으로 부품의 표면에 표기한다.

② 저항값의 컬러코드는 보통 저항인 경우 네 개의 색띠, 정밀 저항인 경우에는 다섯 개나 여섯 개의 색띠로 표시되며, 색띠의 수가 3개인 경우는 제4색띠는 무색으로 허용오차 ±20[%]를 표시한다.

2) 저항기의 컬러코드 보는 법

① 컬러코드를 보는 순서는 색띠 표시가 저항기의 몸체에서 어느 한쪽 리드선에 가까운 쪽을 기준으로 제1색띠, 제2색띠, 제3색띠 등의 순서로 판독하며, 제1색띠를 구분하기 어려울 때는 일반적으로 금색이나 은색의 색띠가 끝의 색띠가 된다.

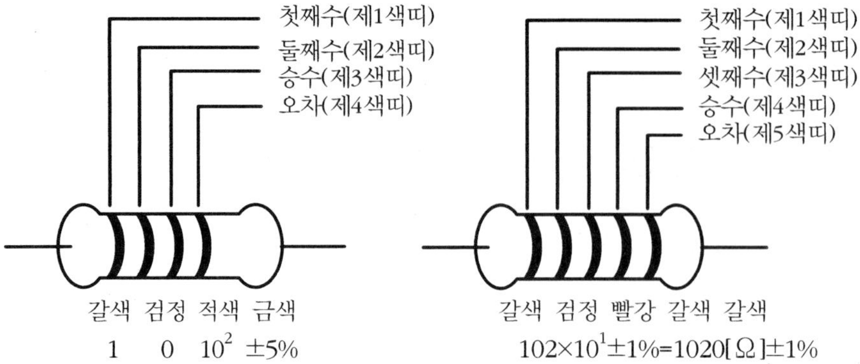

(a) 4색띠 저항기 (b) 5색띠 저항기

[그림 7-1] 저항기의 색깔 표시

② 4색띠의 컬러코드를 읽는 방법은 제 1색띠와 제 2색띠는 2자리의 유효숫자, 제3색띠는 10의 배율로 저항값이 되고 제 4색띠는 허용오차를 표시한다.

③ 5색띠의 컬러코드를 읽는 방법은 제 1, 제 2, 제 3색띠는 3자리의 유효숫자, 제 4색띠는 10의 배율로 저항값이 되고 제 5색띠는 허용오차를 표시한다.

예를 들어 [그림 7-1] (a)의 4색띠 저항기의 컬러코드가 제 1 색띠로부터 갈색, 흑색, 적색, 금색의 순서라고 가정하면 저항치는 다음과 같은 과정으로 구할 수 있다.

제1색띠의 갈색(1)과 제2색띠의 흑색(0)으로 유효숫자가 10이 된다. 유효숫자에 제3색띠의 승수를 곱하면 저항값을 알 수 있다. 여기서 제3색띠가 적색이므로 10의 2승, 즉, 100이 된다. 따라서 저항값은 10×100＝1000[Ω]＝1[kΩ]이 되며, 제4색띠가 금색이므로 오차가 ±5%인 저항이 된다.

또한 고정밀도의 저항은 E96 계열을 사용하기 위해서는 [그림 7-1] (b)와 같이 유효숫자가 3자리 수로 되며, 이것을 컬러 코드로 표현하기 위해 5개의 색띠를 사용하고 있다. 이때는 처음 3개를 그대로 유효숫자로 하고 4번째 색띠를 10의 승수, 5번째 색띠를 오차로 하면 된다.

3) 저항값과 색띠의 변환 및 측정

저항기의 컬러코드 보는 법을 이용하여 〈표 7-1〉에 주어진 색띠를 읽고 저항값과 허용오차로 바꾸고, 저항값과 허용오차를 색띠로 바꾸어 기록한다. 회로 시험기로 저항값을 직접 측정하여 〈표 7-1〉에 기록한 후에 오차를 계산하여 기록한다.

〈표 7-1〉 색띠와 저항값의 변환

제1색띠	제2색띠	제3색띠	제4색띠	제5색띠	판독 값		측정값	오차
					저항값	허용오차		
갈	흑	갈	금					
					470[Ω]	±10		
적	적	적	은					
					470[kΩ]	±5		
갈	흑	등	없음					
녹	청	흑	금					
					1[Ω]	±5		
적	적	황	금	갈				
					33.4[Ω]	±2		
회	등	등	갈	자				
					43.2[kΩ]	±1		
황	적	록	흑	녹				
					156[Ω]	±0.5		

4) 사용법

① 극 성

저항기는 ⊕, ⊖의 극성은 없다.

② 정격전력

외형의 크기나 구조에 따라 허용할 수 있는 전력(전류×전압)에 제한이 있고, 1/8[W]형, 1/4[W]형, 1/2[W], 1[W]형 등은 정격전력을 나타내며, 정격 이상의 과도한 전류가 흐르면 파괴되므로 주의해야 한다.

예를 들면, 저항 3.3[Ω]을 전지 3[V]에 직접 연결하면 옴의 법칙에 따라,

전류 $I=\dfrac{E}{R}=\dfrac{3}{3.3}$ ≒ 0.9 [A], 저항기에 가해지는 전력 $P=I\times E=0.9\times3$≒2.7[W]

보통 저항기의 정격전력과 비교하면 1/4[W] 〈 2.7[W]이므로 6배 이상의 전력이 가해져서 파손된다.

(2) 가변 저항기

가변 저항기(Variable Resistor : VR)는 저항피막 위를 금속편이 회전(이동)하고 저항치를 자유로히 변화시키도록 한 것이며, 최대의 저항치로 그 크기의 값을 나타낸다.

예를 들면, 10[kΩ]의 볼륨은 0~10[kΩ]까지 변화를 의미하고, 음량조절과 전압을 조정하는 회로에 사용한다.

기호는 VR, 단위는 [Ω]이고, 회전시키는 손잡이가 없이 ⊖드라이버로 저항값을 조정하는 가변 저항기를 반고정 저항기라고 한다.

1) 볼륨의 점검

볼륨은 회로 시험기(저항 레인지×10k)로 왼쪽 그림 단자(끝) 사이의 저항치를 측정하여 단자 1～2간에 축을 움직이면서 저항치 변화를 조사하여 본다. 단자 S1~S2 사이에는 부착 스위치로 되어 있고, 전원의 on/off에 사용된다. 일반 볼륨과 반고정 저항기도 같이 시험한다.

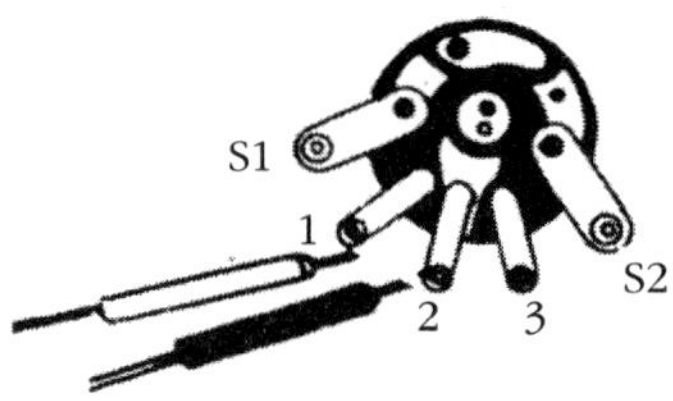

[그림 7-2] 스위치 달린 볼륨

〈표 7-2〉 스위치가 달린 볼륨 측정

	측정 단자	측정값
1	단자 1-3 사이의 저항	[kΩ]
2	단자 1-2 사이의 저항	최대 [kΩ]
3	단자 S1~S2간(off때)	[Ω]

〈표 7-3〉 스위치가 없는 볼륨 측정

	측정 단자	측정값
1	단자 1-3 사이의 저항치	[kΩ]
2	단자 1-2 사이의 저항치	최대 [kΩ]

〈표 7-4〉 반고정 저항 측정

	측정 단자	측정값
1	단자 1-3 사이의 저항치	[kΩ]
2	단자 1-2 사이의 저항치	최대 [kΩ]

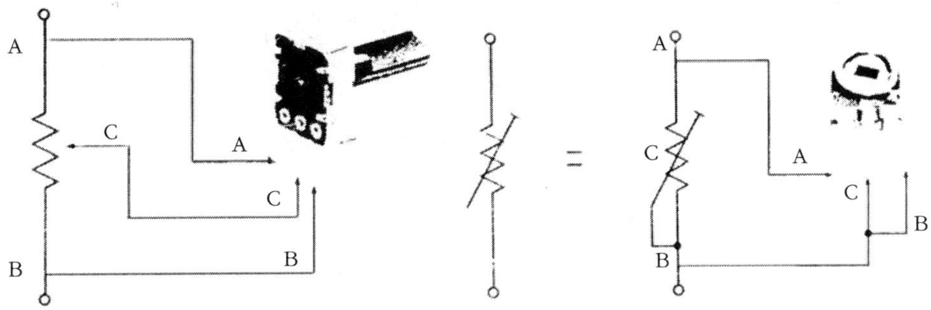

(a) 3단자 사용 가변 저항기　　(b) 2단자 사용 반고정 저항기

[그림 7-3] 가변 저항기와 반고정 저항기

2. 콘덴서

기호는 C, 단위(용량)는 [F]로 표시한다. 실용상 $10^{-6}=0.000001$배는 [μF], μF의 $10^{-6}=0.000001$배는 [pF]의 크기를 보통 사용한다.

콘덴서의 구조는 2장의 금속판 사이에 절연물을 끼운 것이다. 절연물의 종류에 따라 자기(세라믹) 콘덴서, 마일러 콘덴서, 오일 콘덴서, 전해 콘덴서 등이 있다.

전해 콘덴서는 소형에 비하여 용량이 큰 콘덴서이지만 +, -의 극성이 있고 딴 것과는 구별한다.

콘덴서에는 ① 전기를 일시적으로 충전한다, ② 교류는 통과하나 직류는 통과하지 않는 2가지 성질이 있어 직류의 질을 좋게 하거나 교류신호와 전원, 전압(직류)을 가르는 용도로 많이 쓰인다. 또한, 라디오 등에서는 코일과 조합하여 어느 일정한 주파수만을 동조시키는 목적으로 사용한다.

(1) 콘덴서의 용량 표시

콘덴서의 용량표시는 0.1[μF], 100[pF]처럼 용량값을 직접 표시한 것과 다음과 같이 세 자리의 숫자와 알파벳으로 표시된 것이 있다.

1) 세라믹과 마일러 콘덴서의 규격 판독

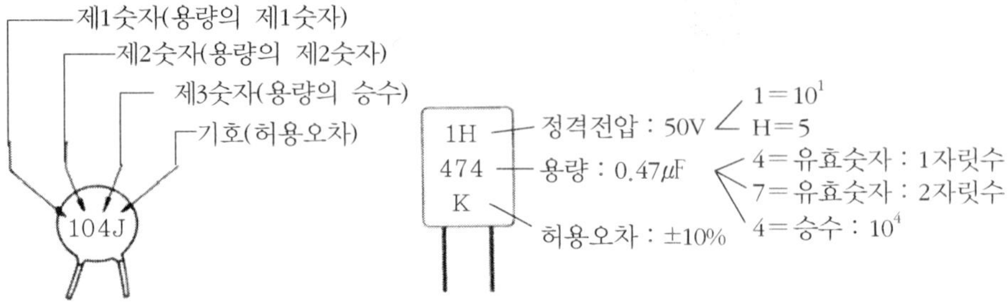

(a) 세라믹 콘덴서 (b) 마일러 콘덴서

[그림 7-4] 세라믹과 마일러 콘덴서의 규격

① 세라믹 콘덴서의 표면에 적힌 숫자와 문자가 104J일 때 숫자는 용량을 계산하고, 문자는 허용오차를 나타내며, 첫째수 1, 둘째수 0, 셋째수는 승수 10^4, 넷째수는 허용오차로 ±5[%]를 나타낸다. 즉 10×10^4[pF] = 10×10^{-2}[μF] = 0.1[μF] ±5[%]이고, 정격전압은 무표시일 경우 50[V]이다.

② 마일러 콘덴서의 표면에 적힌 첫째 숫자, 둘째 문자로 조합하여 내압을 나타내고, 셋째, 넷째, 다섯째 숫자에 의해 용량을 계산하며, 여섯째 문자에 의해 허용오차를 표시한다. 예를 들어 1H 474K 표시되었을 때 다음과 같다.

1H : 내압으로 50[V]

474의 제1, 2는 유효숫자, 제3의 숫자는 배수로 47×10^4[pF] = 0.47[μF]

K : 허용오차로 ±10[%]

③ 세라믹과 마일러 콘덴서를 서로 다른 8개 정도 준비하여 〈표 7-5〉에 내압, 용량값, 오차를 기록한다.

〈표 7-5〉 세라믹과 마일러 콘덴서의 판독 결과

	숫자 및 문자표시	용량 계산값	허용오차	내 압
1				
2				
3				
4				
5				
6				
7				
8				

(2) 콘덴서의 점검

콘덴서의 불량 여부를 간단하게 측정하는 방법으로 회로 시험기의 저항계를 이용하여 리드봉을 접촉시키는 순간에 일어나는 지침의 상태에 의해 판단할 수 있다.

1) 세라믹과 마일러 콘덴서

세라믹과 마일러 콘덴서는 직류를 통과시키지 않으므로 회로 시험기 도통검사(×100, 1MΩ)를 하여 무한대(∞)를 지침하면 양품이다(바늘이 흔들리지 않으면 좋다).

예를 들면, 용량이 0.01[㎌]인 세라믹 콘덴서와 0.47[㎌]인 마일러 콘덴서를 회로 시험기를 사용하여 저항값을 측정하여 〈표 7-6〉에 기록한다.

〈표 7-6〉 세라믹과 마일러 콘덴서의 점검

콘덴서 종류	저항 측정값
0.01[㎌]인 세라믹 콘덴서	[Ω]
0.47[㎌]인 마일러 콘덴서	[Ω]

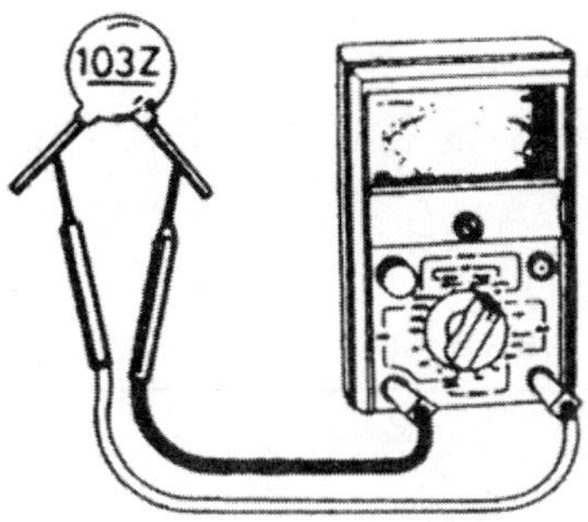

[그림 7-5] 세라믹과 마일러 콘덴서

2) 전해 콘덴서

전해 콘덴서는 보통 전해액과 콘덴서를 봉입한 알루미늄 케이스로 제작되어 있고, 알루미늄 전해 콘덴서나 탄탈 콘덴서에는 극성(+/−의 구별)이 있다. 일반적으로 (−)극성을 표시하는 띠가 있고, 리드선의 길이도 짧게 되어 있다.

3) 전해 콘덴서의 규격 판독

[그림 7-6]에서 규격 판독을 보고 다른 전해 콘덴서를 판독하여 〈표 7-7〉에 기록한다.

〈표 7-7〉 전해 콘덴서의 규격판독

	허용온도	용량	정격전압	극성표시	양부판정	비고
1		100[μF]				
2		33[μF]				
3		1[μF]				

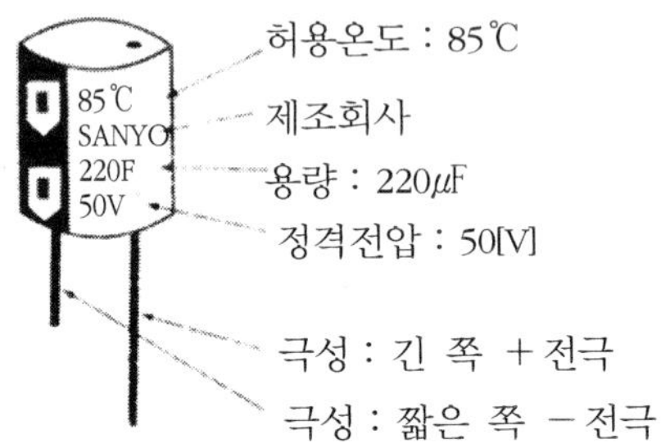

[그림 7-6] 전해 콘덴서

4) 전해 콘덴서의 점검

① 충방전 작용 실험

[그림 7-7]과 같이 용량이 100[μF]인 전해 콘덴서에 전지를 사용하여 충전한 다음, 회로 시험기로 전압을 측정하여 〈표 7-8〉에 기록한다. 또한 용량이 33[μF], 1[μF]인 전해 콘덴서도 실험해본다.

〈표 7-8〉 전해 콘덴서의 충방전 실험

용량	지침의 지시	비고
100[μF]		
33[μF]		
1[μF]		

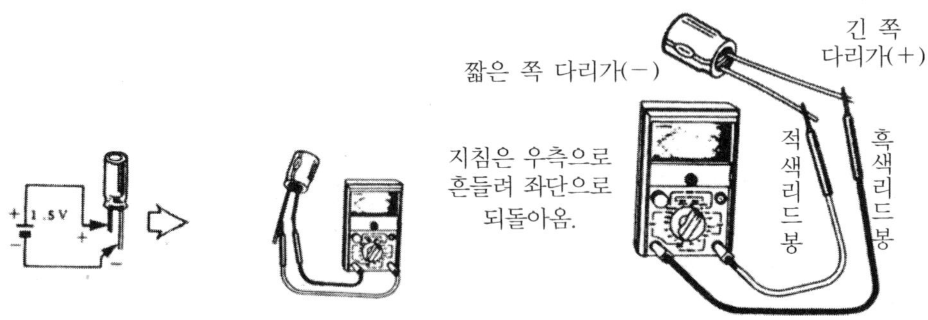

[그림 7-7] 전해 콘덴서의 충방전 실험

② 전해 콘덴서의 점검

회로 시험기로 전해 콘덴서를 점검할 때에는 아날로그 회로 시험기의 (+)단자는 내장된 전지의 (−)극에, (−)단자는 전지의 (+)극에 접속되어 있으므로 콘덴서의 양부를 측정하고자 할 때에는 [그림 7-7]과 같이 접속하여야 하며, 저항 측정 레인지로 적색 리드봉을 콘덴서의 (+), 흑색 리드봉을 콘덴서의 (−)에 대었을 때 회로 시험기의 지침이 일단 우측으로 흔들리어 잠시 있다가 되돌아오면 양품이다. 측정된 저항값이 50[kΩ] 이하는 불량품이다.

③ 콘덴서의 정격전압

콘덴서의 양쪽 단자에 정격 이상의 전압을 가하면 절연물이 단락되어 파손되며, 정격전압 이하로 사용해도 (+)(−)의 극성을 바꾸어 사용하면 파손되는 일이 있으므로 주의해야 한다. 회로도에 10V로 지정되어 있어도 지정 전압보다 높은 16V, 50V의 것을 사용하여도 무방하다.

3. 가변 콘덴서

용량을 변화시킬 수 있는 콘덴서를 가변 콘덴서 또는 바리콘이라 하고, 절연물에는 공기를 사용한 에어(Air) 바리콘과 폴리에치렌을 사용한 폴리바리콘이 있다. 바리콘은 트랜지스터를 사용한 라디오 등에 사용되고, 기호는 VC(Variable Capacitor)로 표시한다.

안테나 코일이나 발진 코일과 조합하여 희망하는 방송을 선택하는 데 사용하고, [그림 7-8]의 바리콘은 슈퍼방식의 회로에 사용하는 이련 바리콘이고, 윗부분의 트리머 부분은 미세한 용량을 조절하는 가변 콘덴서가 붙어 있다.

(1) 바리콘의 점검

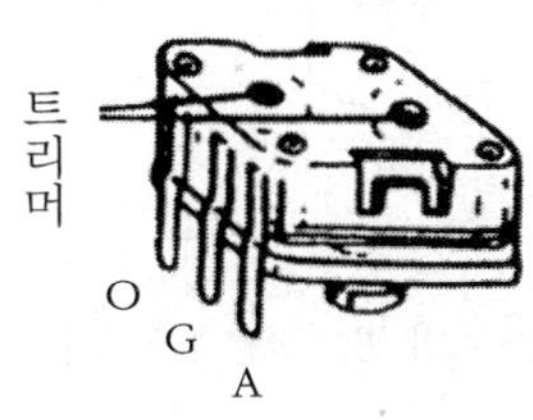

[그림 7-8] 이련 바리콘

〈표 7-9〉 이런 바리콘의 저항 측정

단 자	측 정 치	결 과
A－G간		[Ω]
O－G간		[Ω]
A－O간		[Ω]

회로 시험기의 저항 레인지 ×1M로 돌리고, 바리콘 단자 A－G간, O－G간에 리드봉을 대어 바리콘을 회전시키면서 측정한다. 저항값이 무한대(∞)이면 양품이다.

4. 코 일

(1) 발진 코일과 안테나 코일

발진 코일은 바리콘과의 조합으로 수신한 방송 주파수보다 455[㎑] 높은 고주파를 발진시키기 위한 것으로 일명 오실레이터라고도 한다.

[그림 7-9] (a)와 같은 발진 코일의 저항값을 측정하여 〈표 7-10〉에 기록한다.

〈표 7-10〉 발진 코일과 안테나 코일의 저항

측정단자	발진 코일	안테나 코일
단자 1~2간 (1차측)	[Ω]	[Ω]
단자 3~4간 (2차측)	[Ω]	[Ω]

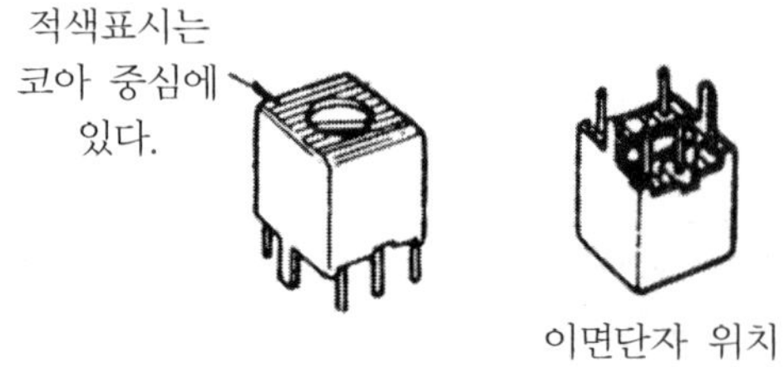

(a) 발진 코일

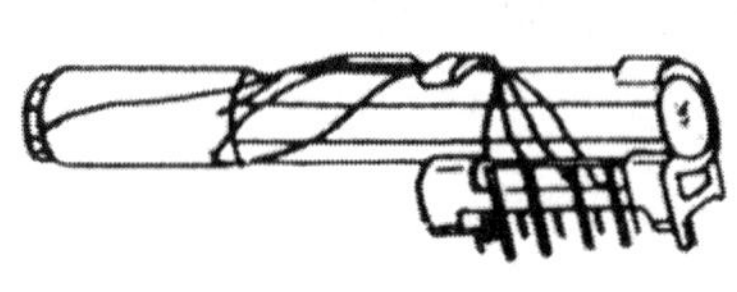

(b) 안테나 코일

[그림 7-9] 발진 코일과 안테나 코일

안테나 코일은 라디오 방송파를 선택하고 바리콘과 조합시켜 공진(특정 주파수의 선택 작용)을 일으켜 듣고 싶은 방송을 선택하는 동조코일의 작용을 한다.

[그림 7-9] (b)와 같은 안테나 코일의 저항값을 측정하여 〈표 7-10〉에 기록한다.

(2) 피킹 코일과 초크 코일

① 피킹 코일(peaking coil)을 사용하여 전기적으로 로드 안테나의 길이를 짧게 한다. 그에 따라 전파는 안테나에 공진하고 효율있게 전파를 발산한다.

② 코일의 컬러코드는 피킹 코일에 색 점 코드, 초크 코일에는 색대 코드가 이용된다.

③ 피킹 코일은 [그림 7-10]과 같이 두 개의 색 점은 간격이 좁고, 한 개의 색점은 떨어져 있다.

④ 초크 코일의 제1색띠는 색띠가 넓고, 은색이다. 판독방법은 저항기의 컬러코드와 동일하다.

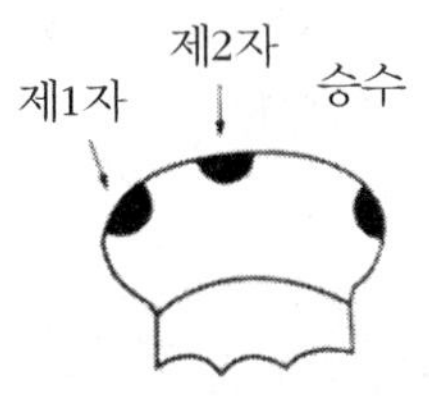

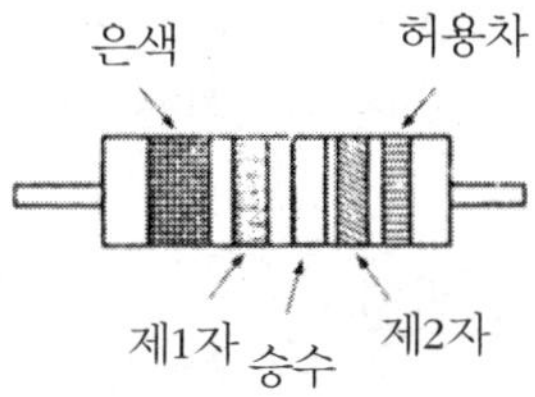

[그림 7-10] 피킹 코일과 초크 코일의 컬러코드

[그림 7-11]은 피킹 코일의 판독의 실례를 나타낸 것이다.

〈표 7-11〉에서 피킹 코일의 색띠를 보고 코일값 및 오차를 구하고, 코일값과 오차를 보고 색띠를 기록한다.

〈표 7-11〉 피킹 코일의 판독

	제1색점	제2색점	제3색점	코일값
1	적	녹	흑	
2	등	적	적	
3	갈	녹	갈	
4				10[μH]
5				150[μH]
6				24[μH]

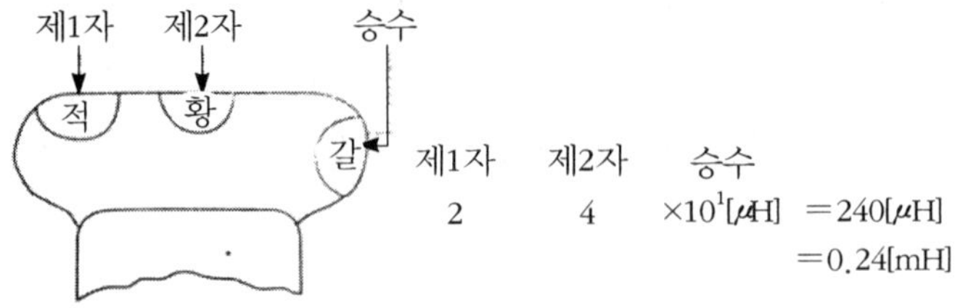

[그림 7-11] 피킹 코일의 실례

5. 다이오드

다이오드는 순수한 게르마늄이나 실리콘에, 소량의 인, 안티몬, 비소 등의 불순물이 섞은 N형 반도체와 소량의 갈륨, 인듐 등을 혼합한 P형 반도체를 접합(PN접합)한 것이다. 전류를 한쪽 방향으로만 통하게 하는 성질이 있으므로 교류를 직류로 바꾸거나(정류) 전파에서 음성을 분리하는(복조) 등에 사용한다.

(1) 다이오드의 극성 판별

다이오드에 띠가 있을 때에는 띠에 가까운 쪽이 캐소드(K)이고, 먼 쪽이 애노드(A)이다. 띠가 없을 때에는 [그림 7-12]와 같이 회로 시험기를 사용하여 다이오드 양쪽을 번갈아 측정하여 저항이 작은 접속에서 검정 리드선 쪽이 (A)이고, 반대쪽이 (K)이다.

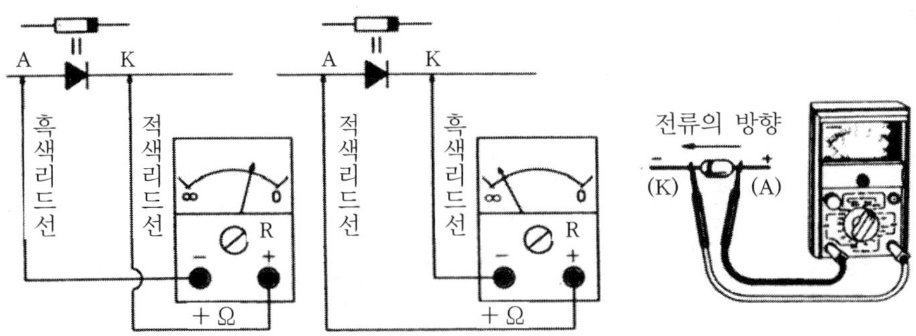

(a) 순방향 (b) 역방향 (c) 도통검사

[그림 7-12] 다이오드의 극성

(2) 다이오드 점검

① 회로 시험기의 리드봉을 바꾸어 역방향으로 측정했을 때 저항이 무한대가 되어 바늘이 움직이지 않아야 정상적인 다이오드이다. 즉, 정상적인 다이오드는 순방향에서 10[Ω] 정도가 측정되며, 역방향으로 측정하면 바늘이 움직이지 않는다. 그렇지 않은 것은 일단 불량품으로 판단해도 좋다.

② 회로 시험기로 다이오드를 시험할 때는 저저항 범위에서는 과전류가 흘러 파손될 수 있으므로 저항 레인지를 R×100 이상의 범위에서 사용해야 한다.

③ [그림 7-12]와 같이 회로 시험기로 도통검사를 하여 순방향과 역방향의 저항값을 〈표 7-12〉에 기록한다. 순방향과 역방향의 저항값의 차가 클수록 양품이다.

〈표 7-12〉 다이오드 저항값

다이오드 형명	순방향 측정 (캐소드에 적색봉 접속)	역방향 측정 (애노드에 적색봉을 접속)	결 과
	[Ω]	[Ω]	
	[Ω]	[Ω]	
	[Ω]	[Ω]	

6. 발광 다이오드

발광 다이오드(LED)는 전구와 같이 전기를 빛으로 바꾸는 작용이 있으며, 전구에 비하여 적은 전류로 점등하고 수명이 길다. 보통 다이오드처럼 순방향으로 전압을 걸으면 점등되고, 약 1.6[V] 이하의 전압을 걸면 점등되지 않는다.

(1) 발광 다이오드의 점검

LED의 양단에 일반 다이오드의 순방향 전압을 걸어주고, 몇 [V]일 때 빛이 발광하는지 확인한다. 또한 역방향 전압을 걸었을 때에 빛의 상태를 〈표 7-13〉에 기록한다.

〈표 7-13〉 저항 측정

발광 다이오드 형명	순방향 측정	역방향 측정	결과(빛의 상태)

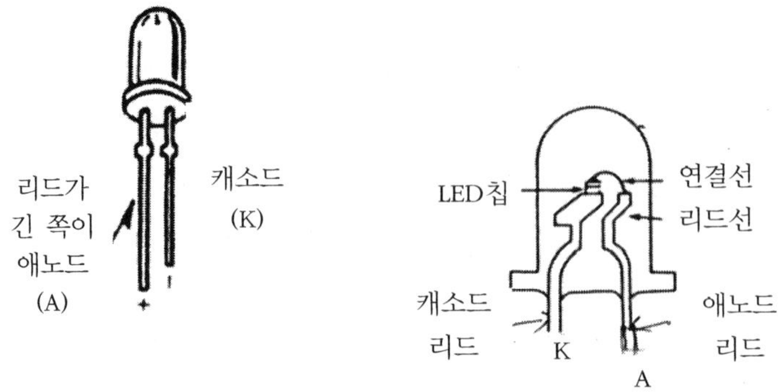

(a) 외형 (b) 구조

[그림 7-13] 발광 다이오드

7. 바리스터

바리스터는 온도가 높아지면 전류를 많이 흘려보내는 성질이 있다. 트랜지스터 회로는 온도의 변화에 따라 불안전하게 됨으로써 이것을 안정시키는 목적으로 사용한다.

(1) 바리스터의 구조

〈표 7-14〉 바리스터의 저항 측정

바리스터 형명	순방향 측정	역방향 측정	빛을 대었을 때의 저항변화
	[Ω]	[Ω]	

[그림 7-14] 바리스터의 구조

(2) 바리스터의 점검

바리스터의 점검은 일반 다이오드와 같으며 바리스터에 전구의 빛을 대었을 때, 흐르는 전류를 측정하여 점검할 수 있다.

8. 트랜지스터

(1) 트랜지스터의 구조

다이오드와 같이 게르마늄이나 실리콘을 주 재료로 하는 N형 반도체와 P형 반도체를 샌드위치 상태로 접합하여 제작한다. 만드는 방법에 따라 PNP형과 NPN형이 있다.

트랜지스터에는 세 가지의 극성이 있고 각각 콜렉터(C), 베이스(B), 에미터(E)라고 부른다.

트랜지스터의 주된 역할은 작은 전기신호로 직류전원을 통제하여 큰 전기신호를 얻는 것으로 이 작용을 증폭작용이라고 부른다.

(2) 트랜지스터의 PNP형과 NPN형

회로 시험기의 전환 선택 스위치를 [그림 7-15]과 같이 R×100에 위치시키고, 적색 리드봉을 B(베이스)에 대고, 흑색 리드봉을 E(이미터)에 접속한다.

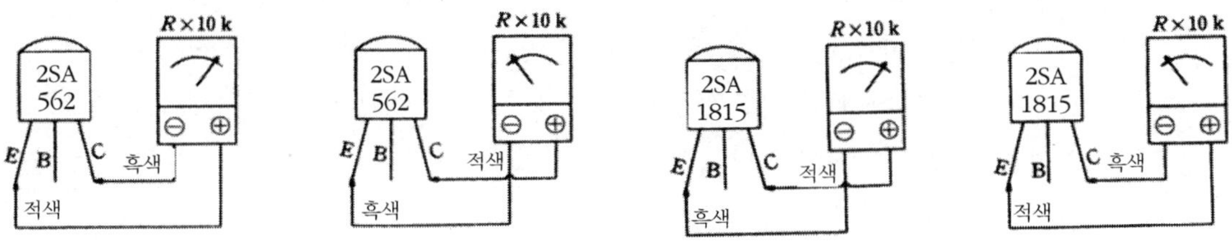

(a) PNP형 (b) NPN형

[그림 7-15] 트랜지스터 판별

이때, 저항계가 400[Ω] 정도를 지시하고, 리드봉의 극성을 반대로 하였을 때 ∞를 지시하면 PNP형이다.

또, 적색 리드봉 (−)을 베이스에 흑색 리드봉 (+)을 이미터에 대었을 때 저항계의 지시가 ∞, 리드 극성을 반대로 하였을 때 400[Ω] 정도이면 NPN형이다.

(3) C, E, B 판별

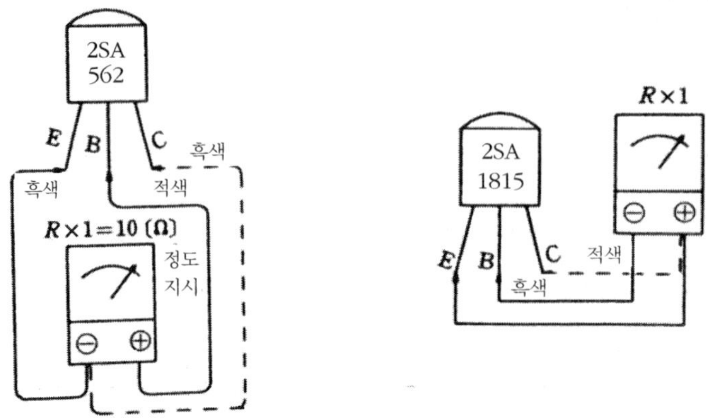

(a) PNP형　　(b) NPN형

[그림 7-16] C, E, B 판별

① [그림 7-16] (b)와 같이 콜렉터에 흑색 리드봉을 대고, 이미터에 적색 리드봉을 댄 상태에서 베이스에 손 끝을 대었다가 떼면 저항계의 지침은 큰 변화를 나타내고, 그림 (a)와 같이 리드의 극성을 반대로 하면 지침의 변화는 거의 없다. 그러므로 흑색 리드봉을 댄 곳이 콜렉터 단자이며, NPN형 트랜지스터이다.

② PNP형인 경우에는 리드의 극성을 NPN형의 반대로 하면 같은 결과를 얻을 수 있다.

③ 그림 (c)와 같이 저항 레인지를 R×100에 위치시키고, 베이스에 적색 리드봉을 이미터, 콜렉터에 흑색 리드봉을 대었을 때 지침이 400[Ω] 정도를 지시할 때 적색 리드봉 쪽이 베이스이다.

(4) 트랜지스터의 명칭

미국에서는 2N, 1N 등의 JEDEC의 규정를 사용하고, 유럽에서는 로마자와 숫자와의 조합으로 표시하고, 우리나라에서는 주로 일본 공업규격 JIS와 일본 전자기계공업회 표준규격인 EIA J에 의한 형명을 따른다.

예를 들면, 2SA1815A에서

1항(숫자)은 소자의 종별로 접합수

0 : 포토 트랜지스터, 포토 다이오드

1 : 다이오드

2 : 트랜지스터, 전계효과 트랜지스터(FET), 다이리스터(SCR, TRIAC)

3 : 4극 전계효과 트랜지스터

2항(문자 S)은 반도체(Semiconductor)

3항(문자)은 반도체 제품의 종류, 극성, 대략적인 용도

A : PNP형 고주파용, B : PNP형 저주파용,

C : NPN형 고주파용, D : NPN형 저주파용,

J : P Chanel FET, K : N chanel FET,

F : P형 게이트 SCR, G : N형 게이트 SCR,

M : TRIAC, N : UJT

4항(숫자)은 등록번호순서로 11부터 시작되는 2행 이상의 숫자

5항(문자)은 붙임자로서 붙임자가 붙지 않은 원형 제품의 개량형

(5) 트랜지스터의 점검

트랜지스터의 점검은 회로 시험기로 순방향 측정(저항 레인지 ×100)과 역방향 측정(저항 레인지×1MΩ)으로 한다. 흑색 리드봉을 베이스(B)에 접속한 상태로 베이스(B)와 콜렉터(C)간, 베이스(B)와 이미터(E)간이 도통이 되는지 확인한다. 그리고 적색 리드봉을 베이스(B)에 접속한 상태로 하여 베이스(B)와 콜렉터(C)간, 베이스(B)와 이미터(E)간에 거의 무한대(∞)를 지시하면 양품이다. 또한 NPN형인 경우와 PNP형의 경우는 리드의 극성과 지시의 관계는 반대이다. 〈표 7-15〉에서 주어진 트랜지스터의 순방향과 역방향의 저항값을 측정하여 〈표 7-15〉에 기록한다.

〈표 7-15〉 트랜지스터의 순방향, 역방향 저항 측정

측정단자 / 트랜지스터	베이스(B)에 흑색 리드봉		베이스(B)에 적색 리드봉	
	C에 적색 리드봉	E에 적색 리드봉	C에 흑색 리드봉	E에 흑색 리드봉
2SC1815	Ω	Ω	Ω	Ω
2SA1015	Ω	Ω	Ω	Ω
C9013	Ω	Ω	Ω	Ω
C9012	Ω	Ω	Ω	Ω
2SA562	Ω	Ω	Ω	Ω
2N3904	Ω	Ω	Ω	Ω

9. CdS & PHOTO TR

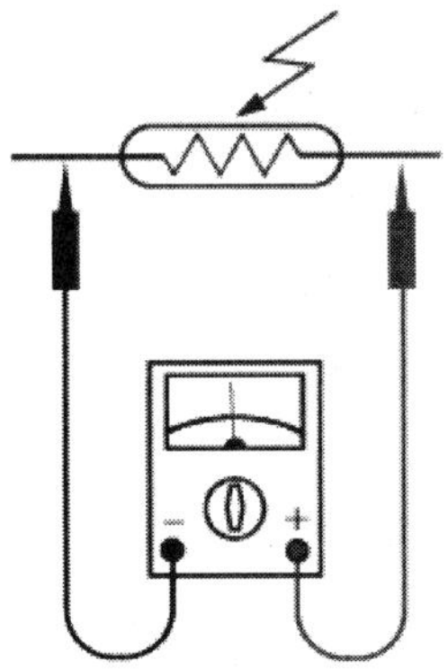

[그림 7-17] CdS

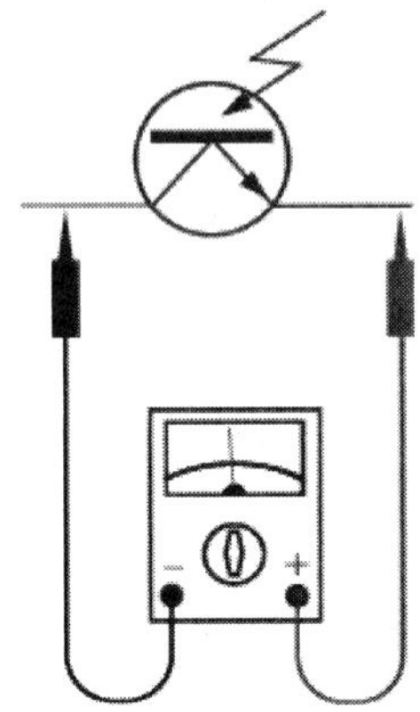

[그림 7-18] PHOTO TR

① 저항 레인지 R1~R100으로 측정하면 중간 정도 움직이며 빛을 비추거나 그림자가 생기게 하여 저항값이 변하면 양품이며, 저항값은 소자마다 다르게 측정된다.

② CdS는 무극성이나 포토 트랜지스터는 극성이 있으므로 주의해야 한다.

10. PUT

[그림 7-19] (a)와 같이 저항 레인지를 R1에 놓고 애노드 A와 게이트 G를 그림과 같이 측정하면 500[Ω] 정도 측정되며, 역으로 하면 바늘이 움직이지 않는다.

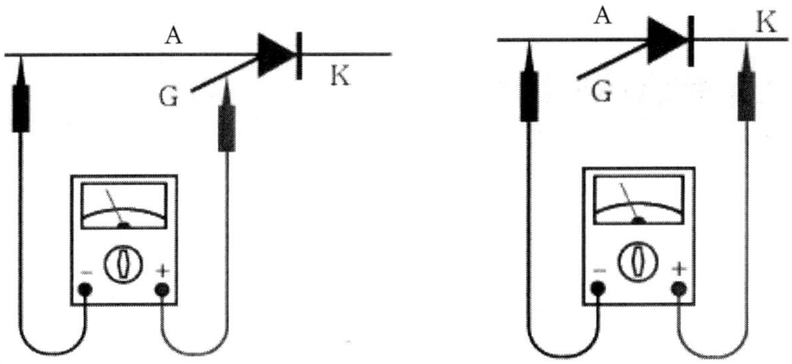

(a) A-G 저항 측정　　　(b) A-K 저항 측정

[그림 7-19] PUT

[그림 7-19] (b)와 같이 저항 레인지를 R1에 놓고 애노드와 캐소드를 측정하면 500[Ω] 정도 측정되며 흑색 리드봉을 움직여서 애노드와 게이트를 단락시키면 애노드와 캐소드 사이에 순간적으로 전류가 흘러서 테스터의 바늘이 0[Ω] 근처까지 갔다가 돌아온다.

11. 다이액(DIAC)

[그림 7-20]과 같이 어느 쪽을 측정해도 저항은 무한대를 가리킨다. 그러므로 다이액은 무극성이다.

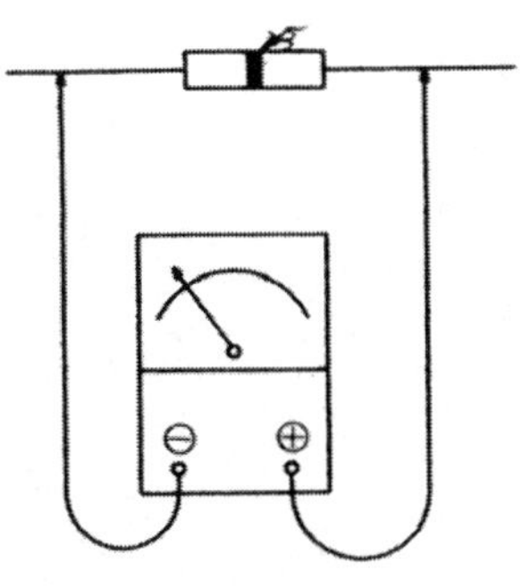

[그림 7-20] 다이액

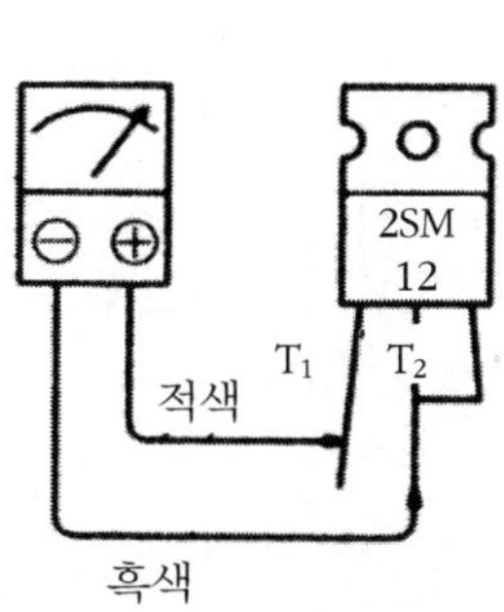

[그림 7-21] 트라이액

12. 트라이액(TRIAC)

T_1과 T_2 사이, G~T_2 사이는 단자로 측정해도 무한대를 가리킨다.

그러나 [그림 7-21]과 같이 G와 T_2를 단락시킨 순간부터 T_1~T_2는 통전된다.

13. SCR

저항 레인지를 R1로 하고 [그림 7-22] (a)과 같이 게이트에 흑색, 캐소드에 적색 리드봉을 접속하면 다이오드의 순방향 특성이 나타나며, 역으로 하면 바늘이 움직이지 않는 것이 정상이다.

저항 레인지를 R1로 하고 [그림 7-22] (b)과 같이 리드봉를 접속하면 바늘이 움직이지 않지만 흑색 리드봉를 애노드와 게이트에 동시에 접속하면 도통상태가 되며, 흑색 리드봉을 조심스럽게 이동하여 게이트에서 분리하여도 도통상태를 유지해야 양품이다.

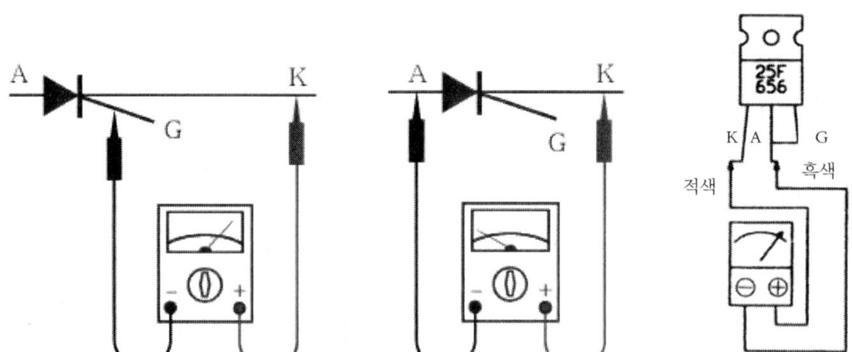

(a) G-K 저항 측정 (b) A-K 저항 측정 (c) 전극 찾는 법

[그림 7-22] SCR

A～G 사이를 쇼트시키지 않은 상태에서는 어느 방향으로 측정해도 K～A 사이는 ∞를 가리킨다. 그러나 A～G 사이를 쇼트시키면 그 순간부터 지침이 움직여 약 10[Ω]을 가리킨다.

14. UJT

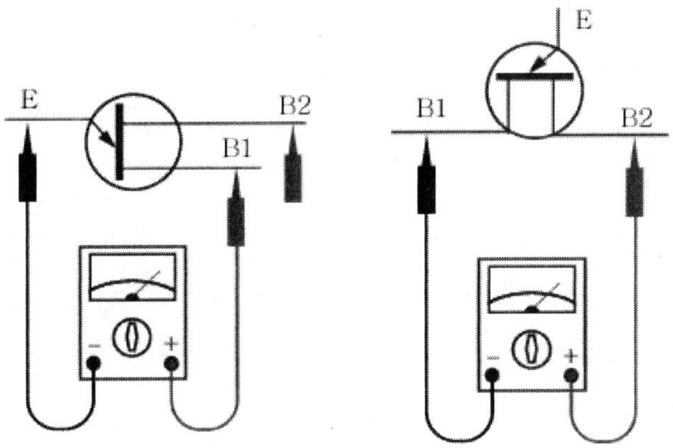

(a) E-B1 저항 측정 (b) B1-B2 저항 측정

[그림 7-23] UJT

저항 레인지를 R×100으로 하고, [그림 7-23] (a)과 같이 이미터와 베이스를 체크하면 B1, B2 모두 순방향 특성이 나타나며, E－B2보다 E-B1에서 바늘이 조금 더 움직인다. 즉 E－B1간 저항이 조금 적다. 역으로는 바늘이 움직이지 않아야 정상이다.

[그림 7-23] (b)과 같이 B1과 B2간 저항을 측정하여 수kΩ (약 5~6kΩ) 정도 측정되면 양품이고, 너무 작게 나오거나 바늘이 움직이지 않는다면 불량이다.

15. FET

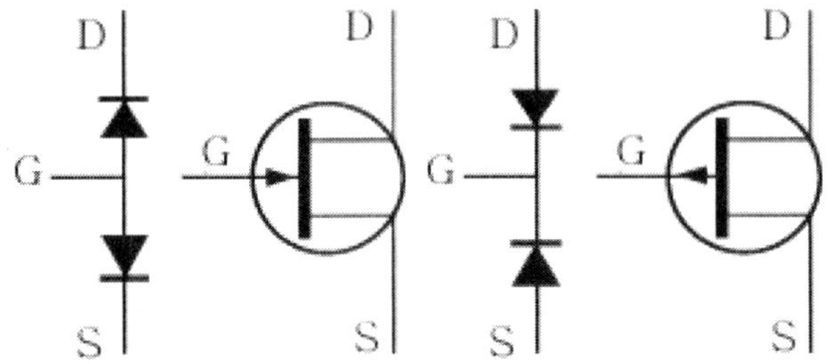

(a) N-채널 FET (b) P-채널 FET

[그림 7-24] FET

N-채널 FET는 NPN 트랜지스터, P-채널 FET는 PNP 트랜지스터와 같은 방법으로 게이트-드레인, 게이트-소스간 순방향과 역방향 특성을 검사한다. 단 TR와 다른 점은 게이트-소스간 순방향 저항이 게이트-드레인간 순방향 저항보다 약간 작다는 것이다. 이것으로 드레인과 소스를 구분할 수 있다.

16. 스피커

스피커의 작용은 전기신호(음성신호, 전기진동, 교류)를 음성(공기진동)으로 바꾸고, 마이크로폰은 음성을 전기신호로 바꾸는 작용을 가지고 있다.

〈표 7-16〉 스피커의 저항 측정

	직류저항	음성이 나오는가
Speaker	[Ω]	

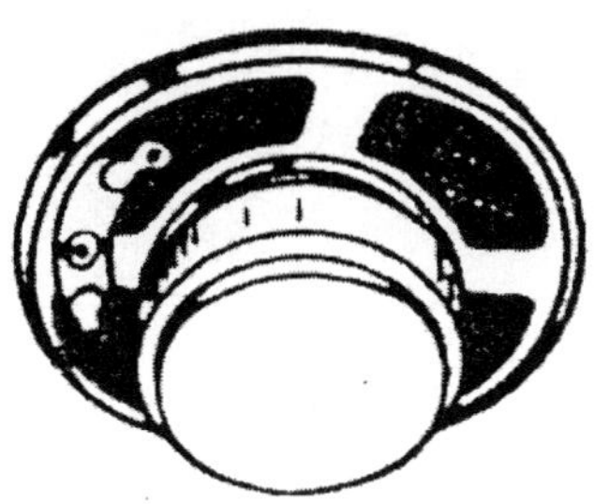

[그림 7-25] 스피커

(1) 스피커의 점검

회로 시험기(저항 레인지 10kΩ)로 도통검사를 하여 수 [Ω]을 나타내고, 동시에 스피커에서 '덜컥' 하는 소리가 나면 양품이다. 그 측정값을 〈표 7-16〉에 기록한다.

보이스 코일에 전류→코일의 움직임→콘지가 움직임→'덜컥' 하는 소리로 확인한다.

(2) 정격 등

1) 구 경

스피커의 크기는 콘지의 직경으로 나타낸다. 콘지가 클수록 저음이 잘 나오고 작을수록 고음이 잘 나온다.

2) 임피던스

스피커에는 8[Ω]라는 표시가 있는데 회로 시험기로 저항을 측정하여 보면 2~3[Ω] 밖에 되지 않는다. 이것은 불량품이 아니고 이 8[Ω] 표시는 임피던스라고 하여 교류 1[㎑]의 신호를 넣었을 때의 교류저항을 나타내고 있다.

3) 최대 입력

스피커에 0.5[W]로 표시되어 있을 때에 실제로는 더 많은 출력이 나온다. 규격 이상의 전력을 가하면 코일의 단선되거나 음질이 나빠지므로 사용하는 증폭기보다도 큰 입력 스피커를 사용하는 것이 좋다. 이 스피커를 스테레오와 같은 큰 출력에 사용하면 스피커가 파손된다.

17. 트랜스

(1) 구조

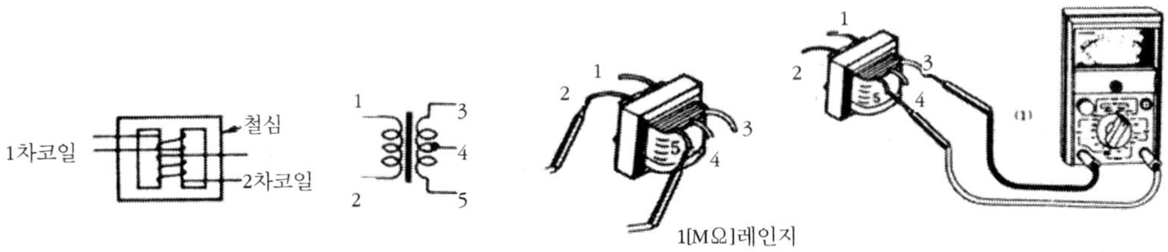

[그림 7-26] 트랜스

트랜스에는 전원 트랜스(변압기)와 저주파 트랜스(변성기)가 있고, 저주파 트랜스에는 입력 트랜스(IPT)와 출력 트랜스(OPT)가 있다. 트랜스의 작용은 전기신호를 효율 있게 전달하기 위해서 회로와 회로, 회로와 스피커의 사이를 접속시키는 부품이라고 생각하면 된다. 구조는 [그림 7-26] (a)와 같이 철심에 두 개의 코일은 감은 것으로 입력측을 1차코일, 출력측을 2차코일이라고 한다.

(2) 트랜스의 정격

임피던스[Ω]와 입력, 출력, 전력[W]으로 나타낸다.

〈표 7-17〉 트랜스의 임피던스

입력 트랜스(청색)		출력 트랜스(적색)	
1~2간	2[kΩ]	1~2간	8[Ω]
3~5간	3[kΩ]	3~5간	300[Ω]

(3) 트랜스의 점검

회로 시험기(저항 레인지 ×10K)로 저항을 측정하여 점검한다. 1차코일과 2차코일 간에 도통이 없고(∞), 각 저항이 임피던스의 $\frac{1}{10} \sim \frac{1}{20}$ 정도를 나타내면 정상이라고 말할 수 있다.

회로 시험기를 사용하여 [그림 7-26] (d)와 같이 각 단자간의 저항값을 측정하여 〈표 7-18〉에 기록한다.

〈표 7-18〉 트랜스

입력트랜스(청색)	측정단자	측정값	출력트랜스(적색)	측정단자	측정값
	1~2간	[Ω]		1~2간	[Ω]
	3~5간	[Ω]		2~5간	[Ω]
	2~5간	[Ω]		3~5간	[Ω]

제 II 편
실 험

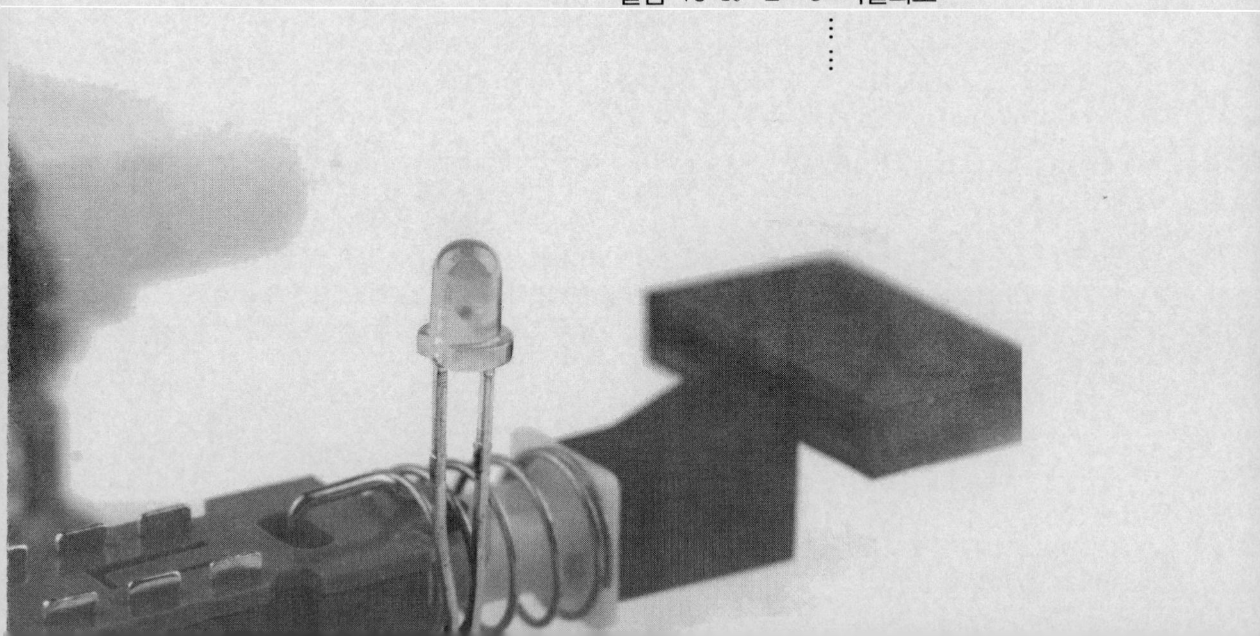

실험 1 저항의 직렬 및 병렬회로

1. 실험 목적

(1) 저항의 직 • 병렬회로의 합성저항을 구할 수 있다.

(2) 저항의 직렬회로에서 각 저항의 양단에 걸리는 전압을 알 수 있다.

(3) 저항의 병렬회로에서 각 저항에 흐르는 전류를 알 수 있다.

(4) 측정된 전압으로부터 분압법칙, 분류법칙을 이해할 수 있다.

2. 기기 및 재료

기기	규 격	수량	재료	규 격	수량
직류전원전압기	20[V]	1대	저항	100, 200, 220, 330, 390, 470, 560, 620	각 1개
직류 전류계	25[mA]	1대			
직류 전압계	20[V]	1대			
회로 시험기	아날로그, 디지털	1대			
브레드 보드		1개			

3. 관련 이론

(1) 저항의 직렬회로

[그림 1-1]에서 3개의 저항을 직렬 연결한 회로의 양끝 a, b에 직류전원전압 V [V]를 인가했을 때, 회로에 흐르는 전류를 I[A]라고 가정한다.

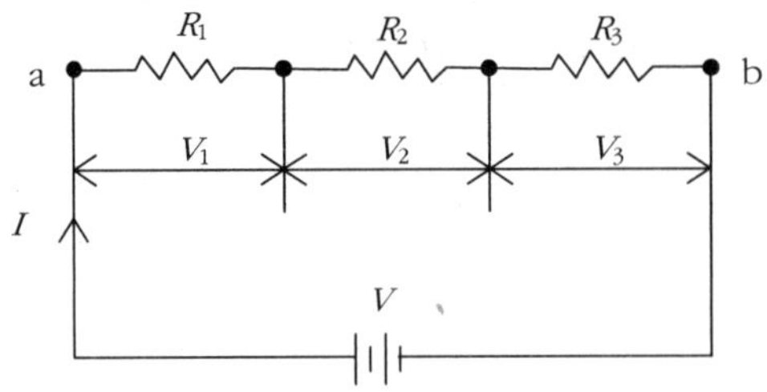

[그림 1-1] 저항의 직렬회로

이때, 각 저항에 흐르는 전류 I의 크기는 같고, R_1, R_2, R_3의 직렬 합성저항 R는 다음과 같이 각 저항의 합이 된다.

$$R = R_1 + R_2 + R_3 [\Omega]$$

각 저항에서의 전압강하(voltage drop)는 각각의 단자전압과 같다. 즉

$$V_1 = IR_1 [\mathrm{V}]$$

$$V_2 = IR_2 [\mathrm{V}]$$

$$V_3 = IR_3 [\mathrm{V}]$$

이므로, 각 저항에서의 전압강하의 합은 a, b 단자전압 V와 같다.

$$V = V_1 + V_2 + V_3 = IR_1 + IR_2 + IR_3 = I(R_1 + R_2 + R_3) = IR [\mathrm{V}]$$

따라서, 각 저항의 단자전압은 그 저항의 크기에 비례한다. 이것을 분압의 법칙이라 한다.

여기서

$$V_1 = IR_1 = \frac{R_1}{R_1 + R_2 + R_3} V \ [\mathrm{V}]$$

$$\left(\therefore I = \frac{V}{R_1 + R_2 + R_3} \right)$$

$$V_2 = IR_2 = \frac{R_2}{R_1 + R_2 + R_3} V [\mathrm{V}]$$

$$V_3 = IR_3 = \frac{R_3}{R_1 + R_2 + R_3} V \text{ [V]}$$

이다.

예를 들면, [그림 1-1]에서 전압 $V = 6$[V], 저항 $R_1 = 100$[Ω], $R_2 = 200$[Ω], $R_3 = 300$[Ω]이라 하면, 각 저항의 단자전압은 다음과 같이 구할 수 있다.

$$V_1 = \frac{100}{100 + 200 + 300} \times 6 \text{ [V]} = 1\text{[V]}$$

$$V_2 = \frac{200}{100 + 200 + 300} \times 6 \text{ [V]} = 2\text{[V]}$$

$$V_3 = \frac{300}{100 + 200 + 300} \times 6 \text{ [V]} = 3\text{[V]}$$

(2) 저항의 병렬회로

[그림 1-2]에서 3개의 저항을 병렬 연결한 회로의 양끝 a, b에 전압 V[V]를 인가하면 각 저항에는 동일한 전압 V[V]가 걸리므로 각 저항에 흐르는 전류 I_1, I_2, I_3는 각각 다음과 같이 된다.

$$I_1 = \frac{V}{R_1}\text{[A]}$$

$$I_2 = \frac{V}{R_2}\text{[A]}$$

$$I_3 = \frac{V}{R_3}\text{[A]}$$

이것을 분류의 법칙이라 한다.

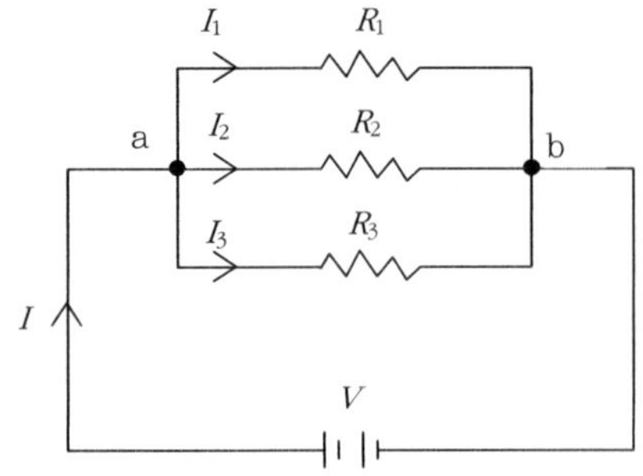

[그림 1-2] 저항의 병렬회로

따라서, 각 저항으로 분기되어 흐르는 전류의 총합은 전체 전류 I와 같으므로

$$\begin{aligned} I &= I_1 + I_2 + I_3 \\ &= \frac{V}{R_1} + \frac{V}{R_2} + \frac{V}{R_3} = \frac{V}{R} \text{[A]} \end{aligned}$$

이 된다. 여기서 합성저항 R의 역수는 각 저항의 역수의 합과 같다. 즉

$$\frac{1}{R} = \frac{1}{R_1} + \frac{1}{R_2} + \frac{1}{R_3}$$

이다.

또한, 병렬로 연결된 저항의 합성저항값은 어느 분기 저항값보다도 작아지고, 3개의 저항 R_1, R_2, R_3을 병렬로 접속했을 때의 합성저항 R은 위의 식으로부터 다음과 같이 된다.

$$R = \frac{R_1 R_2 R_3}{R_1 R_2 + R_2 R_3 + R_3 R_1} [\Omega]$$

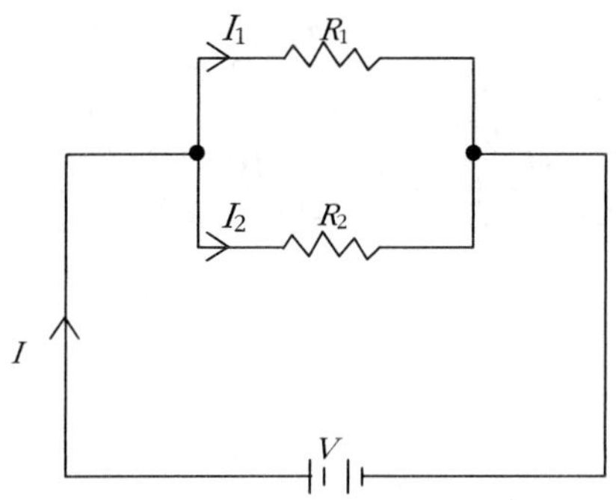

[그림 1-3] 2개 저항을 병렬 연결한 회로

예를 들면, [그림 1-3]에서 전원전압 $V=4$[V]이고, 저항 $R_1=100$[Ω], $R_2=400$[Ω]을 병렬 연결한 회로의 합성저항 R과 회로에 흐르는 전체 전류 I 및 각 저항에 흐르는 전류 I_1, I_2를 구해보자.

먼저 합성저항 R은

$$\frac{1}{R}=\frac{1}{R_1}+\frac{1}{R_2}$$

이므로

$$R=\frac{R_1R_2}{R_1+R_2}=\frac{100\times400}{100+400}=\frac{40000}{500}=80[\Omega]$$

전체 전류 I[A]는

$$I=\frac{V}{R}=\frac{4}{80}=0.05[\text{A}]=50[\text{mA}]$$

저항 $R_1=100$[Ω]에 흐르는 전류 I_1는

$$I_1=\frac{V}{R_1}=\frac{R_2}{R_1+R_2}\times I=\frac{400}{100+400}\times0.05=0.04[\text{A}]=40[\text{mA}]$$

$\left(V=IR=I\times\frac{R_1R_2}{R_1+R_2}\right.$ 이므로)

저항 $R_2 = 400\,[\Omega]$에 흐르는 전류 I_2는

$$I_2 = \frac{V}{R_2} = \frac{R_1}{R_1 + R_2} \times I = \frac{100}{100+400} \times 0.05 = 0.01\,[\mathrm{A}] = 10[\mathrm{mA}]$$

다른 방법으로 전체 전류를 계산하면 다음과 같다.

$$I = I_1 + I_2 = \frac{V}{R_1} + \frac{V}{R_2} = \frac{4}{100} + \frac{4}{400} = 40[\mathrm{mA}] + 10[\mathrm{mA}] = 50[\mathrm{mA}]$$

(4) 실험 절차

1) 저항의 직렬회로

① [그림 1-1] 저항의 직렬회로를 이용한다.

② 〈표 1-1〉 순서 1과 같은 저항을 사용하여 직렬로 연결한다. 이때, 전원전압은 연결하지 않는다.

③ 회로 시험기를 이용하여 회로의 양끝 a, b에서 합성저항 $R[\Omega]$을 측정한 다음, 〈표 1-1〉에 기록한다.

④ 〈표 1-1〉에서 주어진 3개의 저항값을 더하여($R_1 + R_2 + R_3$) 〈표 1-1〉에 기록한다.

⑤ 측정된 값에서 계산한 값을 뺀 값(오차)을 〈표 1-1〉에 기록한다.

⑥ 오차 백분율 $\varepsilon = \left|\frac{M - T}{T}\right| \times 100\,[\%]$ 를 계산하여 〈표 1-1〉에 기록한다(M은 측정값, T은 계산값이다).

⑦ 〈표 1-1〉 순서 2와 같은 저항으로 교체하여 실험 절차 ②~⑥를 반복한다.

⑧ 〈표 1-1〉 순서 3과 같은 저항으로 교체하여 실험 절차 ②~⑥를 반복한다.

⑨ [그림 1-1] 회로에서 〈표 1-2〉 순서 4에서 제시된 전원전압 V와 저항 3개를 모두 직렬로 연결한 뒤, 회로시험기 또는 전류계, 전압계를 사용하여 회로에 흐르는 전체 전류 I와 각 저항에서의 전압강하(V_1, V_2, V_3)를 측정하여 〈표 1-2〉에 기록한다.

⑩ 전원전압과 주어진 각각의 저항값을 이용하여 각 단자의 전압을 계산하여 〈표 1-2〉에 기록한다.

⑪ 〈표 1-2〉 순서 5에 제시된 전원전압과 각각의 저항값을 사용하여 실험 절차

⑨~⑩를 반복한다.

⑫ 〈표 1-2〉 순서 6에 제시된 전원전압과 각각의 저항값을 사용하여 실험 절차 ⑨~⑩를 반복한다.

2) 저항의 병렬회로

① [그림 1-2]와 같이 저항의 병렬회로를 연결한다.

② 〈표 1-3〉 순서 7에서 주어진 저항을 병렬로 연결하여 회로 시험기를 사용하여 합성저항 값을 측정하여 〈표 1-3〉에 기록한다. 이때 전원전압 회로는 연결하지 않는다.

③ 주어진 저항을 사용하여 합성저항값을 계산하여 〈표 1-3〉에 기록한다.

④ 〈표 1-3〉 순서 7에서 주어진 전원전압을 회로에 인가하여 회로에 흐르는 전체 전류 I와 각 저항에 분기되는 전류 I_1, I_2, I_3의 값을 측정하여 〈표 1-3〉에 기록한다.

⑤ 〈표 1-3〉 순서 8에 주어진 값으로 실험 절차 ②~④를 반복한다.

⑥ 〈표 1-3〉 순서 9에 주어진 값으로 실험 절차 ②~④를 반복한다.

실험 결과 보고서

학과 : 학번 : 성명 :

1. 실험 결과표

〈표 1-1〉 저항의 직렬회로 합성저항

순서	저항[Ω]			측정값 $R[\Omega]$	계산값 $(R_1+R_2+R_3)$	오차= 측정값 - 계산값	오차백분율
	R_1	R_2	R_3				
1	100	220	330				
2	330	470	560				
3	200	390	620				

〈표 1-2〉 저항의 직렬회로 전압강하

순서	전원 전압 V[V]	저항[Ω]			전체전류 I[A]	측정값 [V]			계산값 [V]		
		R_1	R_2	R_3		V_1	V_2	V_3	V_1	V_2	V_3
4	5	100	220	330							
5	10	330	470	560							
6	15	200	390	620							

〈표 1-3〉 저항의 병렬회로 분기 전류

순서	전원전압 V[V]	저항[Ω]			합성저항		전체전류 I[mA]	각 저항의 분기 전류		
					측정값	계산값				
		R_1	R_2	R_3	$R[\Omega]$	$R[\Omega]$		I_1	I_2	I_3
7	5	100	220	330						
8	10	330	470	560						
9	15	200	390	620						

2. 검토 및 정리

(1) 100[Ω]의 저항을 5개 직렬로 연결할 때, 합성저항 R[Ω]을 구하여라.

(2) 저항값이 각각 4[Ω], 8[Ω], 12[Ω]인 저항을 직렬로 연결한 회로에 120[V]의 전압을 인가할 때 각각의 저항에 흐르는 전류의 값을 구하여라.

(3) 전압강하에 대하여 설명하여라.

(4) 분압의 법칙을 설명하여라.

(5) 분류의 법칙을 설명하여라.

(6) 동일한 크기의 저항 N개를 병렬로 연결한 경우의 합성저항 R[Ω]은 1개의 저항값의 ( )배가 된다.

(7) 〈표 1-1〉에서 측정값과 계산된 합성저항 값은 같은가? 다르면 그 이유를 설명하여라.

(8) [그림 1-2]와 같이, 저항 $R_1=2$[Ω], $R_2=3$[Ω], $R_3=6$[Ω]를 병렬로 연결한 회로에 전압 $V=12$[V]를 인가했을 때, 전체 전류 I, 각 저항에 흐르는 전류 I_1, I_2, I_3 및 합성저항 R을 구하여라.

(9) 〈표 1-3〉에서 전체 전류 I와 각 저항에 분기되는 전류 I_1, I_2, I_3을 계산하여 측정값과 비교하여라. 다르면 그 이유를 설명하여라.

실험 2 키르히호프의 법칙

1. 실험 목적

(1) 키르히호프의 제1법칙과 제2법칙을 이해한다.

(2) 회로의 어떤 임의의 접속점에서 흘러들어오는 전류와 흘러나가는 전류의 합이 같음을 확인한다.

(3) 키르히호프의 법칙(Kirchhoff's law)을 이용하여 전압과 전류를 구할 수 있다.

2. 기기 및 재료

기기	규 격	수량	재료	규 격	수량
직류 전압계	30[V]	1대	저항	470[Ω], 1[kΩ], 2[kΩ], 3.3[kΩ], 5[kΩ]	각 1개
직류 전류계	25[mA]	4대			
직류전원전압기	20[V]	1대			
브래드 보드		1개			

3. 관련 이론

(1) 키르히호프의 법칙

비교적 간단한 회로의 전류와 전압의 계산은 옴의 법칙(Ohm's law)을 이용하여 쉽게 구할 수 있으나, 복잡한 회로망에서 전류와 전압의 계산에는 키르히호프의 법칙에 기초를 두고 구한다.

키르히호프의 법칙은 옴의 법칙을 응용한 것으로 제1법칙(전류에 관한 법칙)과 제2법칙(전압에 관한 법칙)으로 이루어져 있다.

1) 키르히호프의 제1법칙

회로의 임의의 접속점(node) A에서 볼 때, 접속점 A에 흘러들어오는 전류의 합

은 흘러나가는 전류의 합과 같다. 즉,

$$\Sigma \text{유입 전류} = \Sigma \text{유출 전류}$$

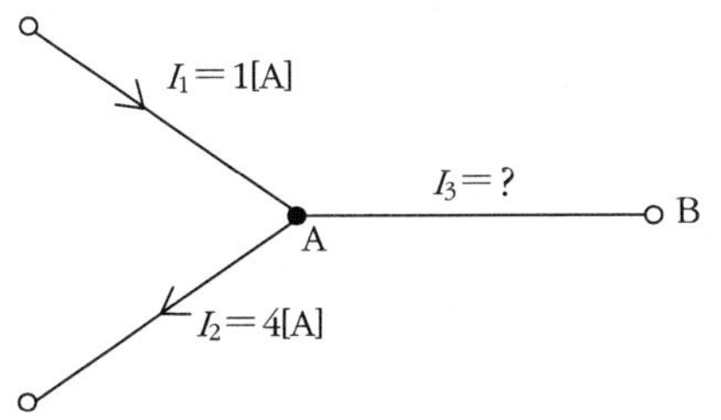

(a) 접속점에서의 전류

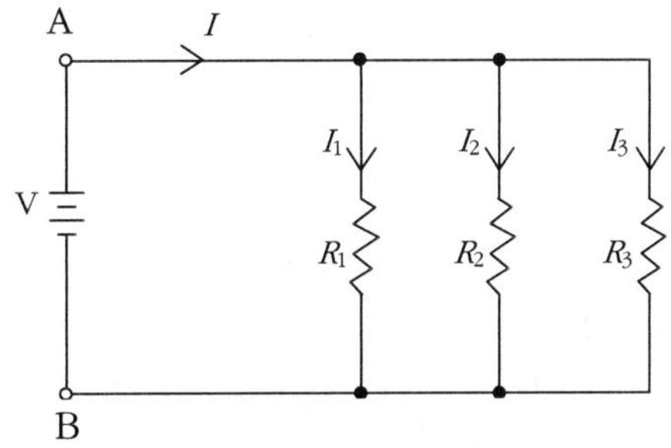

(b) 전체전류와 분기전류

[그림 2-1] 키르히호프의 제1법칙

[그림 2-1]에서 회로 내 임의의 접속점 A에 흘러들어오는 전류를 I_1, I_2[A], 접속점 A로부터 흘러나가는 전류를 I_3[A]라 하면 다음 식이 성립한다.

$$I_1 + I_2 = I_3$$

이 식을 변형시켜,

$$I_1 + I_2 + (-I_3) = I_1 + I_2 - I_3 = 0$$

즉, 회로망의 임의의 접속점에 흘러들어오는 전류에 (+), 접속점으로부터 흘러나가는 전류에 (−)부호를 붙이면, 접속점에 출입하는 전류의 대수합은 0이 된다. 이것을 키르히호프의 제1법칙 또는 전류법칙(Kirchhoff's Current Law : KCL)이라고 한다.

예를 들면, [그림 2-1]의 (a)에서 점 A에 $I_1 = 1$[A]가 들어오고, $I_2 = 4$[A]가 흘러 나갔으므로 A−B 사이에 흐르는 전류를 I_3이라 하면, $I_1 + I_2 - I_3 = 0$ 이므로

$$I_3 = I_1 + I_2 = (+1) + (-4) = -3\,[\text{A}]$$

즉, 점 A에서 나가는 방향을 (+)로 정했으므로 3[A]의 전류는 점 A로 흘러들어오게 된다.

[그림 2-1] (b)의 접속점에서 $I-I_1-I_2-I_3=0$이 된다. 이 식에 옴의 법칙(Ohm's law)을 적용하면

$$I-\frac{V}{R_1}-\frac{V}{R_2}-\frac{V}{R_3}=0$$

이 된다.

예를 들면, 저항 $R_1=1[\text{k}\Omega]$, $R_2=2[\text{k}\Omega]$, $R_3=3[\text{k}\Omega]$이고, 전원전압 $V=6[\text{V}]$라 가정하면

$$I=\frac{V}{R_1}+\frac{V}{R_2}+\frac{V}{R_3}=\frac{6}{1[\text{k}\Omega]}+\frac{6}{2\text{k}\Omega]}+\frac{6}{3\text{k}\Omega]}=11\,[\text{mA}]$$

이며, $I_1=6[\text{mA}]$, $I_2=3[\text{mA}]$, $I_3=2[\text{mA}]$에 분기되는 전류의 합 $I_1+I_2+I_3=11[\text{mA}]$가 되어 전체 전류와 같다.

2) 키르히호프의 제2법칙

키르히호프의 제2법칙 또는 전압법칙(Kirchhoff's Voltage Law : KVL)은 회로망 중의 임의의 폐회로(closed circuit) 내에서 그 폐회로를 따라 한쪽 방향으로 일주하면서 생기는 전압강하의 합은 그 폐회로 내에 포함되어 있는 기전력의 합과 같다는 것이다. 즉,

$$\Sigma\text{기전력}=\Sigma\text{전압강하}$$

단, 위의 식 좌변과 우변에서 각각 폐회로를 일주하는 방향과 일치하는 방향의 기전력과 전압강하는 (+)로 하고, 반대 방향인 경우는 (−)로 한다.

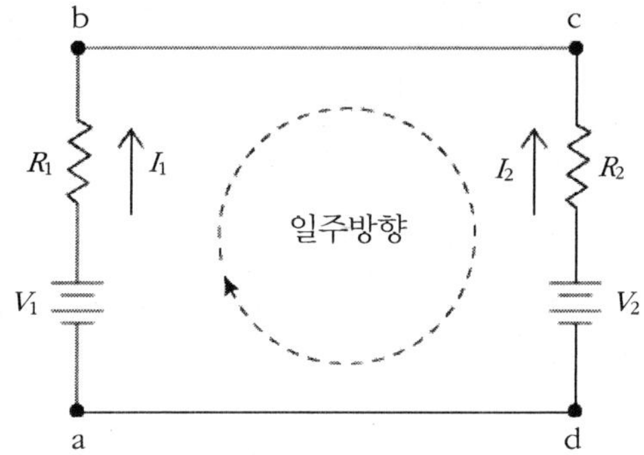

[그림 2-2] 키르히호프의 제2법칙

[그림 2-2]의 폐회로 a-b-c-d의 경우, 각 가지(branch)에 흐르는 전류 I_1, I_2의 방향(→선)과 폐회로의 일주방향(◌)을 정하여 제2법칙을 적용하면,

$$\Sigma \text{기전력} = V_1 - V_2$$

이며, V_1은 기전력의 방향과 일주 방향이 동일하므로 (+)부호이고, V_2에서는 다르므로 (−)부호가 된다.

또한,

$$\Sigma \text{전압강하} = I_1R_1 - I_2R_2$$

이며, 저항 R_1의 전압강하 방향은 일주 방향과 동일하므로 (+)부호이고, 저항 R_2는 다르므로 (−)부호가 된다.

그러므로 다음 관계식이 성립된다.

$$V_1 - V_2 = I_1R_1 - I_2R_2$$

이 식을 변형시켜,

$$V_1 - V_2 - I_1R_1 + I_2R_2 = 0$$

이라고 하면, 제2법칙은 다음과 같이 정의할 수 있다.

임의의 폐회로를 따라 한 방향으로 일주하면서 취한 전압상승의 대수합은 0이다. 이때, 일주 방향으로의 전압상승은 (+)로 하고, 그 반대 방향으로의 전압강하는 (−)로 해야 한다.

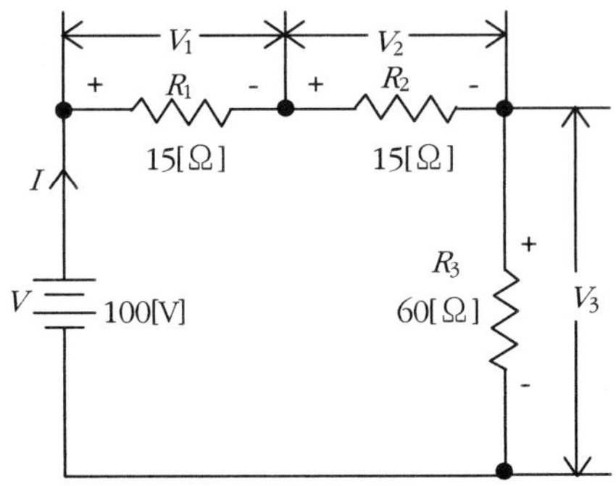

[그림 2-3] 폐회로

예를 들면, [그림 2-3]은 폐회로를 형성하므로 R_1, R_2, R_3 양단의 전압강하를 각각 V_1, V_2, V_3이라고 하면

$$V = V_1 + V_2 + V_3$$

이다.

옴의 법칙(Ohm's law)을 적용하면

$$V = IR_1 + IR_2 + IR_3$$

이다.

예를 들면, 저항 $R_1 = 15[\Omega]$, $R_2 = 25[\Omega]$, $R_3 = 60[\Omega]$, 전원전압 $V = 100[V]$이라 할 때 회로에 흐르는 전류 $I = 1[A]$가 되어 $V_1 = 15[V]$, $V_2 = 25[V]$, $V_3 = 60[V]$가 되고, 각 전압강하의 합 $V_1 + V_2 + V_3 = 100[V]$되어 전원전압 V와 같다.

4. 실험 절차

(1) 제1법칙

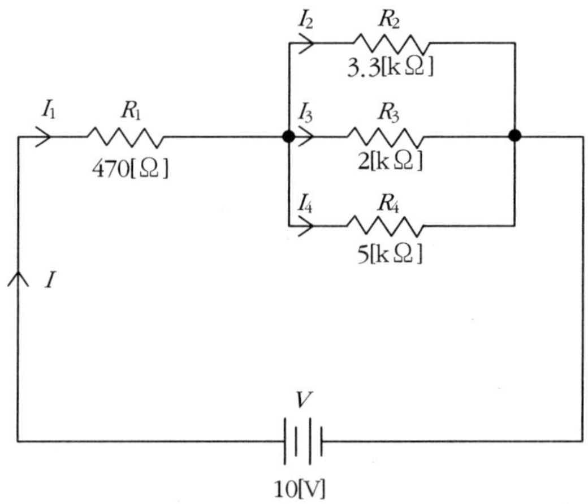

[그림 2-4] 키르히호프의 제1법칙(전류법칙) 실험 회로

① [그림 2-4]와 같이 회로를 연결하고, 전원전압 V을 10[V]가 되도록 조정한다.

② 전류계를 이용하여 전체 전류 I와 각 저항에 분기되는 전류 I_1, I_2, I_3, I_4를 측정하여 〈표 2-1〉에 기록한다.

③ 분기 전류 I_2, I_3, I_4을 더하여 〈표 2-1〉에 기록한다.

④ 회로도를 이용하여 각각의 전류 I, I_1, I_2, I_3, I_4와 그 합 $(I_2 + I_3 + I_4)$의 값을 계산하여 〈표 2-1〉에 기록한다.

(2) 제2법칙

① [그림 2-5]와 같이 회로를 연결한다.

② 전원전압을 20[V]로 조정한 다음, 저항 R_1, R_2, R_3, R_4 각각의 단자전압 V_1, V_2, V_3, V_4를 측정하여 〈표 2-2〉에 기록한다.

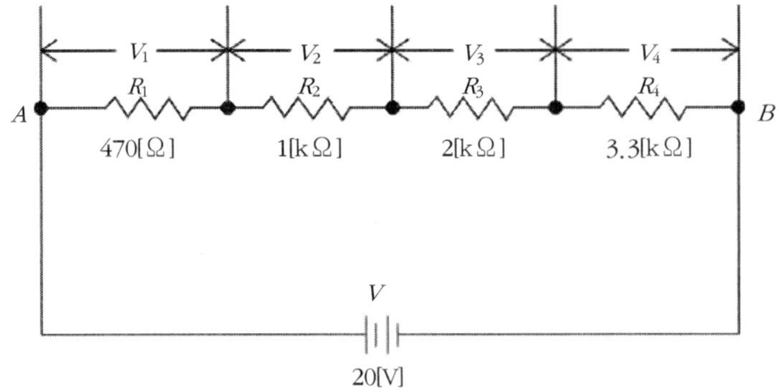

[그림 2-5] 키르히호프의 제2법칙(전압법칙) 실험 회로

③ 각 단자전압의 합 $V_1 + V_2 + V_3 + V_4$을 〈표 2-2〉에 기록한다.

④ [그림 2-5]의 회로도에서 각 단자의 전압 V_1, V_2, V_3, V_4과 그 합 $(V_1 + V_2 + V_3 + V_4)$을 계산하여 〈표 2-2〉에 기록한다.

실험 결과 보고서

학과 : 학번 : 성명 :

1. 실험 결과표

〈표 2-1〉 키르히호프의 전류법칙(제1법칙)

구 분	I	I_1	I_2	I_3	I_4	$I_2+I_3+I_4$
측정 전류[mA]						
계산 전류[mA]						

〈표 2-2〉 키르히호프의 전압법칙(제2법칙)

구 분	V_1	V_2	V_3	V_4	$V_1+V_2+V_3+V_4$
측정 전압[V]					
계산 전압[V]					

2. 검토 및 정리

(1) 키르히호프의 제 1법칙에 대하여 설명하여라.

(2) 키르히호프의 제 2법칙에 대하여 설명하여라.

(3) 〈표 2-1〉, 〈표 2-2〉에서 측정값과 계산값을 비교하여 오차가 발생할 때는 그 이유를 설명하여라.

(4) [그림 2-6] 회로에서 키르히호프의 법칙을 이용하여 각 저항에 흐르는 전류

및 전압강하를 구하여라.

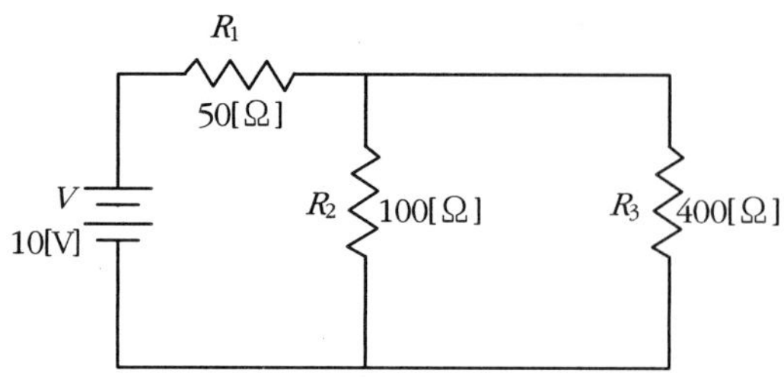

[그림 2-6] 저항의 직렬·병렬회로

실험 3 중첩의 원리

1. 실험 목적

(1) 중첩의 원리를 이해할 수 있다.

(2) 중첩의 원리를 이용하여 전압 및 전류를 구할 수 있다.

2. 기기 및 재료

기기	규격	수량	재료	규격	수량
직류전원전압기	20[V]	1대	저항	220[Ω], 330[Ω], 470[Ω]	각 1개
직류 전류계	10[mA]	3대			
직류 전압계	10[V]	2대			
브래드 보드		1개			

3. 관련 이론

(1) 중첩의 원리

2개 이상의 전원전압이 접속된 회로망에서 회로 내의 임의의 점(node)에 흐르는 전류 또는 두 점 사이의 전압은 각각 전원이 개별적으로 동작한 때의 그 두 점 사이를 흐르는 전류 또는 두 점 사이에 걸리는 전압을 합한 것과 같다. 이것을 중첩의 원리(principle of superposition)라고 한다.

여기서, 전원전압을 개별적으로 동작시킨다는 것은 다른 전원전압을 0으로 하는 것, 즉 단락(closed)한다는 것을 의미하고, 또다른 전류전원을 '0'으로 하는 것은 개방(opened)한다는 것을 의미한다.

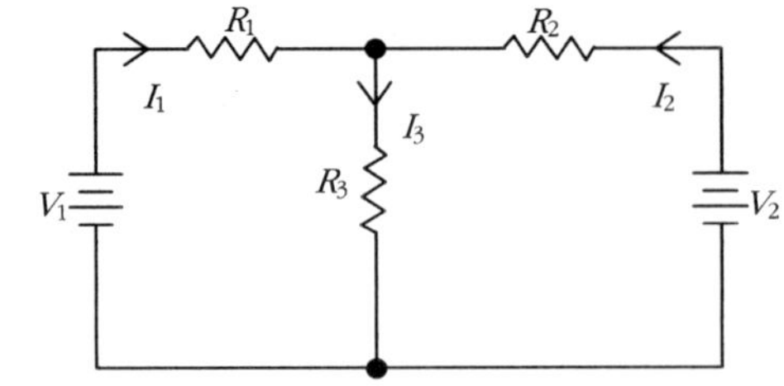

(a) 전체 회로

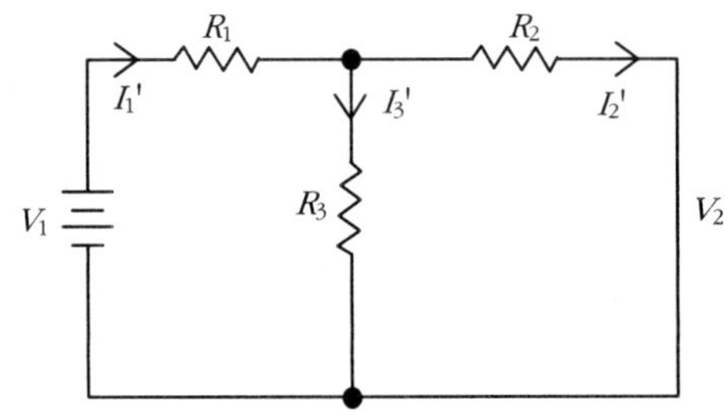

(b) V_2를 단락한 회로

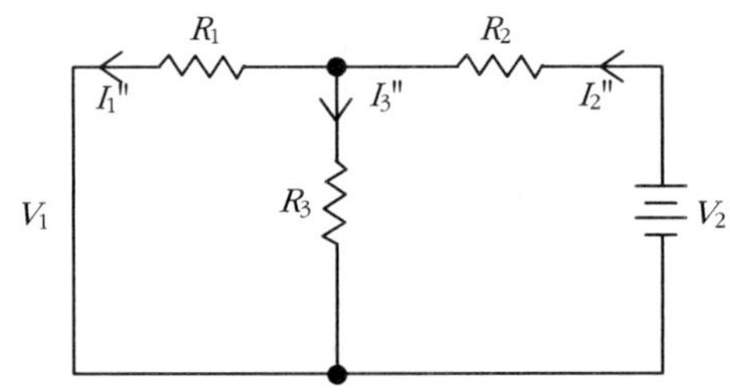

(c) V_1를 단락한 회로

[그림 3-1] 중첩의 원리 회로

[그림 3-1] (a)에서 전원전압 V_1, V_2가 동시에 연결되었을 때, R_3에 흐르는 전류를 중첩의 원리로 구하기 위해서 그림 (b)와 같이 전압 V_2를 단락하고, R_3에 흐르는 전류를 구한 다음에 전압 V_2를 원래 상태로 놓고, 전압 V_1을 단락하여 R_3에 흐르는 전류를 구한다.

따라서, 두 전원전압을 동시에 연결하여 인가되었을 때에 저항 R_3에 흐르는 전류 I_3은 전압 V_1, V_2를 각각 독립된 전원전압으로 인가하였을 때에 흐르는 전류의 합 $I_3' + I_3''$과 같다.

즉, 각 분로에 흐르는 전류 I_1, I_2 및 I_3은 그림 (b) 및 (c)의 각 전류의 대수합과 같으므로

$$I_1 = I_1' - I_1'',\ I_2 = -I_2' + I_2'',\ I_3 = I_3' + I_3''$$

와 같이 된다. 이때, 전류의 방향을 반드시 결정해야 한다.

예를 들면, 중첩의 원리를 이용하여 [그림 3-2]와 같은 회로에서 저항 6[Ω]에 흐르는 전류 I_3 을 구하여 보자.

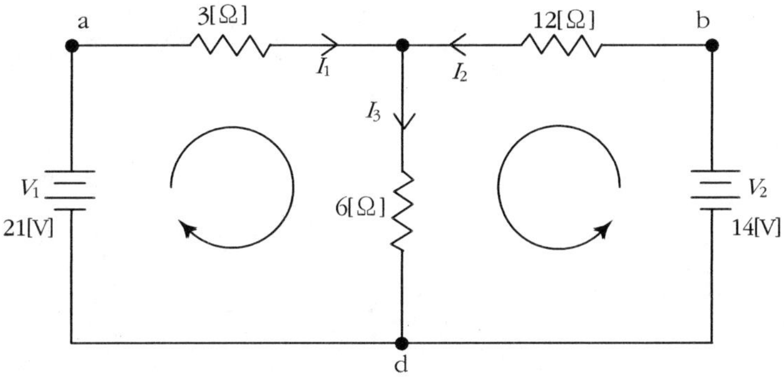

[그림 3-2] 중첩의 원리 회로 실례

먼저 14[V]의 전원전압을 단락하면 [그림 3-3] (a)와 같은 회로가 된다.

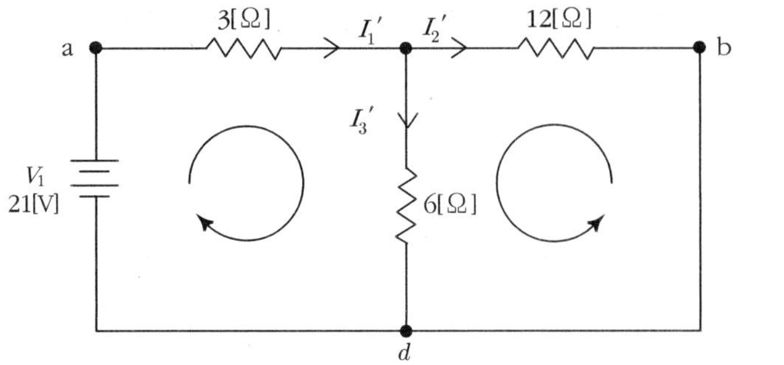

(a) V_2를 단락한 회로

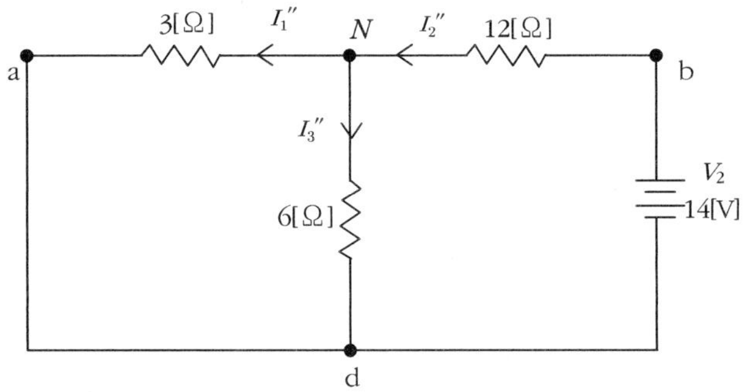

(b) V_1를 단락한 회로

[그림 3-3] 독립된 전원전압에 의한 회로

여기서 a−d 사이의 저항 R_{ad}는

$$R_{ad} = 3 + \frac{12 \times 6}{12 + 6} = 7[\Omega]$$

이므로 21[V]전압에 의해 저항 3[Ω]에 흐르는 전류 I_1'은

$$I_1' = \frac{21}{7} = 3[A]$$

이고, 저항 6[Ω]에 흐르는 전류 I_3'은

$$I_3' = \frac{12}{12+6} \times 3 = 2[A]$$

다음에 [그림 3-3] (b)와 같이 다음에 21[V]전압을 단락하고 b−d 사이의 저항

R_{bd}는

$$R_{bd} = \frac{3 \times 6}{3+6} + 12 = 14[\Omega]$$

이므로 14[V]전압에 의한 12[Ω]에 흐르는 전류 I_2''은

$$I_2'' = \frac{14}{14} = 1[A]$$

저항 6[Ω]에 흐르는 전류 I_3''은

$$I_3'' = \frac{3}{3+6} \times 1 = \frac{1}{3}[A]$$

$$\therefore I_3 = I_3' + I_3'' = 2 + \frac{1}{3} \fallingdotseq 2.3[A]$$

4. 실험 절차

① [그림 3-1] (a)에서 $R_1 = 220$, $R_2 = 330$, $R_3 = 470[\Omega]$의 저항을 사용하여 회로를 연결한다.

② $V_1 = 6[V]$, $V_2 = 9[V]$의 직류전원전압을 인가했을 때의 각 저항에 흐르는 전류 I_1, I_2, I_3을 측정하여 〈표 3-1〉에 기록한다.

③ [그림 3-1] (b)와 같이 전원전압 $V_1 = 6[V]$, $V_2 = 0[V]$(단락)를 인가하고, 각 저항에 흐르는 전류 I_1', I_2', I_3'을 측정하여 〈표 3-1〉에 기록한다.

④ [그림 3-1] (c)와 같이 전원전압 $V_1 = 0[V]$(단락), $V_2 = 9[V]$를 인가하고, 각 저항에 흐르는 전류 I_1'', I_2'', I_3''을 측정하여 〈표 3-1〉에 기록한다.

⑤ 옴의 법칙을 이용하여 I_1', I_2', I_3' 및 I_1'', I_2'', I_3''을 계산하여 〈표 3-1〉에 기록한다.

⑥ $I_1 = I_1' - I_1''$, $I_2 = -I_2' + I_2''$, $I_3 = I_3' + I_3''$를 계산하여 〈표 3-1〉에 기록한다.

⑦ 측정값과 계산값을 이용하여 백분율 오차$\left(\left|\frac{\text{측정값} - \text{계산값}}{\text{계산값}}\right| \times 100[\%]\right)$를 구하여 〈표 3-1〉에 기록한다.

실험 결과 보고서

학과 : 학번 : 성명 :

1. 실험 결과표

〈표 3-1〉 중첩의 원리 분로전류

전원전압	분로전류 I [A]	측정값[mA]	계산값[mA]	백분율 오차[%]
$V_1 = 6$[V], $V_2 = 9$[V]	I_1			
	I_2			
	I_3			
$V_1 = 6$[V], $V_2 = 0$[V](단락)	I_1'			
	I_2'			
	I_3'			
$V_1 = 0$[V](단락), $V_2 = 9$[V]	I_1''			
	I_2''			
	I_3''			

2. 검토 및 정리

(1) 실험 결과표로부터 $I_1 = I_1' - I_1''$, $I_2 =- I_2' + I_2''$, $I_3 = I_3' + I_3''$가 성립됨을 설명하여라.

(2) [그림 3-4] (a)의 전체 회로에서 그림 (b)은 전압 V_2을 단락시켰을 때, 그림 (c)은 전압 V_1을 단락시켰을 때이다. 각각의 전류 I_1, I_2, I_3와 I_1', I_2', I_3' 및 I_1'', I_2'', I_3''을 구하여 중첩의 원리를 설명하여라.

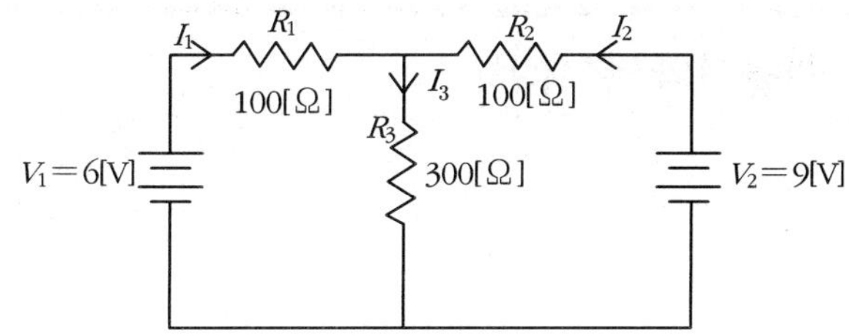

(a) 전체회로

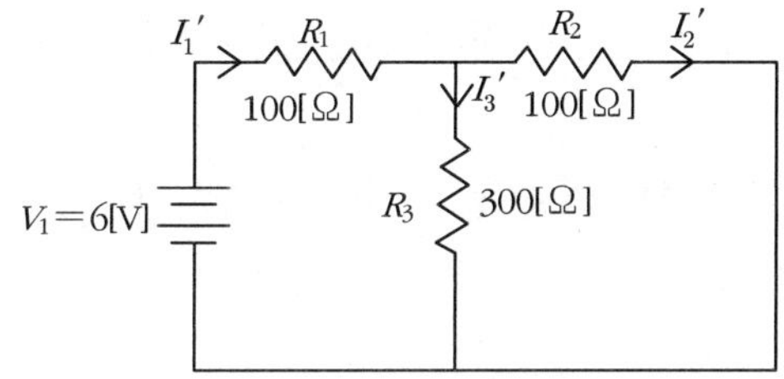

(b) V_2을 단락시켰을 때

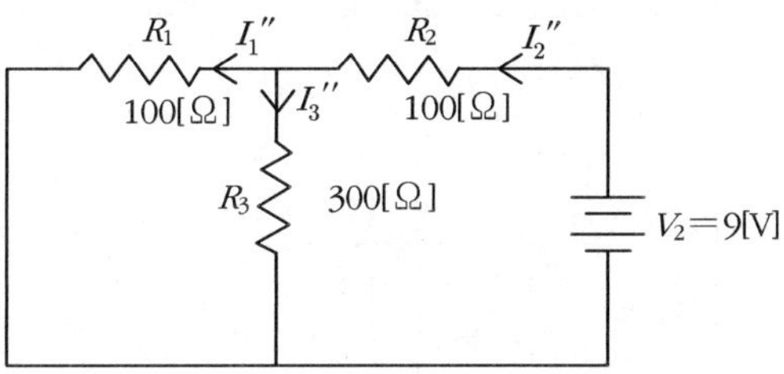

(c) V_1을 단락시켰을 때

[그림 3-4] 중첩의 원리

실험 4 배율기와 분류기

1. 실험 목적

(1) 배율기를 사용하여 전압의 측정 범위를 이해하고, 배율저항의 선택법을 익힌다.

(2) 분류기를 사용하여 전류의 측정 범위를 이해하고, 분류저항의 선택법을 익힌다.

2. 기기 및 재료

기기	규격	수량	재료	규격	수량
직류 전압계	25[V]	2개	가변저항	10[Ω]	1개
직류 전류계	50[mA] 25[mA]	각 1대		500[Ω]	1개
직류전원전압기	20[V]	1대		100[kΩ]	1개
브래드 보드		1개			

3. 관련 이론

(1) 배율기

배율기는 기존 전압계의 측정범위를 확대하기 위한 목적으로 기존 전압계에 직렬로 연결하는 저항을 말한다.

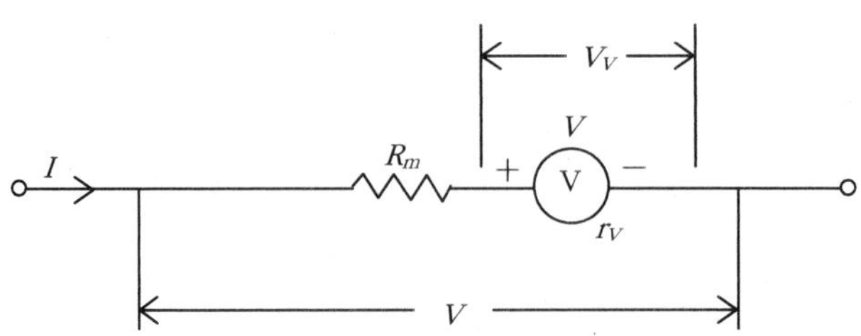

[그림 4-1] 배율기의 회로

[그림 4-1]과 같이 내부저항이 r_V[Ω]인 전압계에 직렬로 R_m의 배율기 저항을 연결하고, 이것에 전압 V[V]를 인가할 때의 전압계에 걸리는 전압을 V_V, 확대할 전압을 V[V]라 하면,

$$V = V_V + IR_m = V_V(1 + \frac{R_m}{r_V}) = m V_V$$

$$\therefore \frac{V}{V_V} = 1 + \frac{R_m}{r_V} = m$$

가 된다.

여기서 $m = 1 + \frac{R_m}{r_V}$은 배율기의 배율이라 한다.

위 식을 R_m에 대하여 풀면 다음과 같이 된다.

$$R_m = (m-1)r_V$$

예를 들면, 기존 10[V]의 전압계를 100[V]까지 측정할 수 있는 전압계로 사용하려면, 기존 전압계에 직렬로 배율기의 저항 R_m을 연결하여 90[V]의 전압강하가 걸리게 해야 한다. 이와 같이, 전압의 측정범위를 확대할 배율기의 저항 R_m은 기존 전압계의 내부저항 r_V[Ω]의 $(m-1)$배, 즉 $9r_V$가 되어야 한다.

(2) 분류기

분류기는 기존 전류계에 병렬로 연결하여 전류의 측정 범위를 확대하기 위한 일종의 저항을 말한다. 예를 들어, 10[mA]의 기존 전류계를 50[mA]까지 측정할 수 있는 전류계로 만들려면, 기존 전류계와 병렬로 분류기를 연결하여 여기에 40[mA]의 전류를 흐르게 하여야 한다.

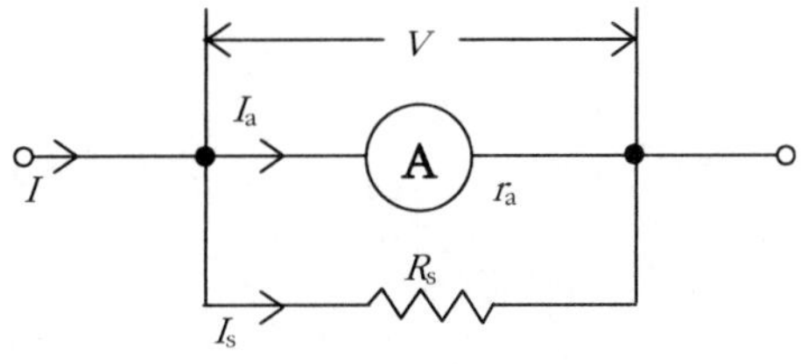

[그림 4-2] 분류기의 회로

[그림 4-2]와 같이 내부저항이 r_a인 전류계에 병렬로 분류기 저항 R_s [Ω]를 연결하고, 이 회로에 I [A]의 전류를 흘릴 때, 각 가지로 흐르는 전류를 각각 I_a, I_s라 하면, 회로의 확대 전류 I는 다음과 같이 된다.

$$I = I_a + I_s = I_a + \frac{V}{R_s} = I_a(1 + \frac{r_a}{R_s}) = nI_a$$

$$\frac{I}{I_a} = 1 + \frac{r_a}{R_s} = n$$

여기서 n을 분류기의 배율이라고 한다.

위 식을 분류기의 저항 R_s에 대하여 풀면,

$$R_s = \frac{r_a}{(\frac{I}{I_a} - 1)} = \frac{r_a}{n-1}$$

로 된다.

예를 들면, 전류계의 내부저항 $r_a = 200$[Ω]이고, 최대 측정 범위(Full scale)가 10 [mA]인 전류계를 50[mA]로 확대하려면, 분류기의 저항 R_s는 다음과 같이 된다.

$$R_s = \frac{200}{\frac{50}{10} - 1} = \frac{200}{4} = 50[\Omega]$$

이와 같이, 전류의 측정 범위를 확대하려고 할 때의 분류기의 저항은 계기의 내부저항을 배율 n에서 1을 뺀 값으로 나눈 것이 된다.

4. 실험 절차

(1) 배율기

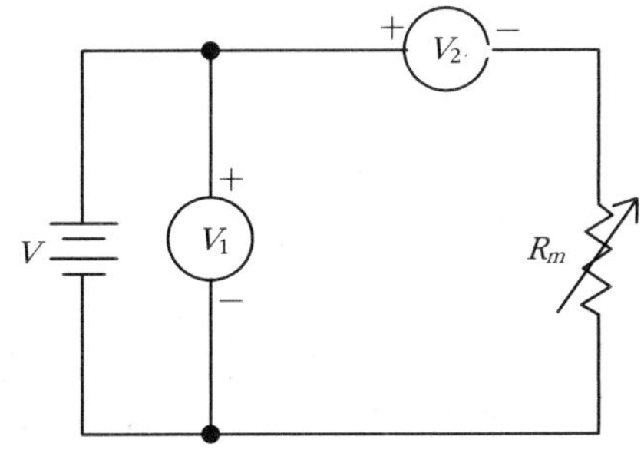

[그림 4-3] 배율기의 실험 회로

① [그림 4-3]과 같이 회로를 연결한다. 이때, 전원전압 V[V]는 0[V]로 하고, 배율기용 가변저항 $R_m=100$[kΩ]을 사용하여 최대로 조정하여 둔다.

② 직류전원전압기의 전압을 점차 증가시켜 전압계 V_1의 지시값이 5[V]가 되도록 한다.

③ 배율기용 가변 저항기 R_m을 점차 감소시켜 전압계 V_2의 지시값이 최대 눈금(5[V]) 의 $\frac{1}{2}$(2.5[V])이 되도록 한다. 이때, 배율기는 전압계 V_2를 10[V]까지 측정할 수 있는 저항이 된다.

④ R_m은 그대로 두고, 직류전원전압 V를 증가시켜 전압계 V_1의 지시값이 10[V]로 하고, 이때 전압계 V_2의 지시값이 5[V]가 되도록 R_m을 조정한다.

⑤ 위의 조정 상태에서 배율기용 저항 R_m의 저항값을 측정하여 〈표 4-1〉에 기록한다. 여기서 R_m의 저항값을 측정할 때에는 회로에서 떼어 측정해야 한다.

⑥ 〈표 4-1〉 측정 결과로부터 기존 전압계 V_2의 내부저항 r_V의 값을 각각 계산하여 그 값을 〈표 4-1〉에 기록한다.

⑦ 배율 m을 각각 3배, 4배로 하여, 즉 전원전압 $V=15$, 20[V]로 하고, 위의 실험 절차 ④~⑥를 반복한다.

⑧ 각각의 내부저항의 평균값을 계산하여 비고란에 기록한다.

(2) 분류기

① [그림 4-4]와 같이 부하용 가변저항 $R_L=500[\Omega]$, 분류기의 저항 $R_s=10[\Omega]$를 사용하여 회로를 연결한다. 이때, 전원전압은 3[V]로 조정하고 인가하지 않는다.

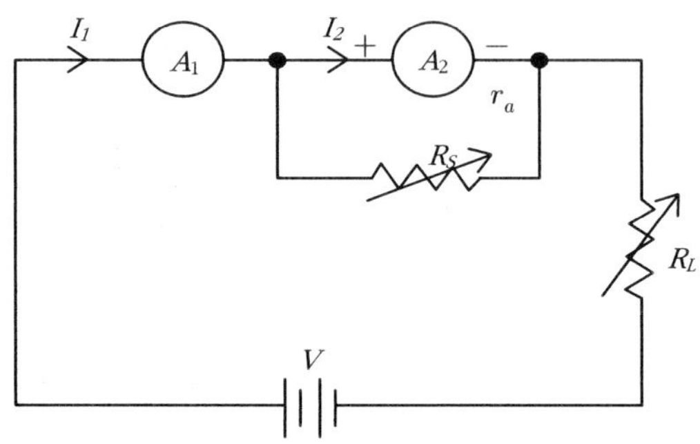

[그림 4-4] 분류기의 실험 회로

② 부하용 가변저항 R_L을 조정하여 최대로 하고, 전원전압 V를 인가한다.

③ 부하용 가변저항 R_L을 점차 감소시켜 전류계 A_1 및 A_2의 각 지시값이 5[㎃]가 되도록 한다.

④ 분류기의 저항 R_s를 조정하여 전류계 A_2의 지시값 I_2가 최대 눈금의 $\frac{1}{2}$배, 즉 2.5[㎃]가 되도록 한다. 이때, 만일 전류계 A_1의 지시값 I_1이 5[㎃]로부터 다소 벗어나면, 다시 R_L을 조정하여 5[㎃]를 유지시키면서 분류기의 저항 R_s를 조정하여야 한다.

⑤ 조정된 R_s는 그대로 두고, R_L만 가변시켜 전류계 A_1이 10[㎃]를 지시할 때, 전류계 A_2가 5[㎃]가 되도록 부항 저항 R_L를 조정한다.

⑥ 직류전원전압 V를 차단하고, 조정된 R_s의 저항을 회로에서 분리하여 저항값을 측정한 다음, 그 값을 〈표 4-2〉에 기록한다. 또, 측정된 R_s를 사용하여 전류계 A_2의 내부저항 r_a를 계산하여, 그 값을 〈표 4-2〉에 기록한다.

⑦ 전류계의 확대 배율을 3배, 4배로 하여, 즉 전류계 $A_1=15$, 20[㎃]로 하고, 위의 실험 절차 ⑤~⑥와 같이 반복한다.

실험 결과 보고서

학과 : 학번 : 성명 :

1. 실험 결과표

〈표 4-1〉 배율기의 저항

배율m	전압계의 지시값		배율기의 저항 $R_m[\Omega]$	전압계 V_2 내부저항 계산값 $r_V[\Omega]$	비 고
	V_1[V]	V_2[V]			
2	10	5			전압계의 내부저항의 평균값 R_{av} ≒( )[kΩ]
3	15	5			
4	20	5			

〈표 4-2〉 분류기의 저항

배율n	전류계의 지시값		분류기의 저항 $R_s[\Omega]$	전류계 A_2의 내부저항 계산값 $r_a[\Omega]$	비고
	I_1[mA]	I_2[mA]			
2	10	5			전류계의 내부저항의 평균값 R_{av} ≒( )[Ω]
3	15	5			
4	20	5			

2. 검토 및 정리

(1) 실험에 사용한 전압계와 전류계의 내부저항을 계산값과 평균값으로 비교하여 설명하여라.

(2) 전류계와 전압계의 내부저항과 부하저항의 관계를 비교하여 오차를 적게 하는 방법에 대하여 설명하여라.

(3) 50[V] 전압계에 4[kΩ]의 배율기를 접속하였을 때, 최대 몇 [V]까지 측정할 수 있는가?

(4) 10[V] 전압계를 100[V]로 확대하려고 할 때, 배율기의 저항은 전압계의 내부저항의 몇 배로 하여야 되는가?

(5) [그림 4-1]에서 $R_m=5$[kΩ], $r_V=2$[kΩ]일 때 전압계 V가 12[V]를 지시한다. 측정전압은 몇 [V]인가?

(6) 내부저항이 5[Ω]인 10[mA]의 전류계를 50[mA]로 확대하려면, 분류기의 저항은 몇 [Ω]으로 하여야 하는가?

(7) 5[mA]의 전류계를 15[mA], 30[mA], 50[mA]의 전류계로 확대시키려면, 분류기의 저항은 각각 계기의 내부저항 r_a의 몇 배로 하면 되는가?

실험 5 테브난의 정리와 노튼의 정리

1. 실험목적

(1) 임의의 회로를 테브난의 등가회로와 노튼의 등가회로로 변환할 수 있다.
(2) 테브난의 정리(Thevenin's theorem)와 노튼의 정리(Norton's theorem)를 적용하는 방법을 이해할 수 있다.
(3) 테브난 정리와 노튼 정리에 대한 상호 관계를 알 수 있다.

2. 기기 및 재료

기기	규 격	수량	재료	규 격	수량
직류전원전압기	20[V]	1대	저항	2[kΩ], 2.2[kΩ], 3[kΩ], 3.3[kΩ], 4.0[kΩ], 4.7[kΩ]	각 1개
직류 전압계	10[V]	1대			
직류 전류계	2.5[mA]	각 1대			
회로 시험기		1대			
브래드 보드		1개			

3. 관련 이론

(1) 테브난의 정리

[그림 5-1] (a)와 같은 회로망에 대한 단자 1－2의 전압이 V_{th}, 단자 1－2에서 회로를 들여다본 저항(출력저항이라고도 한다)이 R_{th}인 경우, 그림 (a)의 회로는 그림 (b)와 같은 전기적인 등가회로로 나타낼 수 있다.

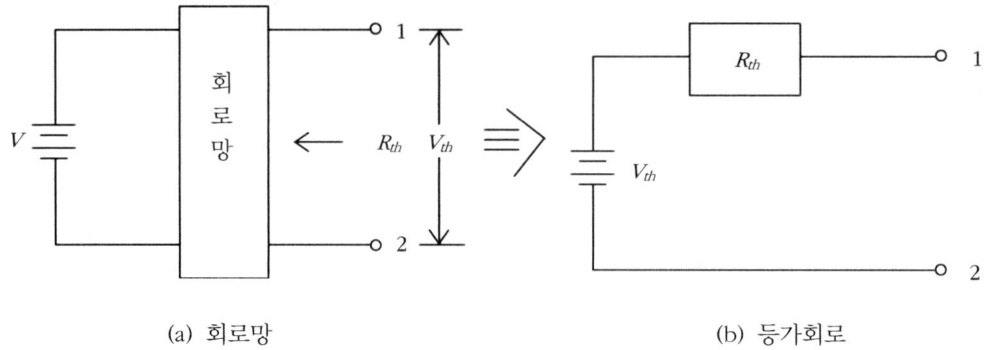

[그림 5-1] 테브난의 정리

여기서, 출력저항 R_{th}은 회로에 포함된 모든 에너지원이 작동하지 않도록, 전압원은 단락하고, 전류원은 개방한 다음에 출력단에서 구한 합성저항이다.

테브난 정리에 의하면 모든 회로는 임의의 두 단자를 기준으로 하여 생각할 때, 한 개의 등가 전압원과 한 개의 등가저항을 직렬로 연결한 등가회로로 바꾸어 놓을 수 있다.

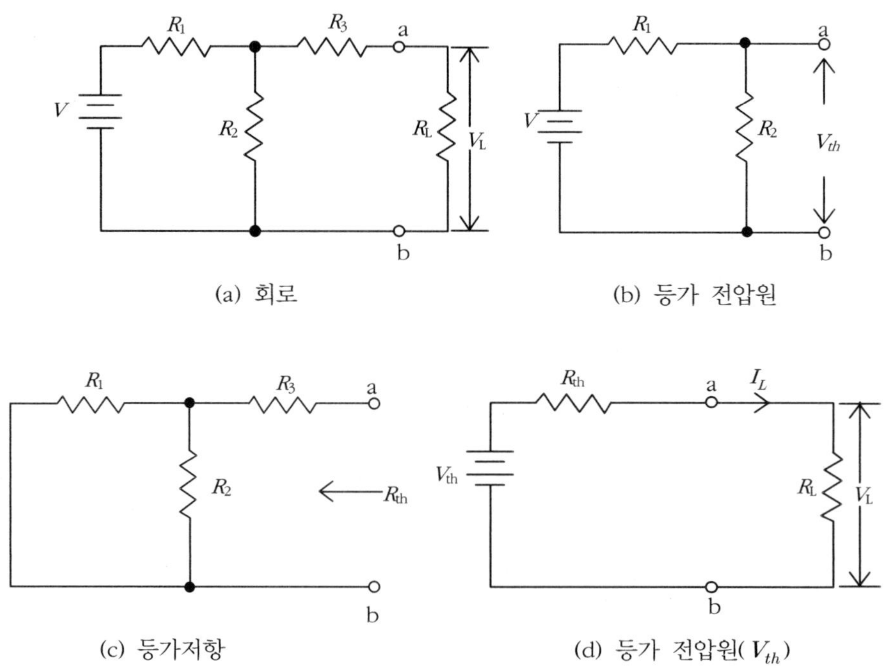

[그림 5-2] 테브난의 정리 회로의 실례

[그림 5-2] (b)와 같이 등가 전압원 V_{th}는 R_2 양단의 전압과 같게 되어

$$V_{th} = \frac{R_2}{R_1 + R_2} V$$

그림 (d)에서 등가저항 R_{th}를 구하면

$$R_{th} = \frac{R_1 R_2}{R_1 + R_2} + R_3$$

여기서 구한 V_{th}와 R_{th}를 a－b 두 단자에 직렬 연결하면 [그림 5-1](d)와 같은 테브난의 등가회로를 얻을 수 있다.

[그림 5-2]의 (d)에서 테브난 등가회로에 부하저항 R_L를 연결할 때, 회로에 흐르는 부하전류 I_L과 부하저항 R_L 양단에서의 부하전압 V_L을 구하면 다음과 같이 된다.

$$I_L = \frac{V_{th}}{R_{th} + R_L}, \qquad V_L = \frac{R_L}{R_{th} + R_L} V_{th} = I_L R_L$$

예를 들어, $R_1 = R_2 = 2[\mathrm{k\Omega}]$, $R_3 = R_L = 1[\mathrm{k\Omega}]$, $V = 12[\mathrm{V}]$이면

$$V_{th} = \frac{R_2}{R_1 + R_2} V = \frac{2}{2+2} \times 12 = 6[\mathrm{V}]$$

$$R_{th} = \frac{R_1 R_2}{R_1 + R_2} + R_3 = \frac{2 \times 2}{2+2} + 1 = 2[\mathrm{k\Omega}]$$

이며,

$$I_L = \frac{V_{th}}{R_{th} + R_L} = \frac{6}{2+1} = 2\,[\mathrm{mA}]$$

$$V_L = \frac{R_L}{R_{th} + R_L} V_{th} = \frac{1}{2+1} \times 6 = 2\,[\mathrm{V}]$$

을 쉽게 얻을 수 있다.

(2) 노튼의 정리

[그림 5-3] (a)와 같은 회로망에 대한 단자 a－b를 단락할 때 흐르는 전류를 I_s, 단자 a－b에서 회로를 들여다본 저항(출력저항이라고도 한다)을 R_0라 하면, 그림 (a)의 회로망은 그림 (b)와 같은 전기적인 등가회로로 나타낼 수 있다.

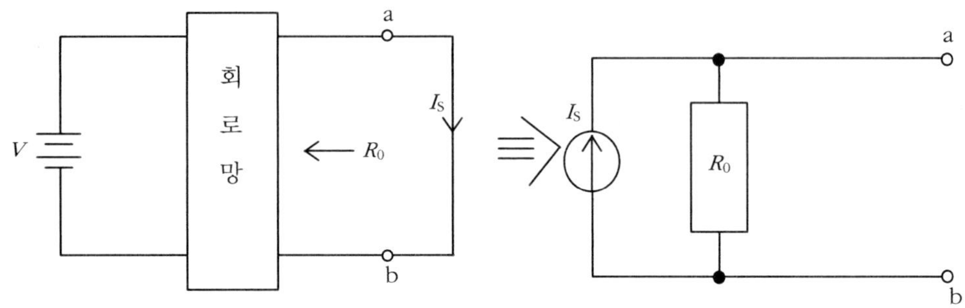

(a) 회로망 (b) 등가회로

[그림 5-3] 노튼의 정리

이와 같이 모든 회로망은 임의의 두 단자 a－b를 기준으로 하여 볼 때, 한 개의 등가 전류원과 한 개의 등가저항이 병렬로 연결된 등가회로로 바꾸어 놓을 수 있는 것이 노튼의 정리이다.

이때, 등가 전류원(I_s)은 이 두 단자를 단락(short)시킬 때 흐르는 전류와 같고, 등가저항(R_0)은 두 단자 사이의 모든 전원을 그 내부저항으로 대치시킬 때 나타나는 두 단자 사이의 합성저항과 같다.

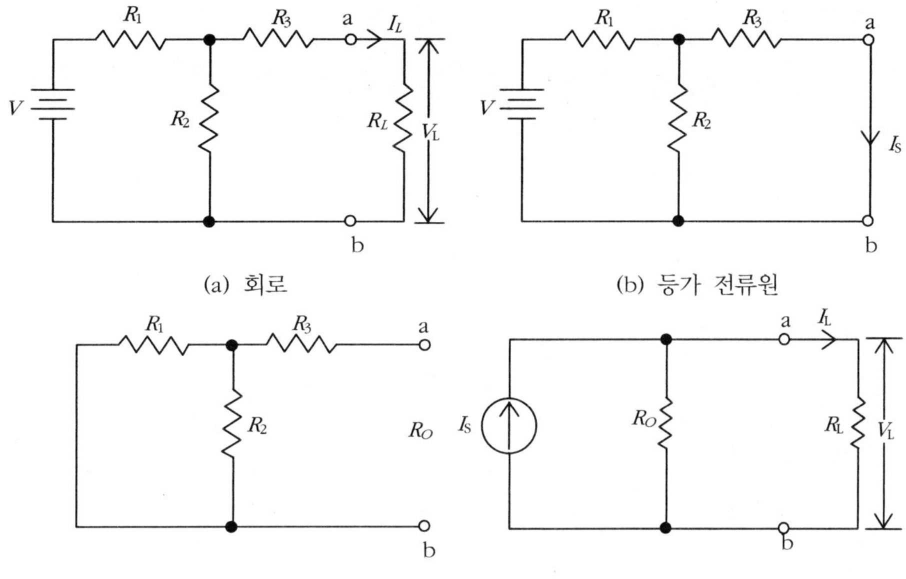

[그림 5-4] 노튼의 정리 회로의 해석

예를 들면, [그림 5-4] (a)의 회로에서 a, b 두 단자에 대한 노튼의 등가전류 I_S를 구하면 그림 (b)와 같다. 즉,

$$I_S = \frac{V}{R_1 + (R_2//R_3)} \cdot \frac{R_2}{R_2 + R_3} = \frac{R_2 V}{R_1 R_2 + R_2 R_3 + R_1 R_3}$$

또, 등가저항 R_O을 구하면 그림 (c)와 같고,

$$R_O = (R_1//R_2) + R_3 = \frac{R_1 R_2}{R_1 + R_2} + R_3$$

여기서 구한 I_S와 R_O를 a−b 두 단자 사이에 병렬 연결하면 [그림 5-4] (d)와 같은 노튼의 등가회로를 얻을 수 있다. 그림 (d)에서 노튼의 등가회로에 부하저항 R_L을 연결할 때 흐르는 부하전류 I_L, 부하저항 R_L 양단에서의 정압강하 V_L을 구하면 다음과 같다.

$$I_L = \frac{R_O}{R_O + R_L} I_S, \quad V_L = I_S (R_O//R_L) = I_L R_L$$

예를 들면, $R_1 = R_L = 2\,[\text{k}\Omega]$, $R_2 = R_3 = 2\,[\text{k}\Omega]$, $V = 12[\text{V}]$로 하면,

$$R_O = (R_1 // R_2) + R_3 = \frac{R_1 R_2}{R_1 + R_2} + R_3 = 3\,[\text{k}\Omega]$$

$$I_L = \frac{R_O}{R_O + R_L} I_S = 1.2\,[\text{mA}]$$

$$I_S = 2[\text{mA}]$$

$$V_L = I_S (R_O // R_L) = I_L R_L = 2.4[\text{V}]$$

를 얻을 수 있다.

[그림 5-5] (a)의 테브난 회로에 대한 그림 (b)와 같은 노튼의 등가회로로 변환해 보자.

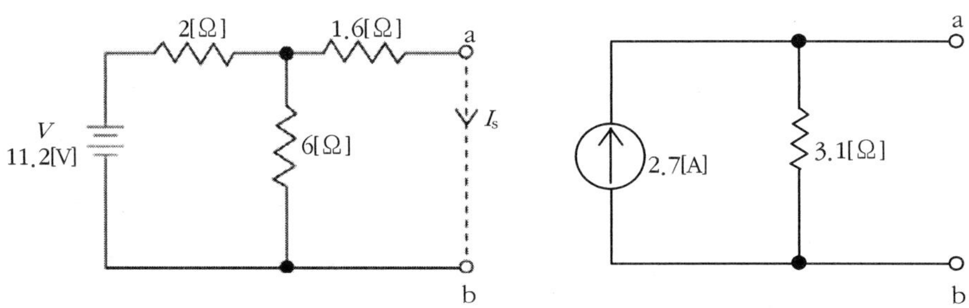

(a) 테브난의 회로 (b) 노튼의 등가회로

[그림 5-5] 테브난의 회로와 노튼의 회로의 변환 관계

[그림 5-5](a)의 단자 a－b를 단락시켰을 때의 단락회로에 흐르는 전류 I_s는

$$I_s = \frac{11.2}{2 + \frac{1.6 \times 6}{1.6 + 6}} \times \frac{6}{1.6 + 6} = 2.7\,[\text{A}]$$

개방단 출력저항 R_O는

$$R_O = \frac{2 \times 6}{2 + 6} + 1.6 = 3.1[\Omega]$$

따라서, 등가회로는 그림 (b)와 같이 나타낼 수 있다.

4. 실험 절차

(1) 테브난의 정리

① [그림 5-6] (a) 회로의 R_1=3[kΩ], R_2=4.7[kΩ], R_3=2.2[kΩ]를 사용하고 부하저항 R_L=2[kΩ]일 때, R_L 양단에 걸리는 전압 V_L과 흐르는 전류 I_L을 측정하여 측정값과 계산값을 〈표 5-1〉에 기록한다.

② 부하저항 R_L=3.3[kΩ]로 교체하고 실험 절차 ①을 반복한다.

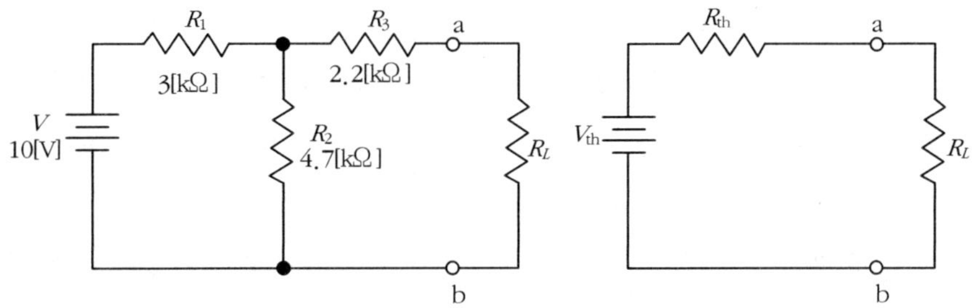

(a) 회로 (b) 등가회로

[그림 5-6] 테브난 정리의 실험 회로

③ 부하저항 R_L을 떼어내고 개방된 a−b 단자에 걸리는 전압 V_{th}을 측정하고, 또 직류전원전압 V를 단락시키고 a−b 단자의 등가저항 R_{th}를 측정하여 측정값과 계산값을 〈표 5-2〉에 기록한다.

④ 위의 실험 절차 ③에서 구한 V_{th} 및 R_{th}값을 이용하여 [그림 5-6] (b)와 같은 테브난 등가회로를 구성하고, 부하저항 R_L에 걸리는 전압 V_L와 흐르는 전류 I_L를 측정하여 〈표 5-3〉에 기록한다.

(2) 노튼의 정리

① [그림 5-6] (a)에서 R_L를 떼어내어 a−b 단자를 단락시키고, 이때에 흐르는 전류 I_S를 측정한 값과 계산값을 [그림 5-7] (a)의 괄호 안에 기록한다.

② [그림 5-7] (a)에서 출력저항 $R_O=R_{th}$이므로 회로도의 괄호 안에 기록한다.

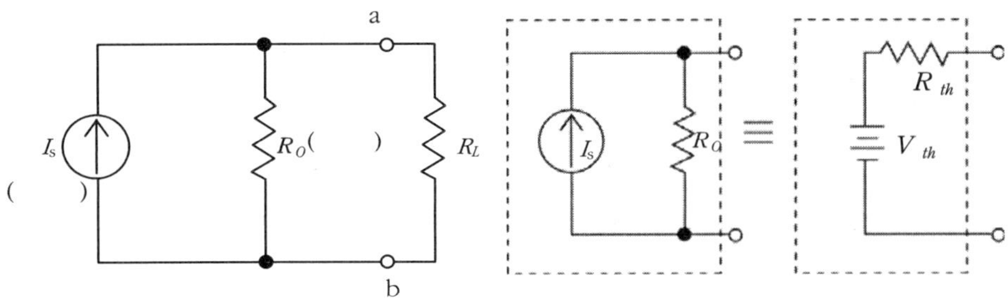

(a) 노튼의 등가회로 (b) 노튼의 등가회로를 데브난의 등가회로로 변환한 회로

[그림 5-7] 노튼의 정리 실험 회로

③ [그림 5-7] (a)에 부하저항 $R_L = 2$[kΩ]를 연결하여 R_L에 흐르는 전류를 측정한 값 I_L과 계산한 값 I_L을 〈표 5-4〉에 기록한다. 단, 정전류원이 없을 때에는 [그림 5-7] (a)의 노튼의 등가회로의 전류원은 [그림 5-7] (b)와 같이 데브난의 등가회로로 변환하여 실험한다. 이때에 V_{th}와 저항 R_{th}의 직렬 합성으로 교체하여 사용할 수 있고, 이때, $V_{th} = I_S \cdot R_O$, $R_{th} = R_O$의 값으로 된다.

④ 부하저항 $R_L = 3.3$[kΩ]으로 교체하고, 실험 절차 ③을 반복한다.

실험 결과 보고서

학과 : 학번 : 성명 :

1. 실험 결과표

〈표 5-1〉 전압과 전류

부하저항	측 정 값		계 산 값	
	V_L	I_L	V_L	I_L
$R_L=2[\text{k}\Omega]$				
$R_L=3.3[\text{k}\Omega]$				

〈표 5-2〉 전압과 저항

부하저항	측 정 값		계 산 값	
	V_{th}	R_{th}	V_{th}	R_{th}
$R_L=2[\text{k}\Omega]$				
$R_L=3.3[\text{k}\Omega]$				

〈표 5-3〉 테브난 등가회로에 의한 측정값

부하저항	측 정 값		계 산 값	
	V_L	I_L	V_L	I_L
$R_L=2[\text{k}\Omega]$				
$R_L=3.3[\text{k}\Omega]$				

〈표 5-4〉 I_S과 I_L의 측정값

부하저항	측 정 값		계 산 값	
	I_S	I_L	I_S	I_L
$R_L=2[\mathrm{k\Omega}]$				
$R_L=3.3[\mathrm{k\Omega}]$				

2. 검토 및 정리

(1) 테브난의 등가회로를 사용하는 이유를 설명하여라.

(2) 노튼의 등가회로를 사용하는 이유를 설명하여라.

(3) 테브난의 등가회로를 그리는 방법을 설명하여라.

(4) [그림 5-8]의 회로를 이용하여 테브난의 등가회로와 노튼의 등가회로로 변환하여라.

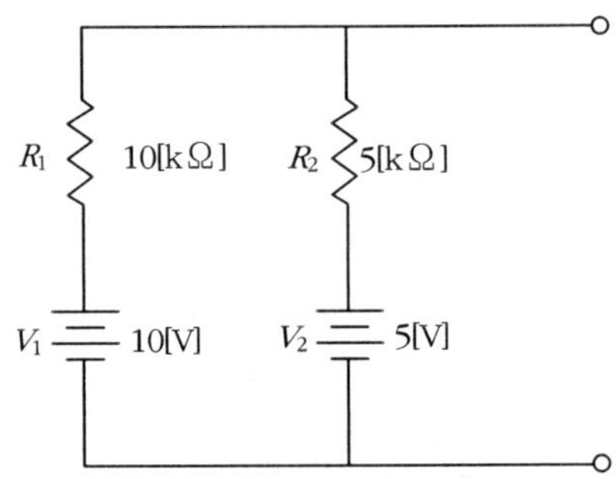

[그림 5-8] 테브난과 노튼의 등가 회로의 변환

실험 6 휘스톤 브리지 회로

1. 실험 목적

(1) 브리지의 원리를 이해한다.

(2) 휘스톤 브리지 회로를 이용하여 미지 저항값을 구할 수 있다.

2. 기기 및 재료

기기	규격	수량	재료	규격	수량
직류전원전압기	10 〔V〕	1대	표준 저항	5[kΩ], 10[kΩ]	각 2개
검류계		1대	저항	220[Ω], 390[Ω] 560[Ω], 820[Ω] 1[kΩ], 2[kΩ] 3[kΩ], 4.7[kΩ]	각 1개
회로 시험기		1대	표준 가변저항	10[kΩ]	1개
브레드 보드		1 개			

3. 관련이론

일반적으로 정밀 저항을 측정하는 방법으로 브리지 회로(bridge circuit)를 사용한다. 브리지 회로에는 표준저항, 표준 가변저항, 지시계기로서 고감도의 검류계(galvanometer) 및 전원전압으로 구성된다.

[그림 6-1]의 검류계 G를 브리지(bridge)의 형태와 같이 연결한 회로를 휘스톤 브리지 회로(Wheatstone bridge circuit)라 하며, 표준저항 P와 Q, 표준가변저항 R, 미지저항 X인 4개의 저항으로 구성하고, 표준 가변저항을 조정하여 검류계 G에 전류가 흐르지 않도록 되었을 때 브리지가 평형을 나타내어 0점을 지시하게 되는데, 이 원리를 이용하여 미지저항을 측정할 수 있다.

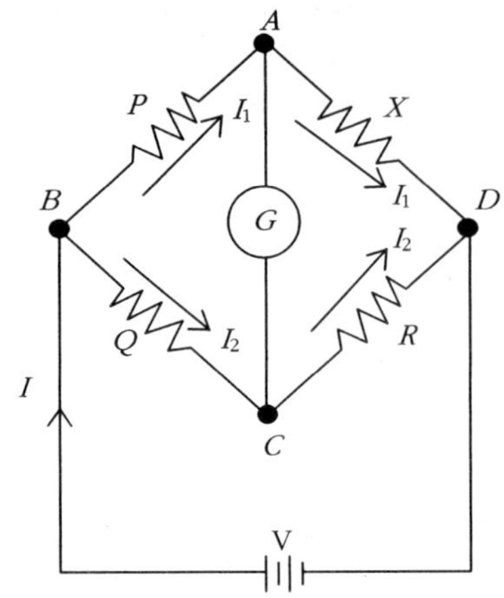

[그림 6-1] 휘스톤 브리지 회로

브리지가 평형되었을 경우, A－B 사이와 B－C 사이의 전압강하는 같게 되어 옴의 법칙(ohm's law)으로부터

$$I_1P = I_2Q$$
$$I_1X = I_2R$$

이다.

또, 위의 식으로부터

$$PR = QX$$

이것을 브리지의 평형 조건(condition of balance)이라 한다.

따라서, X를 미지저항, P, Q, R를 기지저항이라 하면,

$$X = \frac{P}{Q}R$$

의 관계를 얻을 수 있다.

이와 같은 브리지에서 미리 $\frac{P}{Q}$를 정해놓고 저항 R를 조정하여 평형을 취하면, 미지의 저항 X를 알 수 있다. 이러한 브리지를 휘스톤 브리지라 하는데, 0.5[Ω]~100[kΩ] 정도의 중저항 측정에 널리 사용되고 있다.

이 브리지법의 특징은 취급이 간단하고, 정밀도가 높으며, 비교적 넓은 범위의 측정이 가능하여 정밀저항 측정시에도 사용된다.

예를 들면, [그림 6-1]에서 $P=100[\Omega]$, $Q=10[\Omega]$, $R=50[\Omega]$일 때, 미지의 저항 X를 구해보자.

먼저 휘스톤 브리지의 평형 조건에 의해 미지저항 X는

$$X=\frac{P}{Q}R=\frac{100}{10}\times 50=500[\Omega]$$

이다.

4. 실험 절차

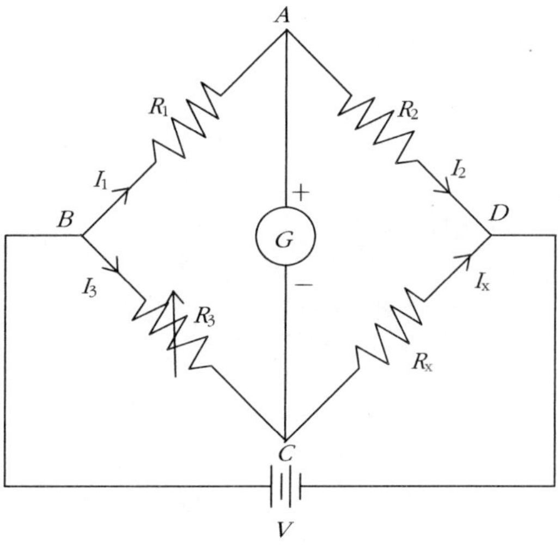

[그림 6-2] 휘스톤 브리지 실험 회로

① [그림 6-2]의 회로에서 직류전원전압 $V=3[V]$, 표준저항 $R_1=R_2=5[k\Omega]$, 표준 가변저항 $R_3=10[k\Omega]$를 연결한다. R_3을 최대로 하며, G는 검류계이다(검류계를 사용하지 못할 경우 $50[\mu A]$의 전류 범위를 가지는 $20[k\Omega]/[V]$ 회로시험기를 사용할 수도 있다).

② 측정할 저항을 미지저항 R_x 단자에 연결한다. 이때, 계기의 지침이 움직이지 않으면 표준 가변저항 R_3이 최대로 되었는지를 확인한다.

③ 검류계 G의 지시가 0이 될 때까지 R_3을 점차 감소시킨다. 0이 되면, R_3의

가변저항을 떼어내어 저항값을 측정하여 〈표 6-1〉에 기록한다.

④ 계산에 의해 미지저항값을 구하여 〈표 6-1〉에 기록한다.

⑤ 표준저항 $R_1 = R_2 = 10$[kΩ]로 바꿔서 실험 절차 ②~③의 과정을 반복한다.

⑥ 측정할 저항 7개를 미지저항 R_x 단자에 연결하여 실험 절차 ②~⑤의 과정을 반복한다.

실험 결과 보고서

학과 : 학번 : 성명 :

1. 실험 결과표

〈표 6-1〉 미지저항값 측정

미지 저항	$R_1 = R_2 = 5$[kΩ]인 경우		$R_1 = R_2 = 10$[kΩ]인 경우	
	측정값	계산값	측정값	계산값

2. 검토 및 정리

(1) 검류계를 고정밀급으로 사용하는 이유를 설명하여라.

(2) 전원전압 V를 사용하는 것은 무엇 때문인가?

(3) 실험 〈표 6-1〉에서 $R_1 = R_2 = 5$[kΩ]과 $R_1 = R_2 = 10$[kΩ]일 때의 차이점에 대하여 설명하여라.

(4) 브리지가 평형이 될 때 검류계의 전류값은 (_____)이다.

(5) 중저항을 측정할 때 사용하는 브리지형 측정기는?

(6) 휘스톤 브리지 회로의 특징을 설명하여라.

실험 7 부하저항과 최대전력 공급

1. 실험 목적

(1) 직류전원으로부터 부하저항의 변화에 따른 전달되는 전력의 관계를 이해할 수 있다.
(2) 부하에 최대전력을 전달할 수 있는 조건을 알 수 있다.

2. 기기 및 재료

<table>
<tr><th>기기</th><th>규격</th><th>수량</th><th>재료</th><th>규격</th><th>수량</th></tr>
<tr><td>직류 전류계</td><td>50[mA]</td><td>1대</td><td>가변저항</td><td>5[kΩ]</td><td>1개</td></tr>
<tr><td>직류 전압계</td><td>10[V]
50[V]</td><td>각 1대</td><td rowspan="3">저항</td><td rowspan="3">2[kΩ]</td><td rowspan="3">1개</td></tr>
<tr><td>직류전원전압기</td><td>20[V]</td><td>1대</td></tr>
<tr><td>브래드 보드</td><td></td><td>1개</td></tr>
</table>

3. 관련 이론

(1) 부하전력

일반적으로 [그림 7-1] 회로에서 직류전원전압을 V[V]를 인가할 때, 부하저항 R_L [Ω]에 흐르는 전류 I[A]라 하면, 부하저항 R_L에서 소모되는 전력 P [W]는 다음과 같이 된다.

$$P = VI = I^2 R_L = \frac{V_L^2}{R_L}$$

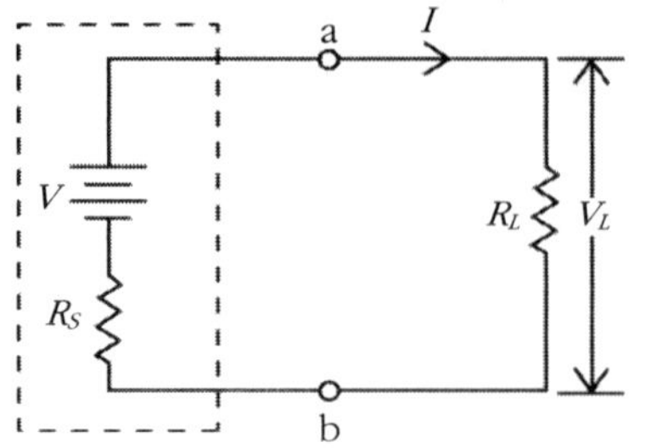

[그림 7-1] 내부저항을 갖는 전원 회로

[그림 7-1] 회로에서 전원의 내부저항 R_S를 포함한 부하전력 회로에서 전원으로부터 부하에 공급되는 전력 P_S는

$$P_S = VI = I^2(R_S + R_L) = \frac{V^2}{R_S + R_L}$$

이 되며,

부하저항 R_L에서 소비하는 전력 P_L는 다음과 같이 된다.

$$\begin{aligned} P_L &= I^2 R_L = \left(\frac{V}{R_S + R_L}\right)^2 \cdot R_L \\ &= \frac{V^2}{R_S^2 + 2R_S R_L + R_L^2} \cdot R_L = \frac{V^2}{2R_S + \left(\frac{R_S^2}{R_L} + R_L\right)} \end{aligned}$$

(2) 최대전력 공급조건

전원전압 V와 전원 내부저항 R_S은 일정하므로 V^2, $2R_S$은 일정하게 된다. 따라서, 부하에서 소비되는 전력 P_L가 최대로 되기 위해서는 분모$\left(\frac{R_S^2}{R_L} + R_L\right)$가 최소로 되어야 한다.

이때, $\frac{R_S^2}{R_L} = R_L$이면 $\left(\frac{R_S^2}{R_L} + R_L\right)$은 최소로 되며, 소비전력 P_L는 최대로 된다.

최대전력 공급은 $R_S = R_L$, 즉 부하저항과 전원의 내부저항이 같을 때 성립됨을 알 수 있으며, 이 때 회로에 흐르는 전류는 부하가 단락된 회로에 흐르는 전류의 $\frac{1}{2}$이 된다.

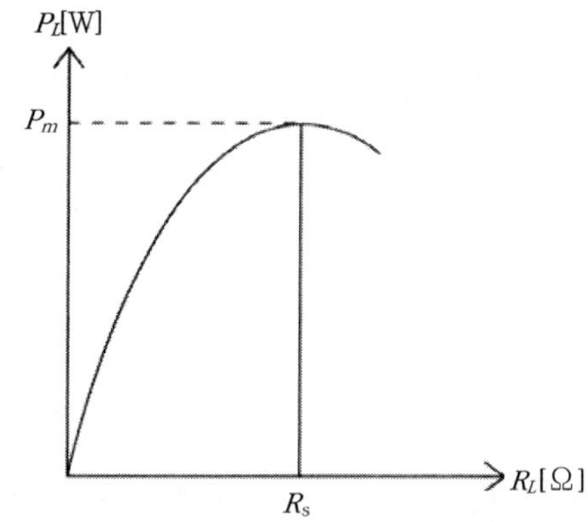

[그림 7-2] 부하저항과 부하전력($R_L - P_L$)의 전력전달 곡선

[그림 7-2]는 내부저항과 부하전력과의 관계를 나타낸 전력전달 곡선이다. $R_S = R_L$일 때 전력은 최대가 되며, 그 값 P_m은 다음과 같이 된다.

$$P_m = \frac{V^2}{2R_S + R_S + R_S} = \frac{V^2}{4R_S} [W]$$

한편, 전원에서 발생되는 총전력, 즉 R_S와 R_L에 걸리는 총전력과 부하 R_L에 전달되는 전력과의 비를 전력전달 효율이라 한다. 즉,

$$\text{전력전달 효율} = \frac{I^2 R_L}{VI} \times 100\,[\%]$$

$$= \frac{P_L}{P_T} \times 100\,[\%] = \frac{R_L}{R_S + R_L} \times 100\,[\%]$$

단, P_T : 총전력

4. 실험 절차

① [그림 7-3]과 같이 회로를 연결하고, 전원 전압 V를 3[V]인가한다.

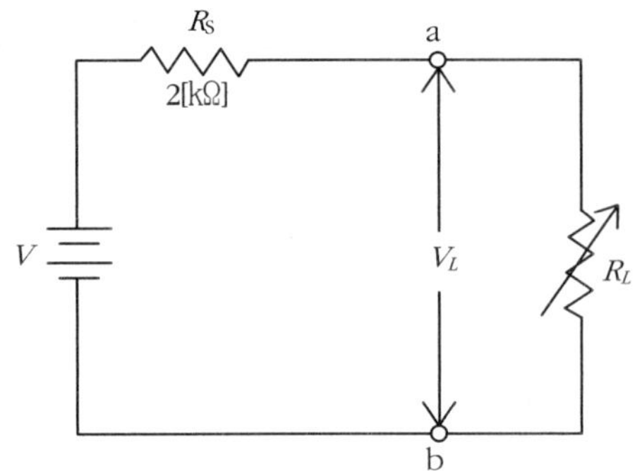

[그림 7-3] 최대전력 공급 실험 회로

② 부하저항 R_L을 〈표 7-1〉에서 주어진 값으로 변화시켜 가면서 R_L양단의 전압 V_L[V]을 측정하여 〈표 7-1〉에 기록한다.

③ 부하전압 V_L과 부하저항 R_L의 값을 사용하여 $P_L = \frac{V_L^2}{R_L}$을 계산하여 〈표 7-1〉에 기록한다.

④ 총전력 $P_T = \frac{V^2}{R_S + R_L}$ 을 계산하고, 〈표 7-1〉에 기록한다.

⑤ 전력전달 효율($\frac{P_L}{P_T} \times 100[\%]$)을 계산하여 〈표 7-1〉에 기록한다.

⑥ R_L은 수평축, P_L는 수직축으로 하여 R_L대 P_L의 그래프를 [그림 7-4]에 그린다.

⑦ 부하선 R_L의 변화에 따른 전력전달 효율의 관계를 [그림 7-5]에 그린다.

실험 결과 보고서

학과 : 학번 : 성명 :

1. 실험 결과표

〈표 7-1〉 최대전력 공급

$R_L[\Omega]$	$R_S + R_L$	V_L	$P_L = \frac{V_L^2}{R_L}$	$P_T = \frac{V^2}{R_S + R_L}$	전력전달 효율
0					
500					
1000					
1500					
2000					
2500					
3000					
3500					
4000					
4500					

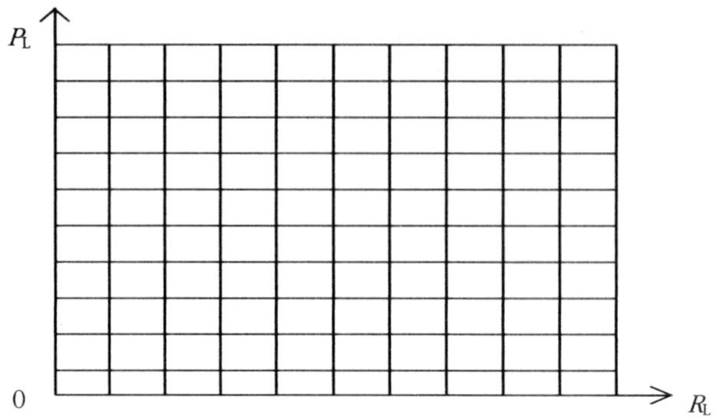

[그림 7-4] R_L 대 P_L의 그래프

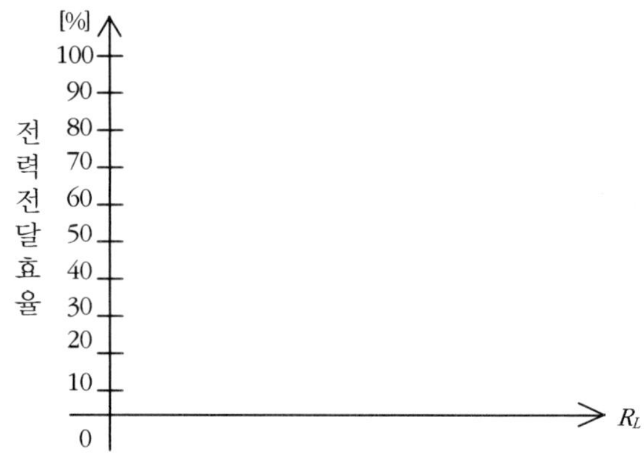

[그림 7-5] 전달효율 곡선

2. 검토 및 정리

(1) 100[Ω]의 저항에 5[mA]의 전류가 흐를 때 저항에서의 소비되는 전력을 계산하여라.

(2) 부하저항 $R_L=10$[Ω]에 내부저항이 5[Ω]인 1.5[V]전지를 연결했을 때의 부하저항에서 소비되는 전력을 계산하여라.

(3) 최대전력 공급조건을 간단히 설명하여라.

(4) 전력전달 효율의 의미를 설명하여라.

실험 8 $R-L$ 직렬 및 병렬회로

1. 실험 목적

(1) $R-L$ 직·병렬회로의 성질을 이해할 수 있다.

(2) $R-L$ 직·병렬회로의 전압과 전류의 벡터도를 알 수 있다.

(3) $R-L$ 직·병렬회로의 임피던스를 구할 수 있다.

2. 기기 및 재료

기기	규 격	수량	재료	규격	수량
교류 전류계	100[mA]	1개	저항	2.2[kΩ] 4.7[kΩ]	각 1개
	500[mA]	2대			
신호발생기		1대	초크 코일	0.22[H], 0.2[H]	각 1개
오실로스코프	40[MHz]	1대			
회로시험기		1대			
브래드 보드		1개			

3. 관련 이론

(1) $R-L$ 직렬회로

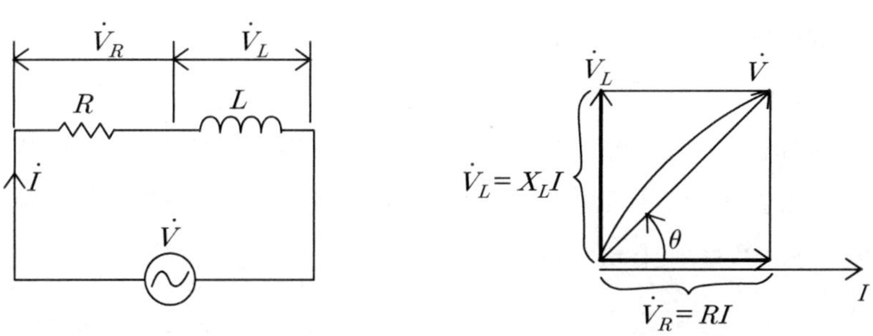

(a) 기본 회로 (b) 전압과 전류의 벡터도

[그림 8-1] $R-L$ 직렬회로

[그림 8-1] (a)와 같이 저항 $R\,[\Omega]$, 코일의 인덕턴스 L[H]의 직렬회로에 $\dot{V}$ 의 교류전압을 인가했을 때, 회로에 흐르는 전류를 I [A]이라 하고, 저항 R과 코일의 인덕턴스 L의 양단의 전압을 각각 $\dot{V}_R$, $\dot{V}_L$[V]이라 하면 전압과 전류의 크기와 위상 관계는 다음과 같이 된다.

- $V_R = RI$이며, 저항 양단의 전압 V_R은 전류 I와 동상이다.
- $V_L = X_L I = j\omega LI$이며, 코일의 양단 전압 V_L은 전류 I 보다 위상이 $\frac{\pi}{2}$[rad]만큼 앞선다.

[그림 8-1] (b)에서 전압 V_R과 V_L의 벡터 합이 인가전압 V와 같으므로 다음 관계가 얻어진다.

$$\dot{V} = \dot{V}_R + \dot{V}_L \text{[V]}$$

따라서, 전류 I를 기준으로 하여 벡터도를 그리면 그림 (b)와 같으며, 벡터도로부터 전압의 크기 V[V]는

$$V = \sqrt{V_R^2 + V_L^2} = \sqrt{(RI)^2 + (X_L I)^2}$$
$$= \sqrt{R^2 + X_L^2} \cdot I \text{ [V]}$$

회로에 흐르는 전류 I [A]는

$$I = \frac{V}{\sqrt{R^2 + (\omega L)^2}} = \frac{V}{\sqrt{R^2 + (2\pi f L)^2}} \text{[A] (단, } X_L = \omega L = 2\pi f L \text{임)}$$

이 식으로부터 $R-L$ 직렬회로에 흐르는 전류의 크기 I [A]는 $\sqrt{R^2 + (\omega L)^2}$ 에 의해서 정해지는 것을 알 수 있다.

또한, 벡터도로부터 전압 V는 회로에 흐르는 전류 I보다 위상이 θ만큼 앞선다. 즉, R과 L의 직렬회로에서는 전압보다 위상이 뒤진 전류가 흐르게 되므로 위상차 θ는 벡터도로부터 다음과 같이 된다.

$$\tan\theta = \frac{V_L}{V_R} = \frac{X_L I}{RI} = \frac{X_L}{R} = \frac{\omega L}{R} = \frac{2\pi f L}{R}$$

$$\therefore \theta = \tan^{-1}\frac{X_L}{R} = \tan^{-1}\frac{\omega L}{R} = \tan^{-1}\frac{2\pi f L}{R} \text{ [rad]}$$

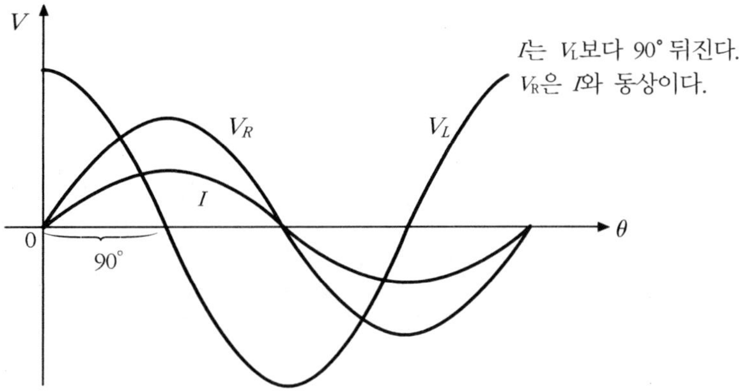

[그림 8-2] 전압과 전류의 위상 파형

[그림 8-2]는 $R-L$ 직렬회로에서 전압과 전류의 위상관계를 나타낸 것이다.

(2) $R-L$ 직렬회로의 임피던스

$R-L$ 직렬회로에서 전압과 전류의 관계에서 $\sqrt{R^2+(X_L^2)}$ 은 $R-L$ 직렬회로에서 R과 X_L이 전류의 크기를 제한하는 정도를 나타내고 있다.

즉, $\sqrt{R^2+(X_L^2)}$ 은 일종의 저항과 같은 동작을 하는 것으로 이것을 임피던스라 하고, 단위는 [Ω]을 사용한다. 임피던스는 보통 기호 $\dot{Z}$로 표시하며, R의 부분을 저항 성분, X_L의 부분을 리액턴스 성분이라고 한다.

따라서, $R-L$ 직렬회로의 합성 임피던스 Z[Ω]은 다음과 같이 나타낼 수 있다.

$$Z = \sqrt{(\text{저항 성분})^2 + (\text{유도리액턴스성분})^2}$$

$$= \sqrt{R^2 + X_L^2} = \sqrt{R^2 + (\omega L)^2} [\Omega]$$

[그림 8-1] (b)의 벡터도에서 전압으로 나타낸 삼각형의 각 변을 전류 I로 나누면, [그림 8-3]과 같은 삼각형을 얻을 수 있다. 이것을 임피던스 삼각형(impedance triangle)이라 하며, 직각을 낀 두 변이 저항 R과 유도 리액턴스 X_L을 나타내고 빗변이 임피던스 Z를 나타낸다. 이 임피던스 Z에 의해 회로에 흐르는 전류 I의 크기가 제한된다.

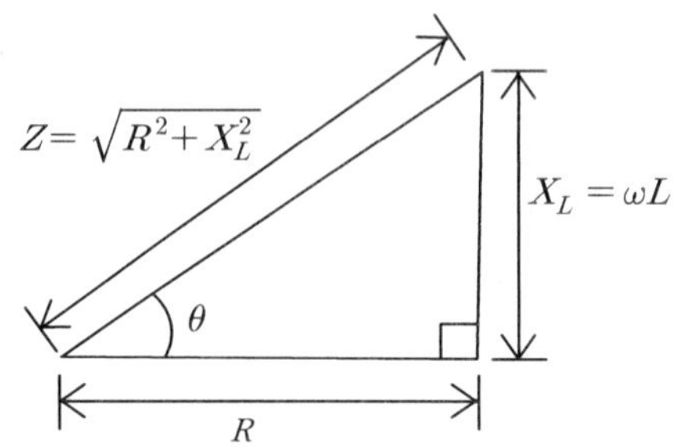

[그림 8-3] 임피던스 삼각형

각도 θ는 전압과 전류의 위상차를 나타내는데, 이것을 임피던스 각이라고도 한다. $\theta>0$이면 전압의 위상이 전류보다 θ만큼 앞서고, $\theta<0$이면 전류의 위상이 전압보다 θ만큼 앞서는 것이다.

이 임피던스 삼각형은 임피던스 크기 Z와 전류 I의 위상을 계산하는 데 편리하게 이용된다.

예를 들면, [그림 8-4]와 같이 저항 $R=1[\Omega]$, 유도 리액턴스 $X_L=1[\Omega]$이고, 인가전압 $v=10\sqrt{2}\sin\omega t$[V]인 $R-L$직렬회로에서 흐르는 전류 i의 실효값은 몇 [A]이며, 전압 v와 전류 i의 위상관계를 살펴보자.

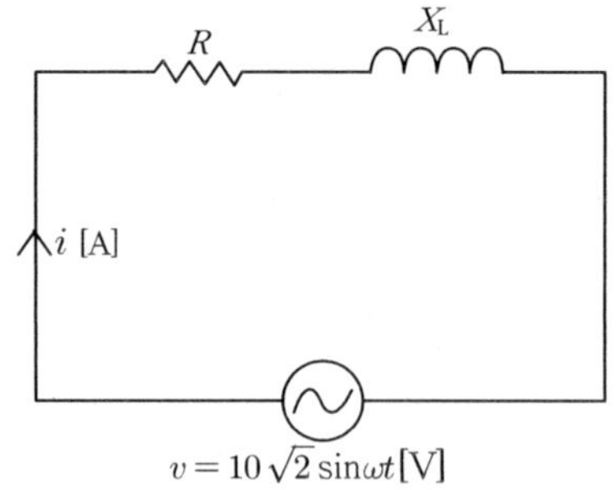

[그림 8-4] $R-L$ 직렬회로의 실례

회로의 임피던스 Z는

$$Z = \sqrt{R^2 + (X_L)^2} = \sqrt{1^2 + 1^2} = \sqrt{2}[\Omega]$$

회로에 흐르는 전류 I는

$$I = \frac{V}{Z} = \frac{10}{\sqrt{2}} \fallingdotseq 7.07[\text{A}]$$

위상차 θ는

$$\theta = \tan^{-1}\frac{X_L}{R} = \tan^{-1}\frac{\omega L}{R} = \tan^{-1}\frac{1}{1} = \tan^{-1}1 = \frac{\pi}{4}[\text{rad}]$$

이므로 전압 v가 전류 i보다 위상이 $\frac{\pi}{4}$[rad]만큼 앞선다.

(3) $R-L$ 병렬회로

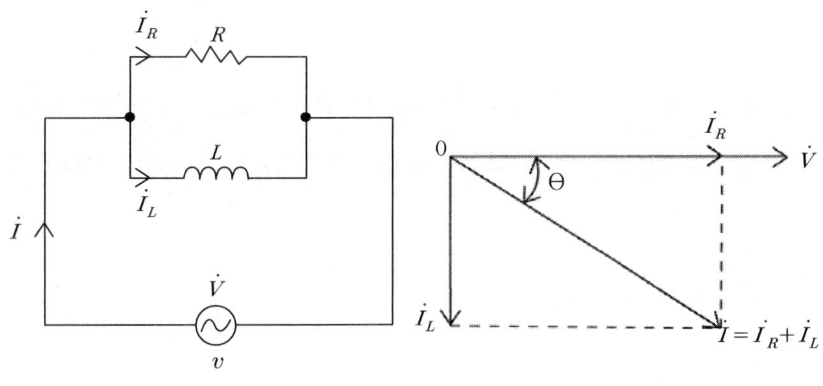

(a) 기본회로 (b) 벡터도

[그림 8-5] $R-L$ 병렬회로

[그림 8-5]와 같이 $R-L$ 병렬회로에서 저항 R과 코일의 인덕턴스 L에 걸리는 전압이 일정하므로 그림 (b)와 같이 전압을 기준으로 벡터도를 그릴 수 있고, 회로에 흐르는 전류 $\dot{I}$[A]의 크기는

$$I = \sqrt{I_R^2 + I_L^2} = \sqrt{(\frac{V}{R})^2 + (\frac{V}{X_L})^2} = V \cdot \sqrt{(\frac{1}{R})^2 + (\frac{1}{\omega L})^2}$$

$$= V \Big/ \frac{1}{\sqrt{(\frac{1}{R})^2 + (\frac{1}{\omega L})^2}} = \frac{V}{Z}[\mathrm{A}]$$

의 관계가 성립하므로, $R-L$ 병렬회로의 합성 임피던스 Z는 다음과 같다.

$$Z = \frac{1}{\sqrt{(\frac{1}{R})^2 + (\frac{1}{\omega L})^2}} = \frac{1}{\sqrt{(\frac{1}{R})^2 + (\frac{1}{2\pi f L})^2}}$$

또한, [그림 8-5] (b)의 벡터도로부터 $R-L$ 병렬회로에서 전압 V는 전류 I보다 위상이 앞서고, 이 경우 위상차 θ는 다음과 같이 된다.

$$\tan\theta = \frac{I_L}{I_R} = \frac{\frac{V}{\omega L}}{\frac{V}{R}} = \frac{R}{\omega L} = \frac{R}{2\pi f L}$$

$$\therefore\ \theta = \tan^{-1}\frac{I_L}{I_R} = \tan^{-1}\frac{R}{\omega L} = \tan^{-1}\frac{R}{2\pi f L}[\mathrm{rad}]$$

예를 들면, $R = 25[\Omega]$, $X_L = \frac{100}{3}[\Omega]$인 $R-L$ 병렬회로에 $V = 100[\mathrm{V}]$의 전압을 인가할 때 회로에 흐르는 각각의 전류 I, I_R, I_L와 전압과 전류의 위상차 θ를 구해보자.

저항에 흐르는 전류 I_R는

$$I_R = \frac{V}{R} = \frac{100}{25} = 4[\mathrm{A}]$$

코일에 흐르는 전류 I_L은

$$I_L = \frac{V}{X_L} = \frac{100}{\frac{100}{3}} = \frac{300}{100} = 3[\mathrm{A}]$$

따라서, 회로에 흐르는 전류 크기 I는

$$I = \sqrt{I_R^2 + I_L^2} = \sqrt{4^2 + 3^2} = 5[\mathrm{A}]$$

위상차 θ는

$$\theta = \tan^{-1}\frac{I_L}{I_R} = \tan^{-1}\frac{3}{4} = \tan^{-1}0.75 \fallingdotseq 36.86^{\circ}$$

즉, 전압의 위상은 전류의 위상보다 36.86° 앞선다.

4. 실험 절차

(1) $R-L$ 직렬회로

① [그림 8-6]과 같이 저항 $R = 2.2[\mathrm{k\Omega}]$, 코일의 인덕턴스 $L = 0.22[\mathrm{H}]$를 사용하여 $R-L$ 직렬회로를 연결한다.

② 저항 R에 걸리는 전압 V_R과 코일의 인덕턴스 L 양단의 전압 V_L, 흐르는 전류 I를 측정하여 〈표 8-1〉에 기록한다. 이때, 신호발생기의 인가 전압 $v = 5\sqrt{2}\sin\omega t$ [V], 주파수 $f = 1[\mathrm{kHz}]$로 조정한다.

③ 전압 V와 전류 I와의 위상차를 계산하여 〈표 8-2〉에 기록한다.

④ $R = 4.7[\mathrm{k\Omega}]$으로 교체하고 실험 절차 ②~③을 반복한다.

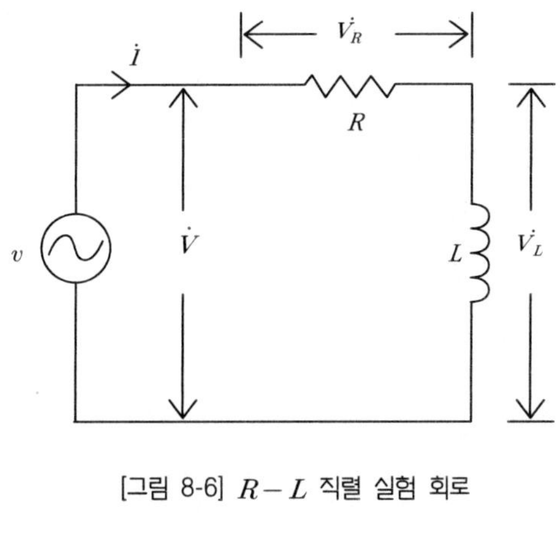

[그림 8-6] $R-L$ 직렬 실험 회로

(2) $R-L$ 병렬회로

① [그림 8-7]와 같이 $R-L$ 병렬회로에서 저항 $R=$ 2.2[kΩ], 코일의 인덕턴스 $L=$ 0.2[H]로 하고, 신호발생기의 인가 전압 $v=5\sqrt{2}\sin\omega t$[V], $f=$ 1[㎑]로 조정한 다음 회로를 연결한다.

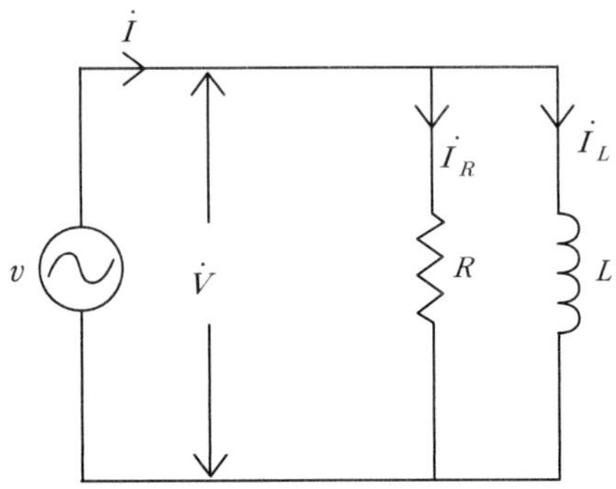

[그림 8-7] $R-L$ 병렬회로

② 각 소자에 흐르는 전류 I, I_R, I_L을 측정하여 〈표 8-3〉에 기록한다.

③ $R-L$ 병렬회로에서 I, Z, θ를 계산하여 〈표 8-3〉에 기록한다.

④ 신호발생기의 인가 전압 $v=8\sqrt{2}\sin\omega t$[V]으로 바꿔서 실험 절차 ②~③을 반복한다.

실험 결과 보고서

학과 : 학번 : 성명 :

1. 실험 결과표

〈표 8-1〉 $R-L$ 직렬회로의 전압, 전류

저항	측정값		계산값	
2.2[kΩ]	I		I	
	V_R		V_R	
	V_L		V_L	
4.7[kΩ]	I		I	
	V_R		V_R	
	V_L		V_L	

〈표 8-2〉 $R-L$직렬회로의 위상

R	L	$V_R(A)$	$V_L(B)$	$\theta=\tan^{-1}\frac{B}{A}$
2.2[kΩ]	0.22[H]			
4.7[kΩ]	0.22[H]			

〈표 8-3〉 $R-L$ 병렬회로

V(실효값)	I_R	I_L	I	$I=\sqrt{I_R^2+I_L^2}$	$Z=\frac{V}{I}$	$\theta=\tan^{-1}\frac{I_L}{I_R}$
5[V]						
8[V]						

2. 검토 및 정리

(1) 주파수 f=100[Hz], 코일의 인덕턴스 L=25[mH]인 회로의 유도성 리액턴스를 구하여라.

(2) 3[Ω]의 저항과 4[Ω]의 유도성 리액턴스를 직렬로 연결한 회로의 임피던스를 구하여라.

(3) 인덕터를 포함한 회로에서 주파수가 증가할 때 유도성 리액턴스에 대하여 설명하여라.

(4) $R-L$ 직렬회로에서 저항 $R=100$[Ω], 리액턴스 $X_L=100$[Ω]일 때 임피던스와 위상을 구하여라.

(5) $R-L$ 직렬회로에서 코일의 인덕턴스 L=50[mH], f=1[㎑]일 때, 다음의 값을 구하여라. 단, $v=10\sqrt{2}\sin\omega t$[V]이다.

R	$I_R=\frac{V_R}{R}$	$X_L=\frac{V_L}{I_L}$	$Z=\frac{V}{I_R}$	$Z=\sqrt{R^2+X_L^2}$	$\theta=\tan^{-1}\frac{I_L}{I_R}$
2.2[kΩ]					
4.7[kΩ]					

(6) 3[Ω]의 저항과 4[Ω]의 유도성 리액턴스의 병렬회로에서 임피던스를 구하여라.

(7) $R-L$ 병렬회로에서 인가전압 V=10[V], I_L=0.2[A], I_R = 0.5[A]라 하면

① 회로에 흐르는 전체 전류 I[A]는 얼마인가?

② 인가전압 V와 전체 전류 I와의 위상차는 얼마인가?

③ 임피던스는 얼마인가?

실험 9 $R-C$ 직렬 및 병렬회로

1. 실험 목적

(1) $R-C$ 직렬 및 병렬회로의 임피던스를 구할 수 있다.

(2) $R-C$ 직렬 및 병렬회로의 전압과 전류의 벡터도를 알 수 있다.

2. 기기 및 재료

<table>
<tr><th>기기</th><th>규격</th><th>수량</th><th>재료</th><th>규격</th><th>수량</th></tr>
<tr><td>신호발생기</td><td></td><td>1대</td><td rowspan="3">콘덴서</td><td rowspan="3">0.1[μF]
0.47[μF]
4.7[μF]
33[μF]</td><td rowspan="3">각 1개</td></tr>
<tr><td>오실로스코프</td><td></td><td>1대</td></tr>
<tr><td rowspan="2">교류 전류계</td><td>250[mA]</td><td>3대</td></tr>
<tr><td>5[A]</td><td>1대</td><td rowspan="3">저항</td><td rowspan="3">2.2[kΩ]</td><td rowspan="3">1개</td></tr>
<tr><td>회로시험기</td><td></td><td>1대</td></tr>
<tr><td>브레드 보드</td><td></td><td>1개</td></tr>
</table>

3. 관련이론

(1) $R-C$ 직렬회로

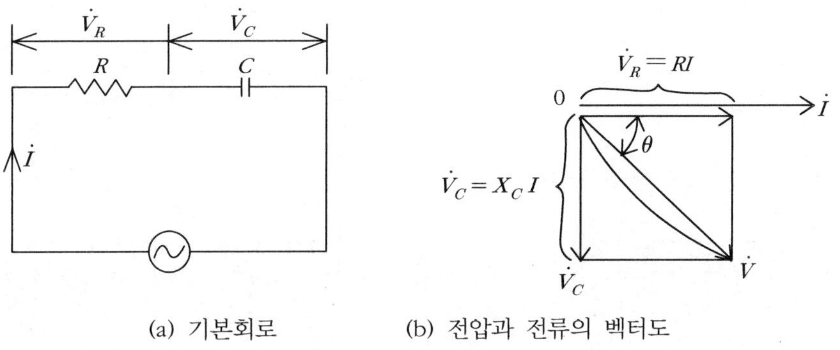

(a) 기본회로 (b) 전압과 전류의 벡터도

[그림 9-1] $R-C$ 직렬회로

[그림 9-1] (a)의 $R-C$ 직렬 기본회로에 교류 실효 전압 $\dot{V}$[V]를 인가할 때, 회로에 흐르는 전류를 I[A]라 하고, 저항 R와 콘덴서 C에 걸리는 전압을 각각 V_R, V_C라 하면 전압과 전류와의 위상 관계는 다음과 같다.

- $V_R = RI$이며, 전압 V_R는 전류 I와 동상이다.
- $V_C = X_C I = \frac{1}{j\omega C} \cdot I$이며, 전류 I는 전압 V_C보다 위상이 $\frac{\pi}{2}$[rad]만큼 앞선다.

전압 V_R와 V_C의 벡터 합이 공급전압 V와 같으므로 다음 관계가 얻어진다.

$$\dot{V} = \dot{V}_R + \dot{V}_C \text{ [V]}$$

따라서, 전류 I를 기준으로 하여 벡터도를 그리면 [그림 9-1] (b)와 같으며, 전압의 크기 V는 다음과 같이 된다.

$$\begin{aligned} V = \sqrt{V_R^2 + V_C^2} &= \sqrt{(RI)^2 + (X_C I)^2} \\ &= \sqrt{R^2 + (X_C)^2} \cdot I \\ &= \sqrt{R^2 + \left(\frac{1}{\omega C}\right)^2} \cdot I \\ &= \sqrt{R^2 + \left(\frac{1}{2\pi f C}\right)^2} \cdot I \end{aligned}$$

또한, 벡터도로부터 회로에 흐르는 전류 I는 전압 V보다 위상이 θ[rad] 만큼 앞선다.

즉, 위상차 θ는 벡터도로부터 다음과 같이 된다.

$$\tan\theta = \frac{V_C}{V_R} = \frac{X_C I}{RI} = \frac{X_C}{R} = \frac{1}{\omega CR} = \frac{1}{2\pi f CR}$$

$$\therefore\ \theta = \tan^{-1}\frac{X_C}{R} = \tan^{-1}\frac{1}{\omega CR} = \tan^{-1}\frac{1}{2\pi f CR}$$

(2) $R-C$ 직렬회로의 임피던스

$V = \sqrt{R^2 + \left(\frac{1}{\omega C}\right)^2} \cdot I$ 에서 전류의 크기 I를 구하면 다음과 같이 된다.

$$I=\frac{V}{\sqrt{R^2+(\frac{1}{\omega C})^2}}$$

이 식에서 $\sqrt{R^2+(\frac{1}{\omega C})^2}$ 은 저항과 용량 리액턴스를 합성한 것으로, $R-C$ 직렬회로의 임피던스라 부른다. R와 C의 합성 임피던스를 Z[Ω]이라 하면 다음 식과 같이 된다.

$$I=\frac{V}{Z}\text{[A]}$$

따라서, $R-C$ 직렬회로의 합성 임피던스 Z[Ω]은 다음과 같이 나타낼 수 있다.

$$Z=\sqrt{(\text{저항 성분})^2+(\text{용량 리액턴스 성분})^2}$$

$$=\sqrt{R^2+(\frac{1}{\omega C})^2}=\sqrt{R^2+(\frac{1}{2\pi fC})^2}$$

[그림 9-1] (b)의 벡터도에서 전압으로 나타낸 삼각형의 각 변을 전류 I로 나누면, [그림 9-2]와 같은 임피던스 삼각형을 얻을 수 있다. 이것을 이용하여 저항 R와 용량 리액턴스 $X_C=\frac{1}{\omega C}$로부터 임피던스 Z 및 전압과 전류의 위상차 θ를 구할 수 있다. 이 합성 임피던스에 의해 회로에 흐르는 전류의 크기는 제한된다.

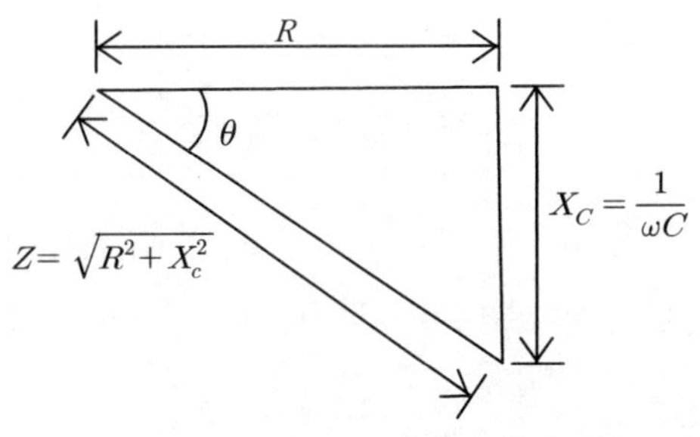

[그림 9-2] 임피던스 삼각형

예를 들면, 저항 R=3[Ω], 용량 리액턴스 X_C=4[Ω]인 직렬회로에 교류 실효 전압 V=10[V]를 인가할 때 회로의 임피던스 및 전류의 크기와 위상차를 구해보자.

임피던스 Z[Ω]는

$$Z=\sqrt{R^2+X_c^2}=\sqrt{3^2+4^2}=5[\Omega]$$

전류의 크기 I[A]는

$$I=\frac{V}{Z}=\frac{10}{5}=2[A]$$

위상차 θ는

$$\theta=\tan^{-1}\frac{X_C}{R}=\tan^{-1}\frac{4}{3}=45^{\circ}$$

(2) $R-C$ 병렬회로

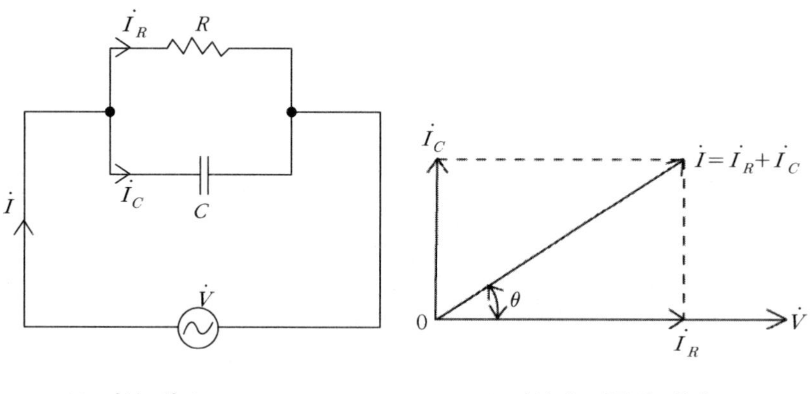

(a) 기본 회로 (b) 전압과 전류의 벡터도

[그림 9-3] $R-C$ 병렬회로

[그림 9-3] (a)와 같은 $R-C$ 병렬회로의 전압과 전류의 관계를 나타내는 벡터도는 그림 (b)와 같으며, 이 벡터도로부터 다음 관계가 성립된다.

$$I=\sqrt{I_R^2+I_C^2}=\sqrt{\left(\frac{V}{R}\right)^2+(\omega CV)^2}$$

$$= V \cdot \sqrt{(\frac{1}{R})^2 + (\omega C)^2}$$

$$= \frac{V}{\frac{1}{\sqrt{(\frac{1}{R})^2 + (\omega C)^2}}} = \frac{V}{Z} \text{ [A]}$$

따라서, $R-C$ 병렬회로의 합성 임피던스 Z[Ω]은 다음과 같이 된다.

$$Z = \frac{1}{\sqrt{(\frac{1}{R})^2 + (\omega C)^2}} = \frac{1}{\sqrt{(\frac{1}{R})^2 + (2\pi f C)^2}} \text{ [Ω]}$$

또한, [그림 9-3] (b)의 벡터도로부터 $R-C$ 병렬회로에서 전류 I는 전압 V보다 위상이 앞선다. 이 경우 위상차는 다음과 같다.

$$\tan\theta = \frac{I_C}{I_R} = \frac{\omega C V}{\frac{V}{R}} = \omega CR = 2\pi f CR$$

$$\therefore \ \theta = \tan^{-1}\omega CR = \tan^{-1}2\pi f CR \text{ [rad]}$$

예를 들면, 저항 R=10[Ω], 콘덴서의 정전용량 C= 318[μF]인 $R-C$ 병렬회로에 주파수 f = 60[Hz], 교류 전압 $v = 10\sqrt{2}\sin\omega t$ [V]를 인가할 때, 회로에 흐르는 각각의 전류 I_R, I_C, I 의 크기를 구해 보자.

저항 R에 흐르는 전류 $I_R = \frac{V}{R} = \frac{10}{10} = 1$[A]

콘덴서 C에 흐르는 전류 $I_C = \omega CR = 2\pi \times 60 \times 318 \times 10^{-6} \times 10 \fallingdotseq 1.2$[A]

전체 전류 $I = \sqrt{I_R^2 + I_C^2} = \sqrt{(1)^2 + (1.2)^2} = 1.56$[A]

4. 실험 절차

(1) $R-C$ 직렬회로

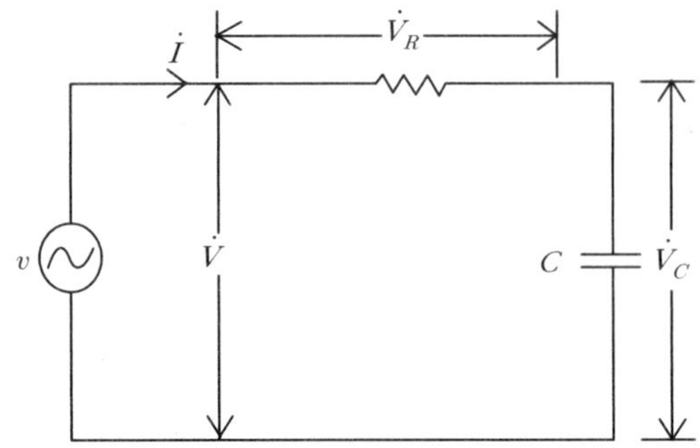

[그림 9-4] $R-C$ 직렬 실험 회로

① [그림 9-4]와 같이 $R-C$ 직렬회로를 연결한다.

② 저항 $R=2.2$[kΩ], 콘덴서의 정전용량 $C=0.47$[μF]를 사용하여 저항에 걸리는 전압 V_R과 콘덴서 C의 양단에 걸리는 전압 V_C, 입력 전압 V, 회로에 흐르는 전류 I를 측정하여 〈표 9-1〉에 기록한다. 이때 인가 전압은 $v=5\sqrt{2}\sin\omega t$ [V], 주파수 $f=100$[Hz]로 한다.

③ 콘덴서의 정전용량 C를 4.7[μF], 33[μF]으로 바꾸어 가면서 실험절차 ②를 반복한다.

④ 〈표 9-1〉로부터 〈표 9-2〉를 완성한다.

(2) $R-C$ 병렬회로

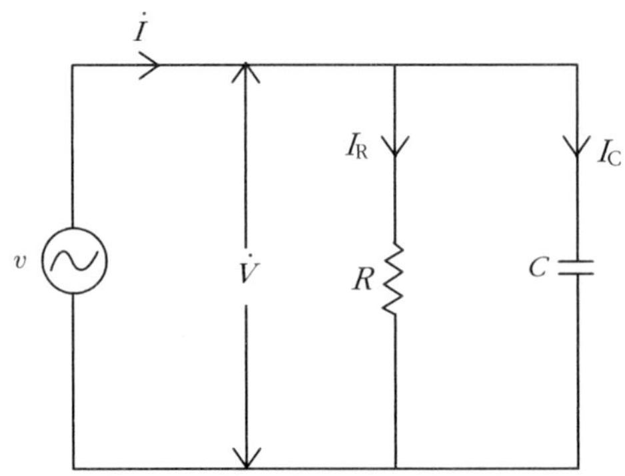

[그림 9-5] $R-C$ 병렬 실험 회로

① [그림 9-5]와 같이 저항 $R=2.2$[kΩ], 콘덴서의 정전용량 $C=0.1$[μF]를 사용하여 $R-C$ 병렬회로를 연결한다. 이때 인가전압은 $v=5\sqrt{2}\sin\omega t$ [V], 주파수 f=100[Hz]로 한다.

② I, I_R, I_C를 측정하여 〈표 9-3〉에 기록한다.

③ 〈표 9-3〉의 측정값을 이용하여 〈표 9-4〉를 완성한다.

실험 결과 보고서

학과 : 학번 : 성명 :

1. 실험 결과표

〈표 9-1〉 $R-C$ 직렬회로

R[kΩ]	C[㎌]	V_R[V]	V_C[V]	V	I	계산 전압 V[V]	계산 전류 I[A]	비고
2.2[kΩ]	0.47							
	4.7							
	33							

〈표 9-2〉 용량성 리액턴스

C[㎌]	측정값에 의한 X_C[Ω]	계산에 의한 X_C[Ω]	비고
0.47			
4.7			
33			

〈표 9-3〉 $R-C$ 병렬회로 측정

전압 V[V]	주파수 f[Hz]	I_R[A]	I_C[A]	I[A]

〈표 9-4〉 $R-C$ 병렬회로 계산

전체 전류 I	계산에 의한 전류 I_R	계산에 의한 전류 I_C	계산에 의한 임피던스 Z[Ω]	계산에 의한 위상차 $\theta = \tan^{-1}\frac{I_C}{I_R}$

2. 검토 및 정리

(1) 저항 R=6[Ω]과 용량성 리액턴스 X_C = 8[Ω]를 직렬로 연결한 회로의 임피던스 Z를 구하여라.

(2) 주파수 f=60[Hz]에서 콘덴서의 정전용량 C=0.5[μF]인 용량성 리액턴스를 구하여라.

(3) 콘덴서를 포함한 회로에서 주파수가 증가할 때의 용량성 리액턴스에 대하여 설명하여라.

(4) $R-C$ 직렬회로에서 저항 양 단자간의 전압 V_R과 콘덴서 양 단자간의 전압 V_C의 위상차에 대하여 설명하여라.

(5) $R-C$ 직렬회로에서 전압 V=10[V], 주파수 f=60[Hz]의 전압을 인가하였더니 회로에 흐르는 전류 I=10[mA]이며, 위상차가 30°이었다. 이때의 V_R, V_C, R, X_C, C의 값을 구하여라.

(6) 저항 6[Ω]과 용량성 리액턴스 8[Ω]인 $R-C$ 병렬회로에서 임피던스 Z[Ω]를 구하여라.

(7) $R-C$ 병렬회로에서 전압을 20[V] 인가하였더니 저항에 흐르는 전류 I_R= 0.2[A], 콘덴서에 흐르는 전류 I_C=0.1[A]가 측정되었을 때,

① 회로에 흐르는 전체 전류 I는?

② $R-C$ 병렬회로의 임피던스 Z[Ω]는?

③ 전체 전류 I와 인가전압 V의 위상차는?

실험 10 $R-L-C$ 직렬회로

1. 실험 목적

(1) $R-L-C$ 직렬회로의 성질을 이해할 수 있다.

(2) $R-L-C$ 직렬회로의 임피던스, 공진주파수 특성을 알 수 있다.

2. 기기 및 재료

기기	규격	수량	재료	규격	수량
신호발생기		1대	코일	0.5[mH], 100[mH]	1개
오실로스코프	40[MHz] 이상	1대	콘덴서	1[μF], 0.47[μF]	각 1개
교류 전류계	250[mA], 10[A]	4대	저항	100[Ω]	1개
회로시험기	아날로그, 디지털	각 1대			
브래드 보드		1개			

3. 관련이론

(1) $R-L-C$ 직렬회로

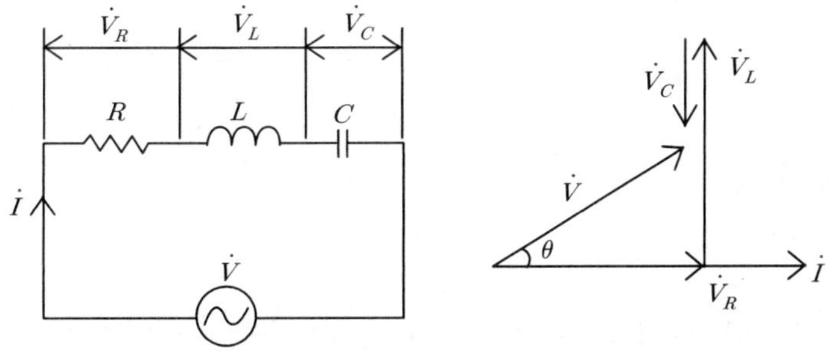

(a) 기본 회로　　　(b) 벡터도($X_L > X_C$ 의 경우)

[그림 10-1] $R-L-C$ 직렬회로

[그림 10-1] (a)와 같은 $R-L-C$ 직렬회로에서 교류 실효 전압 V[V]를 인가할 때 회로에 흐르는 전류를 I[A]라 하고, R, L, C 각각에 걸리는 단자전압을 V_R, V_L, V_C 이라 하면 다음과 같이 된다.

$$\dot{V} = \dot{V}_R + \dot{V}_L + \dot{V}_C \text{[V]}$$

또한, 전압 V_R, V_L, V_C 와 전류 I 와의 위상 관계는 다음과 같다.

- 저항 양단의 전압 $V_R = RI$이며 전압 V_R는 전류 I와 동상이다.
- 코일 양단의 전압 $V_L = X_L I = j\omega LI$ 이며 전압 V_L은 전류 I보다 $\frac{\pi}{2}$[rad] 위상이 앞선다.
- 콘덴서 양단의 전압 $V_C = X_C I = \frac{I}{j\omega C}$ 이며 V_C는 전류 I보다 $\frac{\pi}{2}$[rad] 위상이 뒤진다.

따라서, 전류 I[A]를 기준으로 한 벡터도는 $X_L > X_C$의 경우 그림 (b)와 같이 된다.

전압의 크기 V[V]는

$$V = \sqrt{V_R^2 + (V_L - V_C)^2} = \sqrt{(RI)^2 + (X_L I - X_C I)^2}$$
$$= I\sqrt{R^2 + (X_L - X_C)^2} \text{[V]}$$

회로에 흐르는 전류 I[A]는

$$I = \frac{V}{\sqrt{R^2 + (X_L - X_C)^2}} = \frac{V}{\sqrt{R^2 + (\omega L - \frac{1}{\omega C})^2}}$$
$$= \frac{V}{Z} \text{[A]}$$

이다.

위 식에서 저항 R, 유도 리액턴스 $X_L = \omega L$, 용량 리액턴스 $X_C = \frac{1}{\omega C}$이 합성된 것으로 $R-L-C$직렬회로의 합성 임피던스이다. 이 임피던스를 Z[Ω]이라 하면 다음과 같이 나타낼 수 있다.

$$Z = \sqrt{R^2 + (X_L - X_C)^2}$$
$$= \sqrt{R^2 + (\omega L - \frac{1}{\omega C})^2} \quad [\Omega]$$

벡터도로부터 전압 V와 전류 I의 위상차 θ는 다음과 같이 된다.

$$\tan\theta = \frac{V_L - V_C}{V_R} = \frac{X_L I - X_C I}{RI} = \frac{X_L - X_C}{R}$$
$$= \frac{\omega L - \frac{1}{\omega C}}{R} = \frac{2\pi f L - \frac{1}{2\pi f C}}{R}$$
$$\therefore \ \theta = \tan^{-1}\frac{X_L - X_C}{R} = \tan^{-1}\frac{2\pi f L - \frac{1}{2\pi f C}}{R} \quad [\mathrm{rad}]$$

(2) 리액턴스

1) $X_L > X_C$의 경우

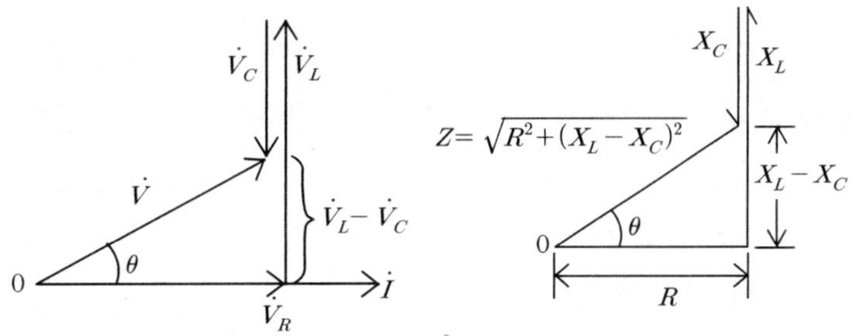

(a) 전압과 전류의 벡터도　　(b) 임피던스 삼각형

[그림 10-2] $X_L > X_C$ 인 경우의 벡터도

임피던스의 리액턴스 성분은 유도 리액턴스 $X_L = \omega L$과 용량 리액턴스 $X_C = \frac{1}{\omega C}$의 차로 나타낼 수 있다. 따라서, $X_L > X_C$이면 리액턴스 성분은 유도 리액턴스의 성질이 강하며, [그림 10-2]와 같이 전압 $\dot{V}$ 는 전류 $\dot{I}$보다 앞서게 된다. 이러한 경우를 유도성 임피던스 또는 회로가 유도성이라 말하고, 그림 (b)는 임피던스 삼각형을 나타낸 것이다.

2) $X_L < X_C$인 경우

$X_L < X_C$이면 리액턴스 성분은 용량 리액턴스 성질이 강하므로, [그림 10-3]과 같이 전압 $\dot{V}$는 전류 $\dot{I}$보다 뒤지게 된다. 이 경우를 용량성 임피던스 또는 회로가 용량성이라 하며, [그림 10-3](b)는 임피던스 삼각형을 나타낸 것이다.

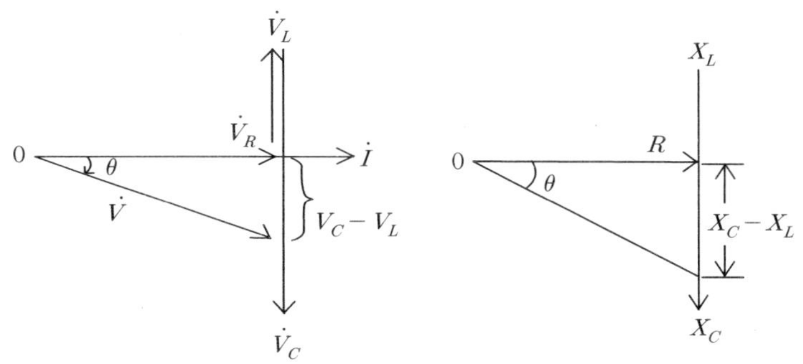

(a) 전압과 전류의 벡터도 (b) 임피던스 삼각형

[그림 10-3] $X_L < X_C$인 경우의 벡터도

이와 같이 $R-L-C$ 직렬회로에서는 X_L과 X_C의 크기에 따라 회로에 인가한 전압은 회로에 흐르는 전류의 위상보다 앞서거나 뒤진다.

예를 들면, 저항 $R=20[\Omega]$, 코일의 인덕턴스 $L=0.1[H]$, 콘덴서의 정전용량 $C=200[\mu F]$의 $R-L-C$ 직렬회로에 교류 실효 전압이 100[V], 60[Hz]을 인가할 때, 회로에 흐르는 전류 I와 각 소자에 걸리는 단자전압 V_R, V_L, V_C를 구해보자.

$R-L-C$ 직렬회로의 임피던스 $Z[\Omega]$는

$$Z = \sqrt{R^2 + (\omega L - \frac{1}{\omega C})^2}$$
$$= \sqrt{R^2 + (2\pi f L - \frac{1}{2\pi f C})^2}$$
$$= \sqrt{20^2 + (2\pi \times 60 \times 0.1 - \frac{1}{2\pi \times 60 \times 200 \times 10^{-6}})^2}$$
$$\fallingdotseq 31.5[\Omega]$$

전류 I[A]는

$$I = \frac{V}{Z} = \frac{100}{31.5} = 3.17[\text{A}]$$

위상차 θ는

$$\theta = \tan^{-1}\frac{2\pi fL - \dfrac{1}{2\pi fC}}{R} = \tan^{-1}\frac{37.7 - 13.3}{20} = \tan^{-1}1.22 \fallingdotseq 50.67^{\circ}$$

즉, 인가전압 V는 전류 I보다 위상이 50.67° 앞서게 된다.

R, L, C에 걸리는 단자전압은 각각 다음과 같이 된다.

저항 R의 단자전압 $V_R = RI = 20 \times 3.17 = 63.4[\text{V}]$

코일 L의 단자전압 $V_L = 2\pi fLI = 37.7 \times 3.17 \fallingdotseq 120[\text{V}]$

콘덴서 C의 단자전압 $V_C = \dfrac{1}{2\pi fC}I = 13.3 \times 3.17 \fallingdotseq 42.2[\text{V}]$

(3) $R-L-C$ 직렬 공진회로

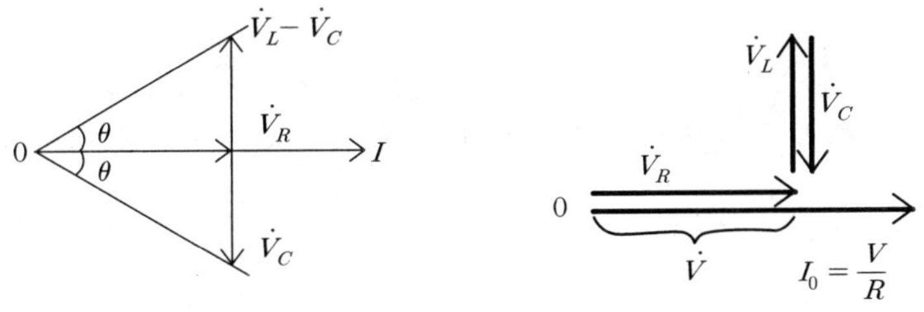

(a) 전압과 전류의 벡터도　　　　(b) 직렬 공진 벡터도

[그림 10-4] $R-L-C$ 직렬 공진 회로

[그림 10-4] (a)와 같은 $R-L-C$ 직렬회로의 전압, 전류의 벡터도에서 각 변을 I로 나누면 직렬회로의 임피던스 $Z[\Omega]$는 다음과 같다.

$$Z = \sqrt{R^2 + (X_L - X_C)^2} = \sqrt{R^2 + (\omega L - \frac{1}{\omega C})^2}$$

$$= \sqrt{R^2 + (2\pi fL - \frac{1}{2\pi fC})^2}[\Omega]$$

이들은 주파수 f와 관계가 있으므로 어떤 특정 주파수 f_o에서 유도 리액턴스 X_L와 용량 리액턴스 X_C의 크기가 같다. 즉, $X_L = X_C$가 되어 회로의 합성 리액턴스 $(X_L - X_C) = 0$이 되어, 임피던스가 저항만으로 이루어지게 되므로 임피던스의 값이 최소가 된다. 그 결과, 전압과 전류의 위상이 동상이며, $R-L-C$ 직렬회로에서 이와 같은 상태를 직렬공진(series resonance)이라 하고, 이때의 특정 주파수를 공진 주파수 f_o라 하며, 직렬공진이 일어나는 회로를 직렬공진 회로라 한다.

즉, $X_L = X_C$이면,

$$Z = \sqrt{R^2 + (0)^2} = R[\Omega]$$

직렬 공진 상태일 때, 전류 I_o는

$$I_o = \frac{V}{R}[\text{A}]$$

이고 전압 V의 위상은 전류 I와 동상이다. 즉, 공진상태에서는 저항 R만으로 구성된 회로에 전압 V를 가했을 때와 같은 전류가 흐르게 된다.

1) 공진 주파수와 공진곡선

$R-L-C$ 직렬 공진회로에서 유도성 리액턴스 $X_L = \omega L$과 용량성 리액턴스 $X_C = \dfrac{1}{\omega C}$의 크기는 회로의 L과 C의 크기가 일정하여도 $\omega = 2\pi f$이므로 주파수 f에 따라 변화한다. 즉, $\omega L = 2\pi f L$은 주파수 f에 비례하여 증가하고 $\dfrac{1}{\omega C} = \dfrac{1}{2\pi f C}$은 주파수 f에 반비례한다.

따라서, L과 C의 크기가 일정한 경우, f를 0으로부터 무한대로 증가시켜나가면 도중에 어떤 주파수에서 반드시 $2\pi f L = \dfrac{1}{2\pi f C}$의 경우가 있다.

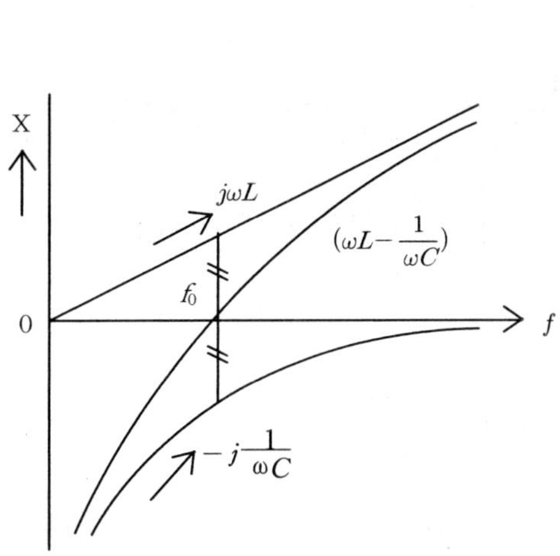

[그림 10-5] 주파수 f와 리액턴스 X의 관계 곡선

[그림 10-5]는 L과 C가 각각 일정한 회로에서 주파수 f를 변화시킬 때, ωL, $(\omega L-\frac{1}{\omega C})$, $-\frac{1}{\omega C}$이 변화하는 상태를 나타낸 것이다.

이 그림에서 $(\omega L-\frac{1}{\omega C})$를 나타내는 가운데 곡선이 가로축과 교차하는 점에 상당하는 주파수 f_0에서 회로는 공진 상태에 이른다. 이와 같은 주파수를 그 회로의 공진 주파수(resonance frequency) 또는 고유 주파수(natural frequency)라 한다. 직렬 공진 회로의 공진 주파수는 다음과 같이 구할 수 있다.

공진시에는 $\omega_0 L=\frac{1}{\omega_0 C}$이므로, 공진 주파수 f_0은

$$\omega_0 L=\frac{1}{\omega_0 C},\ \omega_0^2=\frac{1}{LC},\ (2\pi f_0)^2=\frac{1}{LC}$$

$$\therefore\ f_0=\frac{1}{2\pi\sqrt{LC}}\ [\text{Hz}]$$

이 식으로부터 공진 주파수 f_0[Hz]은 공진 회로의 저항 R[Ω]과는 관계가 없지만, 공진 전류의 크기는 $I_0=\frac{V}{R}$[A]이므로, 공진시 전류의 크기 I_0 은 R에 의해 결정된다.

예를 들면, 코일의 인덕턴스 $L=0.1$[H]이고, 콘덴서의 정전 용량 $C=0.1$[μF]인 $L-C$를 직렬 접속한 회로의 공진 주파수 f_0[Hz]는

$$f_0 = \frac{1}{2\pi\sqrt{LC}} = \frac{1}{2\pi\sqrt{0.1\times0.1\times10^{-6}}} = \frac{1}{2\pi\times10^{-4}} = \frac{10^4}{2\pi} = 1591[\text{Hz}]$$

또한, 위의 공진회로에 교류 실효 전압 $V=10$[V]을 인가하고, 코일의 저항 $R=$ 100[Ω]일 때 공진상태가 되었다면 공진 전류 I_0 는

$$I_0 = \frac{V}{R} = \frac{10}{100} = 0.1[\text{A}]$$

직렬 공진 회로에 교류전압을 가하여, 전압의 크기를 일정하게 유지시켜 놓고 주파수를 0으로부터 증가시켜가면 회로에 흐르는 전류는 그 크기가 점점 더 증가하여, 주파수가 공진 주파수에 이르면 전류는 최대로 되고, 주파수를 계속 더 증가시키면, 전류의 크기는 오히려 감소하게 된다.

[그림 10-6]은 직렬 공진 회로에서 주파수 f에 대한 전류 I의 변화를 나타낸 곡선을 공진 곡선(resonance curve)이라 부른다. 공진곡선이 그림과 같은 모양이 되는 것은 공진 주파수 f_0에서 임피던스가 최소 R[Ω]로 되고, 주파수가 f_0에서 증가함에 따라 임피던스가 커지기 때문이다.

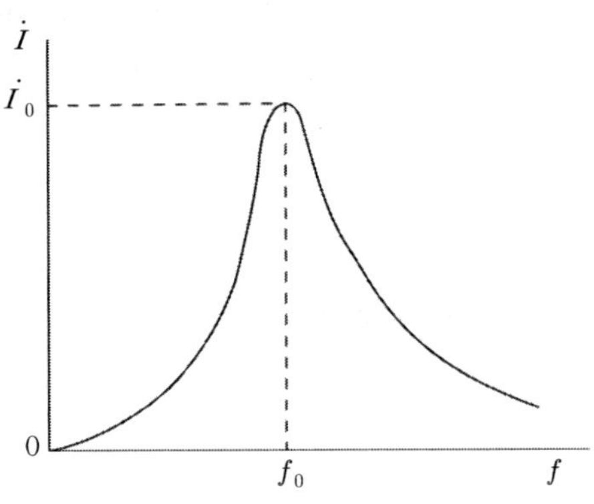

[그림 10-6] 직렬 공진 곡선

2) 회로의 선택도(Q)

공진시의 전류 I_0와 각 단자간 전압 V_{R_0}, V_{L_0}, V_{C_0}은 다음과 같이 된다.

$$I_0 = \frac{V}{R}[\mathrm{A}]$$

$$V_{R_0} = I_0 R = V\,[\mathrm{V}]$$

$$V_{L_0} = I_0 \cdot 2\pi f L = \frac{2\pi f L}{R} \cdot V = QV[\mathrm{V}]\ \left(Q = \frac{\omega L}{R} = \frac{2\pi f L}{R}\ \text{임}\right)$$

$$V_{C_0} = I_0 \cdot \frac{1}{2\pi f C} = \frac{1}{2\pi f CR} \cdot V = QV[\mathrm{V}]\ \left(Q = \frac{1}{\omega CR} = \frac{1}{2\pi f CR}\ \text{임}\right)$$

이 식 중에서 Q는 회로의 선택도라 하며, L과 C의 양단의 전압 V_{L_0}, V_{C_0}와 인가된 전압 V[V]의 몇 배로 되는가를 나타낸 값이다.

4. 실험 절차

(1) $R-L-C$ 직렬회로

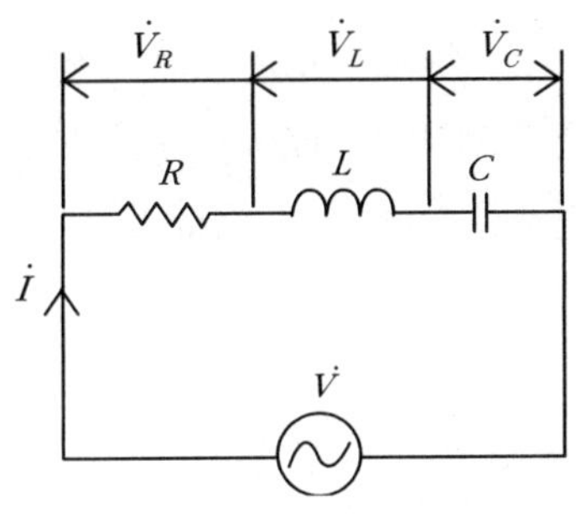

[그림 10-7] $R-L-C$ 직렬 실험 회로

① [그림 10-7]에서 저항 R=100[Ω], 코일의 인덕턴스 L=100[mH], 콘덴서의 정전용량 C=1[μF]를 사용하여 회로를 연결한다.

② 신호발생기의 인가 실효전압 V=1[V]가 되도록 조정하고, 단자전압 V_R, V_L 및 V_C 및 회로에 흐르는 전류 I를 측정한 값을 〈표 10-1〉에 기록한다. 이때의 주파수 f=1[㎑]로 조정한다.

③ 전압 V를 2[V], 3[V], 4[V]로 변화시키고, 위의 실험 절차 ②를 반복한다.

④ 〈표 10-1〉의 측정 결과로부터 R, X_L, X_C, Z, θ를 계산하여 각각 기록한다.

(2) $R-L-C$ 직렬공진 회로

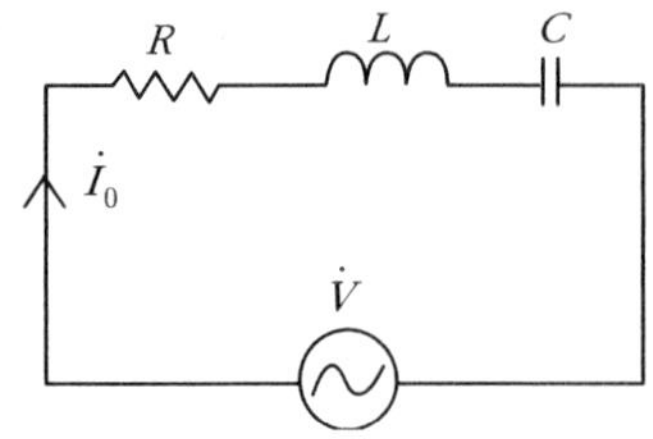

[그림 10-8] $R-L-C$ 직렬공진 실험 회로

① [그림 10-8]에서 코일의 인덕턴스 $L=0.5$[mH], 콘덴서의 정전용량 $C=0.47$[μF]을 사용하여 회로를 연결한다(단, $R=100$[Ω]).

② 공진 주파수 $f_o = \dfrac{1}{2\pi\sqrt{LC}}$을 계산하여 〈표 10-2〉에 기록한다.

③ 신호발생기의 주파수를 실험 절차에서 계산된 공진주파수로 놓고, 인가 실효 전압 $V=2$[V]가 되도록 조정하여 놓는다.

④ 코일의 양단 전압이 최대가 되도록 신호 발생기의 주파수를 조정하고, 이때의 주파수가 공진주파수이며, 측정된 공진 주파수 f_o, 이때의 전압 V_L, V_C을 측정하여 〈표 10-2〉에 기록하고 [그림 10-9]에 전압파형을 그린다.

⑤ 〈표 10-2〉에 공진주파수의 계산값과 측정값의 오차를 계산하여 기록하고, 회로에 흐르는 공진전류 I_0[A]의 측정값과 계산값을 구하여 기록한다.

실험 결과 보고서

학과 : 학번 : 성명 :

1. 실험 결과표

〈표 10-1〉 $R-L-C$ 직렬회로

인가전압 V [V]	전압의 측정값			전류 I[A]	임피던스 계산값[Ω]				$\theta = \tan^{-1}\frac{V_L-V_C}{V_R}$
	V_R [V]	V_L [V]	V_C [V]		$R=\frac{V_R}{I}$	$X_L=\frac{V_L}{I}$	$X_C=\frac{V_C}{I}$	$Z=\sqrt{R^2+X^2}$	
1									
2									
3									
4									

〈표 10-2〉 $R-L-C$ 직렬공진회로 특성

인가전압 V[V]	공진주파수 f_0		오차(%)	V_L		V_C		공진전류 I_0[A]	
	측정값	계산값		계산값	측정값	계산값	측정값	계산값	측정값
2									

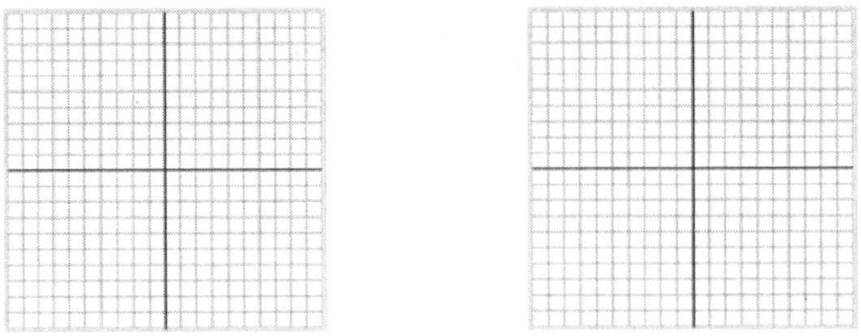

(a) V_L 파형 (b) V_C 파형

[그림 10-9] 코일과 콘덴서의 출력 파형

2. 검토 및 정리

(1) $R-L-C$ 직렬공진 회로에서 공진시의 전류가 최대가 되는 이유를 설명하여라.

(2) 저항 $R=10[\Omega]$, $L=10[\text{mH}]$, $C=1[\mu\text{F}]$의 $R-L-C$ 직렬회로에 인가 실효전압 $V=20[\text{V}]$을 인가할 때, 공진시의 공진주파수 f_C와 전류 I_O, $R-L-C$ 각 단자의 전압 V_R, V_L, V_C을 구하여라.

실험 11 $R-L-C$ 병렬회로

1. 실험 목적

(1) $R-L-C$ 병렬회로에서 각 분기 회로에 흐르는 전류를 알 수 있다.

(2) $R-L-C$ 병렬회로에서 전압과 전류의 위상관계를 이해할 수 있다.

(3) $R-L-C$ 병렬 공진회로의 주파수와 특성을 알 수 있다.

2. 기기 및 재료

재료	규격	수량	기기	규격	수량
오실로스코프	40[MHz] 이상, 2현상	1대	콘덴서	0.01[μF], 0.02[μF]	각 1개
신호발생기	AF, RF	각 1대	저항	10[Ω], 10[kΩ]	각 1개
교류전류계	100[mA], 500[A]	각 1대			
회로시험기		1대			
브래드 보드		1개	코일	10[mH], 30[mH]	각 1개

3. 관련이론

(1) $R-L-C$ 병렬회로

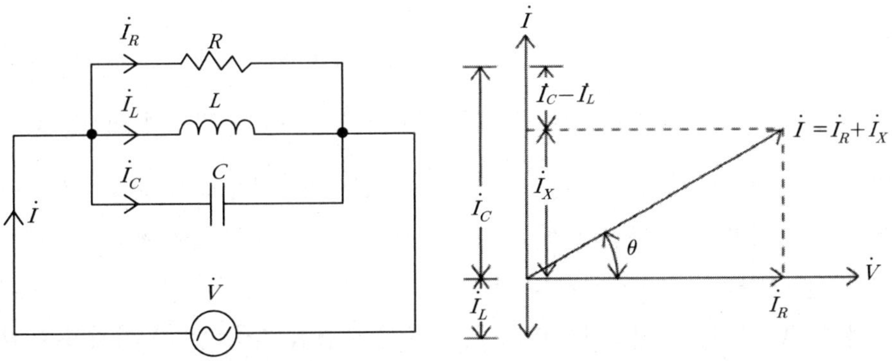

(a) 기본 회로 (b) 벡터도($\omega C > \frac{1}{\omega L}$)

[그림 11-1] $R-L-C$ 병렬회로와 벡터도

[그림 11-1] (a)와 같은 $R-L-C$ 병렬 기본회로의 전압, 전류의 관계를 벡터도로 그리면 그림 (b)와 같이 되며, 벡터도로부터 전압 V[V]와 전류 I[A]와의 관계, 임피던스 Z[Ω], 위상각 θ[rad]가 다음과 같이 구해진다.

$$I=\sqrt{I_R^{\ 2}+I_X^{\ 2}}=\sqrt{I_R^{\ 2}+(I_C-I_L)^2}$$

$$=\sqrt{\left(\frac{V}{R}\right)^2+\left(\omega CV-\frac{V}{\omega L}\right)^2}=V\sqrt{\left(\frac{1}{R}\right)^2+\left(\omega C-\frac{1}{\omega L}\right)^2}$$

$$=\frac{V}{\dfrac{1}{\sqrt{\left(\dfrac{1}{R}\right)^2+\left(\omega C-\dfrac{1}{\omega L}\right)^2}}}=\frac{V}{Z}\text{[A]}$$

$$\therefore\ Z=\frac{1}{\sqrt{\left(\dfrac{1}{R}\right)^2+\left(\omega C-\dfrac{1}{\omega L}\right)^2}}$$

$$\tan\ \theta=\frac{I_X}{I_R}=\frac{\omega CV-\dfrac{V}{\omega L}}{\dfrac{V}{R}}=\left(\omega C-\frac{1}{\omega L}\right)\cdot R$$

$$\therefore\ \theta=\tan^{-1}\left(\omega C-\frac{1}{\omega L}\right)\cdot R$$

$$=\tan^{-1}\left(2\pi fC-\frac{1}{2\pi fL}\right)\cdot R\text{[rad]}$$

2. 리액턴스

$R-L-C$ 병렬회로에서 유도성 리액턴스 $X_L=\omega L$과 용량성 리액턴스 $X_C=\dfrac{1}{\omega C}$의 크기에 따라 회로가 유도성이 되기도 하고 용량성이 되기도 한다. 만일, $X_L>X_C$라 하면 코일의 영향이 콘덴서의 영향보다 더 크기 때문에 $R-L-C$ 병렬회로는 유도성 회로가 되며, $R-L$ 병렬 등가회로가 된다. 따라서 I는 V보다 위상이 뒤지게 된다.

한편, $X_L<X_C$라 하면 리액턴스 성분에서 용량성 리액턴스가 차지하는 비율이 크므로, $R-L-C$ 병렬회로는 용량성 회로가 되며, $R-C$ 병렬 등가회로가 된다. 따라서 전류 I는 전압 V보다 위상이 앞선다.

그리고 전류의 크기로부터도 전압과 전류의 위상관계를 알 수 있다. 즉, $I_L > I_C$이면, I는 V보다 위상이 뒤지고, $I_L < I_C$이면 I는 V보다 위상이 앞선다.

예를 들면, 주파수가 f=60[Hz], 리액턴스가 20[Ω]를 가지는 코일과 리액턴스가 24[Ω]를 가지는 콘덴서를 병렬로 접속한 회로에 100[V]의 사인파 전압을 인가할 때, 회로에 흐르는 전류 I의 크기 및 전압 V와 위상차 θ를 구해보자.

전체 전류 $I = I_L - I_C$이므로

$$I_L = \frac{V}{X_L} = \frac{100}{20} = 5[\text{A}]$$

$$I_C = \frac{V}{X_C} = \frac{100}{24} \fallingdotseq 4[\text{A}]$$

$$\therefore \ I = I_L - I_C = 1[\text{A}]$$

위상차는 $\frac{1}{\omega L} > \omega C$, 즉 $I_L > I_C$이므로 전압 V는 전류 I보다 $\frac{\pi}{2}$[rad]만큼 위상이 앞선다.

(2) $R-L-C$ 병렬 공진회로

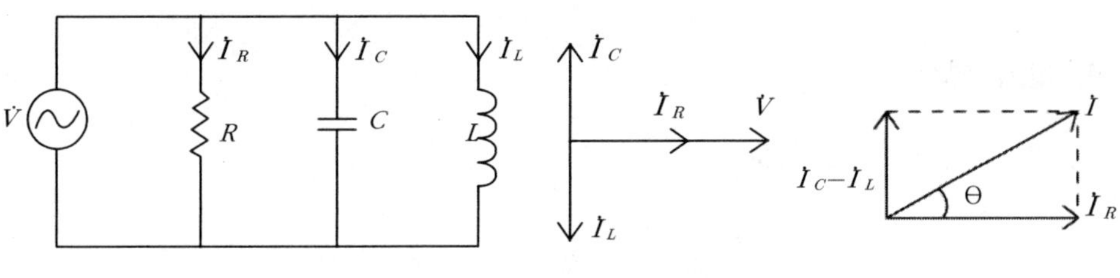

(a) 기본회로 (b) 벡터도 (c) 페이저도

[그림 11-2] $R-L-C$ 병렬 공진회로 및 벡터도

[그림 11-2] (a)에서 $R-L-C$ 병렬회로의 각 소자에 흐르는 전류

$$I_R = \frac{V}{R}\ [\text{A}],\ I_C = \frac{V}{X_C}\ [\text{A}],\ I_L = \frac{V}{X_L}\ [\text{A}]$$

이며, 전압과 전류의 위상관계는 [그림 11-2] (b)와 같다.

[그림 11-2] (c)와 같이 전체전류 $I = \sqrt{I_R^2 + (I_C - I_L)^2}$ [A]로, $X_L = X_C$일 때

합성 임피던스 $Z[\Omega]$는 최대값이 되므로 흐르는 전류는 가장 작게 흐른다. 위상은 $\theta = \tan^{-1}\dfrac{I_C - I_L}{I_R}$ 이고, 임피던스는 $Z = \dfrac{V}{I}$ $[\Omega]$이다.

그러므로 공진조건은 $\omega C - \dfrac{1}{\omega L} = 0$ 이 되므로 $\omega^2 = \dfrac{1}{LC}$에서 공진주파수 $f_0 = \dfrac{1}{2\pi\sqrt{LC}}$[Hz] 되며, 공진시 전류 I_O 는 최소가 되어 임피던스는 최대가 된다. [그림 11-3]은 주파수 f의 변화에 대한 전류 I의 변화 관계를 나타낸 것이다.

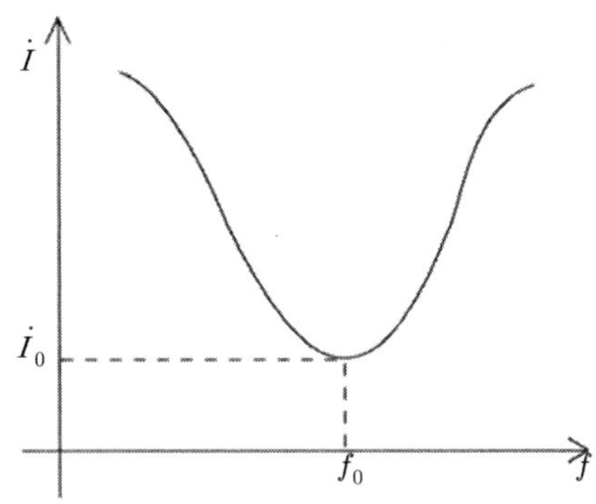

[그림 11-3] 주파수 f와 전류 I의 변화 관계

4. 실험 절차

(1) $R-L-C$ 병렬회로

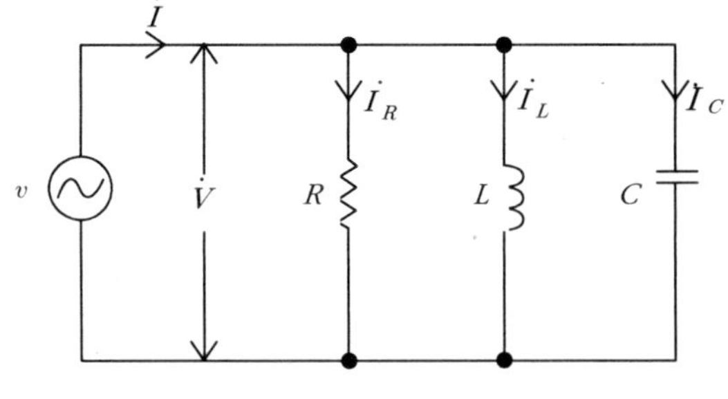

[그림 11-4] $R-L-C$ 병렬 실험 회로

① 신호발생기의 실효전압 V=2[V], 주파수 $f=5$[kHz]로 조정하고, $R=10[\Omega]$, $L=10$[mH], $C=0.02[\mu F]$을 사용하여 [그림 11-4]와 같이 $R-L-C$ 병렬회

로를 연결한다. 이때, 각 소자에 흐르는 전류 I, I_R, I_L 및 I_C을 측정하여 〈표 11-1〉에 기록한다.

② 〈표 11-1〉의 측정 결과로부터 R, X_L, X_C, θ을 계산하여 〈표 11-1〉에 기록한다. 신호발생기의 실효전압 V=4, 6[V]로 변화시켜 실험 절차 ①~②를 반복한다.

(2) $R-L-C$ 병렬 공진 회로

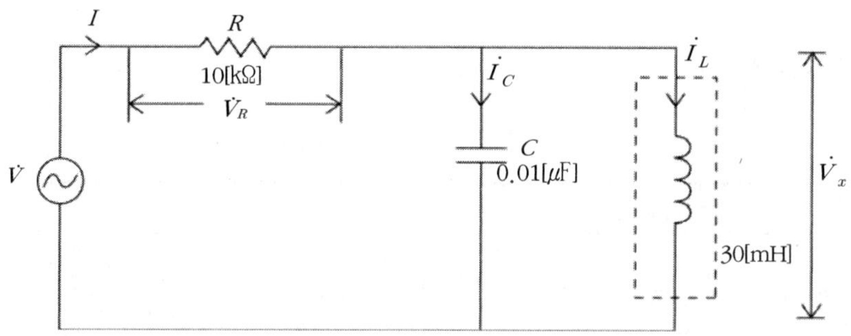

[그림 11-5] $R-L-C$ 병렬 공진 실험 회로

① [그림 11-5]와 같이 연결한다.

② 신호발생기의 주파수를 $L-C$ 병렬회로의 양단 전압 V_X가 2[V]가 되도록 조정한다.

③ 병렬회로의 양단 전압을 일정하게 유지하고, 주파수를 〈표 11-2〉에서 주어진 값으로 변화시키면서 저항 양단의 전압 V_R를 측정하여 〈표 11-2〉에 기록한다.

④ 주어진 주파수에 대한 전류($I=\frac{V_R}{R}$)의 값을 계산하여 〈표 11-2〉에 기록한다.

⑤ 표에서 구한 전류의 값이 가장 작을 때의 측정 및 계산에 의한 공진 주파수를 구하여 〈표 11-2〉에 기록한다.

실험 결과 보고서

학과 :　　　　　　　　　학번 :　　　　　　　　　성명 :

1. 실험 결과표

〈표 11-1〉 $R-L-C$ 병렬회로

전압 V[V]	측정값				계산값				비고
	I_R[A]	I_L[A]	I_C[A]	I[A]	$I=\frac{V}{R}$	$I_L=\frac{V}{X_L}$	$I_C=\frac{V}{X_C}$	$\theta=\tan^{-1}\frac{I_C-I_L}{I_R}$	
2									
4									
6									

〈표 11-2〉 전압, 전류 및 주파수의 측정

주파수 [㎑]	0.1	0.5	1	1.5	2	2.5	3	3.5	4	4.5	5	6	7	8	10
V_R[V]															
I[A]															
f	측정에 의한 공진 주파수 $f_o=$ 계산에 의한 공진 주파수 $f_o=$														

2. 검토 및 정리

(1) $R-L-C$ 병렬회로에서 $\frac{1}{\omega L}>\omega C$ 인 경우의 전압, 전류관계를 나타내

는 벡터도를 그려라.

(2) $R-L-C$ 병렬공진시의 주파수 f_O을 나타내는 식을 써라.

(3) $R-L-C$ 병렬공진시의 전류값은 최대인가, 최소인지 설명하여라.

(4) $R-L-C$ 회로에서 공진주파수의 측정값과 계산값이 다르면 그 이유를 설명하여라.

(5) $R-L-C$ 병렬 공진회로를 이용하는 예를 설명하여라.

실험 12 접합 다이오드

1. 실험 목적

(1) PN 접합면에서의 정류작용을 이해할 수 있다.

(2) PN 접합 다이오드의 전압－전류($V-I$) 특성 곡선을 측정할 수 있다.

(3) 실리콘 다이오드와 게르마늄 다이오드의 차이점을 이해할 수 있다.

2. 기기 및 재료

<table>
<tr><th>기기</th><th>규격</th><th>수량</th><th>재료</th><th>규격</th><th>수량</th></tr>
<tr><td>직류전원전압기</td><td>40[V]</td><td>1대</td><td>다이오드(Si)</td><td>1N4148</td><td>1개</td></tr>
<tr><td>직류 전압계</td><td>5[V]
50[V]</td><td>1대</td><td>다이오드(Ge)</td><td>1N60</td><td>1개</td></tr>
<tr><td>직류 전류계</td><td>100[μA],
100[mA]</td><td>각 1대</td><td rowspan="3">저항</td><td rowspan="3">90
30[kΩ]</td><td rowspan="3">각 1개</td></tr>
<tr><td>오실로스코프</td><td>40MHz 이상</td><td>1대</td></tr>
<tr><td>브래드 보드</td><td></td><td>1개</td></tr>
</table>

3. 관련 이론

(1) PN 접합

게르마늄이나 실리콘 등을 불순물 반도체로 만드는 과정에서 반은 3가 불순물로 채우고, 반은 5가 불순물로 도핑하면 전자는 P형 반도체, 후자는 N형 반도체를 만들 수 있다. 이와 같이 P형 반도체와 N형 반도체를 접합한 상태를 PN 접합(pn junction)이라고 하며, 그 경계면을 PN 접합면이라 한다. PN 접합면 부근에서는 정공과 전자가 재결합하여 소멸하므로 반송자가 존재하지 않는 영역이 생기는데, 이와 같은 반송자가 존재하지 않는 영역을 공핍층(depletion layer)이라 한다.

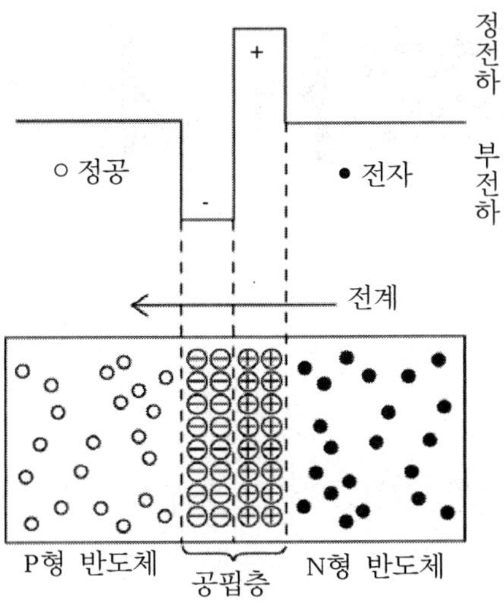

[그림 12-1] PN 접합면과 공핍층

공핍층에는 [그림 12-1]에 나타낸 것과 같이 전자가 접합을 넘어 정공과 결합할 경우 도너(donor) 원자를 접합 부근의 N형 영역에서 (+)전하로 대전되어 양이온이 되고, P형 영역에서 정공과 결합할 때 억셉터(acceptor) 원자는 (−)전하로 대전되어 음이온이 된다.

이것을 공간전하라고 하며, [그림 12-1]에 나타낸 바와 같이 접합면 부근에서는 이 공간전하에 따라 반송자의 이동을 방해하는 방향으로 전계가 생긴다. PN접합에서 반송자가 이동하기 위해서는 외부로부터 이 전계를 소멸하게 하는 에너지의 공급이 필요하다.

(2) PN 접합의 정류 작용

PN접합에 [그림 12-2](a)와 같이 P형 쪽에 (+), N형 쪽에 (−)가 되도록 외부로부터 전압 V_F[V]를 인가하면, 이 전압에 의한 전계는 공간전하에 의해 생기는 전계를 소멸되므로 공핍층이 좁아져 전자는 N형 영역에서 P형 영역으로, 정공은 P형 영역에서 N형 영역으로 서로 접합면을 넘어 확산하여 이동하기 때문에 그림에 나타낸 방향으로 전류 I_F[A]가 흐른다. 이와 같이 전류가 흐르는 방향을 순방향이라 하며, 이 방향의 전압을 순방향 전압 또는 순바이어스(forward bias), 흐르는 전류를 순방향 전류라 한다.

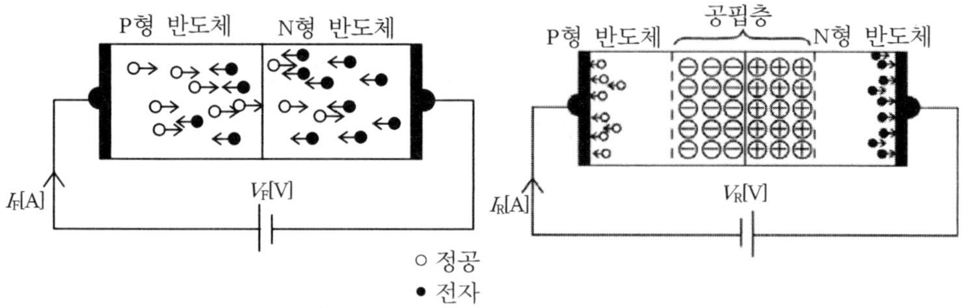

(a) 순방향 (b) 역방향

[그림 12-2] PN 접합의 정류 작용

[그림 12-2](b)와 같이 PN접합의 P형 쪽에 (−), N형 쪽에 (+)전압 V_R[V]을 인가하면 공핍층이 넓어지면서 V_R에 의한 전계는 N형 영역의 전자와 P형 영역의 정공을 전극의 방향으로 이동하기 때문에 거의 전류는 흐르지 않게 된다. 이와 같이 전류가 흐르는 방향을 역방향이라 하며, 이 방향의 전압을 역방향 전압 또는 역바이어스(Reverse bias), 반대로 흐르는 전류를 역방향 전류이라 한다.

이와 같이 PN 접합은 외부에서 가하는 전압의 방향에 따라 전류가 잘 흐르거나 거의 흐르지 않거나 하는 이른바 정류 특성을 가진다. PN 접합 반도체는 정류 특성을 이용하여 정류기 또는 복조기(검파기) 등에 쓰이며, 간단히 다이오드(Diode)라 한다. [그림 12-3] (a)는 일반적인 다이오드의 기호를 나타내며, P형쪽 단자를 애노드(Anode, A), N형쪽 단자를 캐소드(cathode, K)로 표현하고, 그림 (b)는 다른 소자와 구별이 가능할 때에 표현한다.

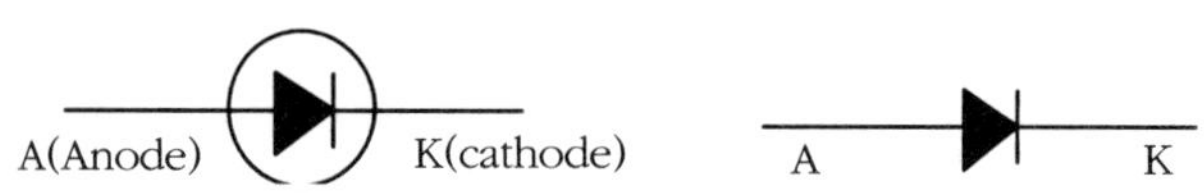

(a) 일반적인 기호 (b) 다른 소자와 구별가능시 기호

[그림 12-3] 다이오드의 기호

(3) PN 접합 다이오드의 특성

1) 다이오드의 특성 곡선

현재 여러 가지 많은 PN 접합 다이오드가 제조되어 있지만 반도체의 종류, P형과 N형 반도체의 불순물 농도 및 PN 접합 근처에서의 불순물 농도 분포에 있어서

각각 다르다. 이들 가운데 가장 구조가 간단한 것은 불순물 농도가 균일한 계단형 접합을 이룬 1차원적 구조를 가진 것이다. 이것을 이상적 다이오드라 부르고 먼저 이상적 다이오드에 대해 고찰한 다음, 실제의 다이오드의 특성에 대해 언급한다.

① 이상적 다이오드의 특성

이상적 PN 접합 다이오드에 전압 V를 인가했을 때 흐르는 전류 I는 다음 식으로 나타낼 수 있다.

$$I = I_0[e^{qV/KT} - 1]$$

여기서, I_0 : 역 포화 전류

q : 전자의 전하량(1.602×10^{-19}[C])

V : P-N 접합의 인가 전압[V]

K : 볼츠만 상수(1.38×10^{-23}[J/°K])

T : 절대온도[K]

여기서 I_0는 물리적 구조에 의해서 결정되는 상수이며, 차단 전류 혹은 역포화 전류라 한다. 위 식을 이상적 PN 접합 다이오드의 특성식이라 하며, 전압－전류 관계를 [그림 12-4]에 나타내었다. 순방향 전류는 순방향 전압의 증가에 따라 서서히 일정한 값으로 가까워지며 전류 포화의 특성을 나타낸다.

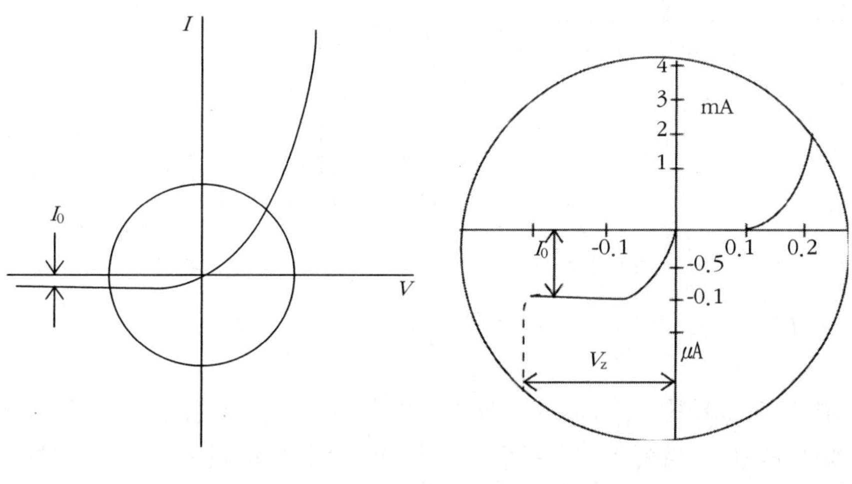

[그림 12-4] 이상적 PN 접합 다이오드의 특성 곡선

② 차단전류

역전압이 충분히 커서 전류가 포화되었을 때의 전류를 차단전류(cut-off current) 혹은 역포화 전류(reverse saturation current)라 하며, I_0가 바로 이것을 표시한 것이다.

차단전류 I_0는 PN 접합을 이동하는 소수 반송자의 드리프트 운동에 기인하므로, 소수 반송자의 농도에 의해서 결정되며 다음 식으로 표시될 수 있다.

$$I_0 = K_P n_{po} + K_n p_{no}$$

여기서 n_{po}는 P형 반도체의 전자 농도, p_{no}는 N형 반도체의 정공 농도, K_p, K_n은 물리적 구조에 의해서 결정되는 비례상수이다.

[그림 12-4]에서 다이오드의 특성을 보면 I_o의 값은 작아 게르마늄(Ge)의 경우 [μA] 정도이고, 실리콘(Si)의 경우는 [nA] 정도이다. 다이오드를 응용하는 경우 차단전류가 작은 것이 바람직하며, 0으로 되는 것이 이상적이다. 이러한 관점에서 볼 때 Si 다이오드가 Ge 다이오드보다 훨씬 우수하다.

③ 실제의 PN 접합 다이오드 특성

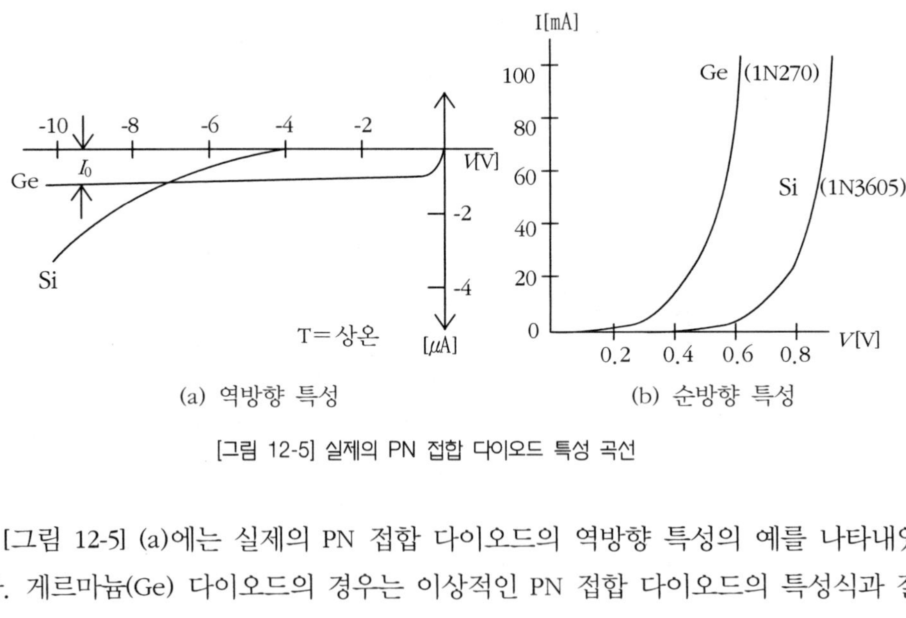

(a) 역방향 특성 (b) 순방향 특성

[그림 12-5] 실제의 PN 접합 다이오드 특성 곡선

[그림 12-5] (a)에는 실제의 PN 접합 다이오드의 역방향 특성의 예를 나타내었다. 게르마늄(Ge) 다이오드의 경우는 이상적인 PN 접합 다이오드의 특성식과 잘 일치하나, 실리콘(Si) 다이오드의 경우 역전류가 계속적으로 증대하는 경향을 나타낸다. 이것은 PN 접합의 표면에 따라 흐르는 누설 전류(leakage current)가 대체로

전압에 비례해서 증가하는 데서 온 것이다.

게르마늄(Ge) 다이오드에서도 이러한 경향이 있기는 하지만 그 영향이 크게 나타나지 않는다. 이것은 역포화 전류 값의 차이 때문이다.

[그림 12-5] (b)는 순방향 특성의 대표적인 예로써 이 특성에서 주의해야 할 점은 순방향 전압이 어떤 특정한 값에 이르기까지는 전류가 거의 0이며, 그 값을 넘으면 전류가 급속히 증대하게 된다는 것이다. 이러한 임계적인 전압을 Cut-in 전압 혹은 문턱 전압(threshold voltage)이라고 하며 V_T로 표기한다. 게르마늄(Ge) 다이오드에서는 약 0.3[V], 실리콘(Si) 다이오드에서는 약 0.7[V]이다.

실제로 응용하는 경우 문턱 전압은 되도록 작은 것이 바람직하여 실리콘 다이오드가 게르마늄 다이오드보다 특성이 좋기 때문에 대부분의 상업용 소자로 많이 사용하고 있다.

2) 직류적인 특성

① 다이오드의 내부 등가회로와 특성

[그림 12-6] (a)는 이상적인 다이오드를 나타내며, 순방향 전압에서는 단락 상태가 되고, 역방향 전압에서는 개방 상태가 되어 스위치와 같은 작용을 한다. [그림 12-6] (b)는 이상적인 다이오드에서 문턱전압(V_T)을 고려한 등가회로와 특성곡선을 나타내며, 실리콘과 게르마늄에 따라 전압이 다르다. [그림 12-6] (c)는 실제 다이오드의 등가회로와 특성 곡선을 나타낸 것이다.

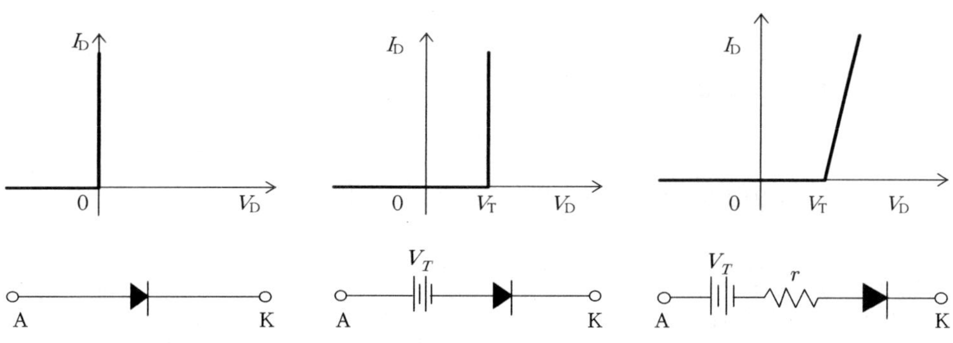

(a) 이상적인 다이오드 (b) 문턱전압을 가진 다이오드 (c) 실제 다이오드

[그림 12-6] 다이오드의 내부 등가회로와 특성 곡선

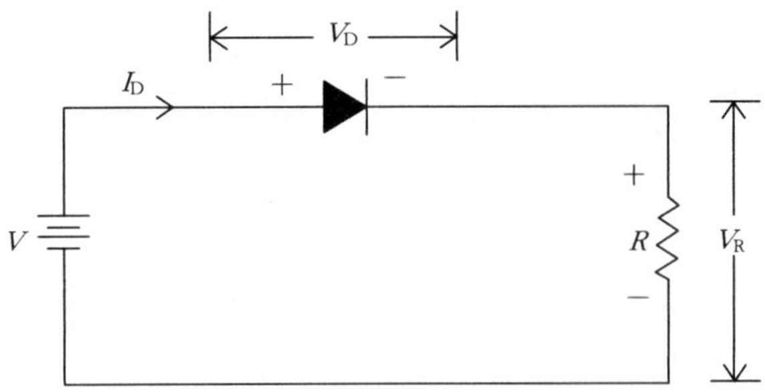

[그림 12-7] PN 접합 다이오드의 기본 회로

[그림 12-7]은 PN 접합 다이오드의 기본 회로로서 키르히호프의 전압법칙을 적용하면 다음 식과 같다.

$$V = V_D + V_R$$

여기서 $V_R = I_D R$ 이므로 V_D는 다음과 같이 된다.

$$V_D = V - I_D R$$

위 식에서 변수로는 다이오드 양단의 전압 V_D와 흐르는 전류 I_D, 고정값으로는 전원전압 V와 부하저항 R을 가진다. 그리고 다이오드의 전압 V_D는 I_D에 비례하고, I_D는 다음과 같이 구하여진다.

$$I_D = \frac{V - V_D}{R}$$

만약 $V_D = 0$이라 하면 I_D는 다음과 같이 된다.

$$I_D = \frac{V}{R}\bigg|_{V_D = 0}$$

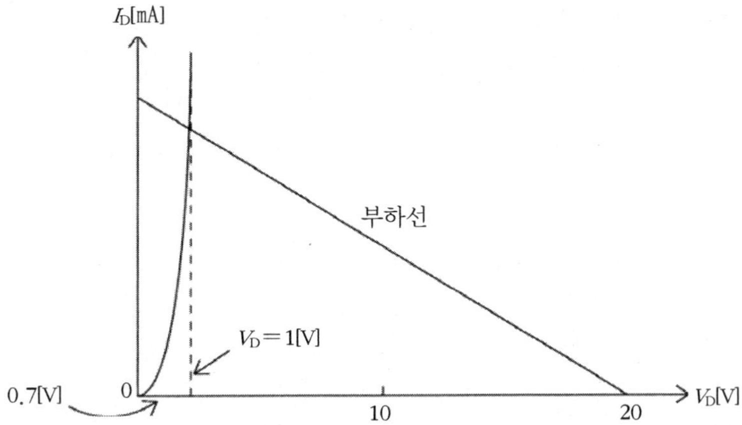

[그림 12-8] 부하저항 R에 의한 전압-전류 특성 곡선

[그림 12-8]은 부하저항 R에 의한 다이오드 전류 I_D의 값을 나타내는 것이다. 다이오드의 저항 R_{DC}는 다음과 같이 옴의 법칙으로 나타낼 수 있다.

$$R_{DC} = \frac{V_D}{I_D}$$

(4) 다이오드 규격

다이오드의 규격을 결정하는 대표적인 데이터는 다음과 같다.

① 최대 순방향 전압 V_F(max)(특정 전류와 온도에서)
② 최대 순방향 전류 I_F(max)(특정 온도에서)
③ 최대 역방향 전류 I_R(max)(특정 온도에서)
④ 정격 역방향 전압(PIV) 또는 PRV 또는 V_{BR}, 단 BR은 'breakdown'약자이다(특정 온도에서).
⑤ 최대 커패시턴스
⑥ 최대 역방향 회복 시간(t_{rr})
⑦ 최대 작동(또는 케이스) 온도

다이오드 형태에 따라 주파수 범위, 잡음 레벨, 스위칭 시간, 열저항 레벨, 그리고 피크 반복값(peak repetitive values)과 같은 데이터가 추가로 공급되기도 한다.

회로 설계시에 이러한 데이터는 상당히 중요하다. 최대 정격전력 또는 최대 정격 소비전력이 주어진다면 그것은 다음의 식과 같다.

$$P_{D(\max)} = V_D I_D$$

〈표 12-1〉 일반 다이오드

종 류	순방향		항복전압 V_{BR}〔V〕	최대 역방향			
	I_F〔mA〕	V_F〔V〕		25℃		150℃	
				〔V〕	〔A〕	〔V〕	〔A〕
1N463	1.0	1.0	200	175	0.5	175	30
1N462	5.0	1.0	70	60	0.5	60	30
1N459A	100.0	1.0	200	175	0.025	17	5
T151	200.0	1.0	70	10	1	—	—

여기서 I_D와 V_D는 각각 특정 동작점에서의 다이오드 전류와 전압이며 각 변수는 최대값을 초과하지 않는다. 〈표 12-1〉의 정보는 Texas Instruments Inc.의 규격표에서 인용한 것으로, 순방향 전압강하는 1[V]를 초과하지 않으나 전류는 1∼200 [mA]의 최대값을 갖는다는 것에 주의해야 한다.

4. 실험 절차

(1) PN 접합 다이오드의 저항 실험

① Ge, Si 다이오드의 순방향에 대한 저항값과 역방향에 대한 저항값을 측정하여 〈표 12-1〉에 기록한다. 이때, 순방향의 저항값이 역방향보다 훨씬 적다.

② 역방향대 순방향의 저항비 ($\frac{R_R}{R_F}$)를 구하여 〈표 12-1〉에 기록한다.

(2) PN 접합 다이오드의 특성 실험

① [그림 12-9] (a)와 같이 PN접합 다이오드(1N60)를 사용하여 회로를 연결한다.

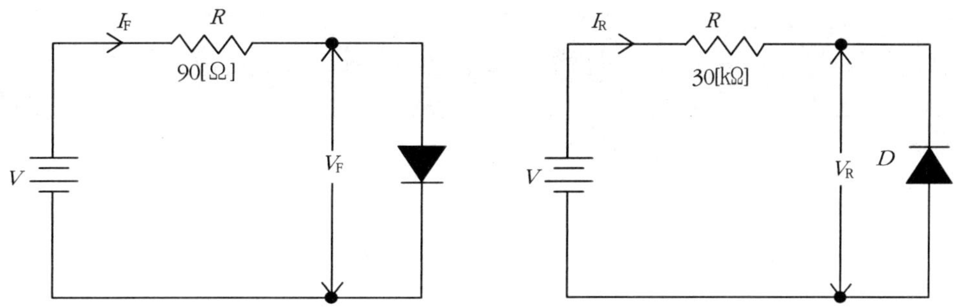

(a) 순방향 회로 (b) 역방향 회로

[그림 12-9] PN 접합 다이오드의 특성 실험 회로

② 직류전원전압기를 조정하여 다이오드 양단의 전압 V_F이 〈표 12-2〉에서 주어진 값으로 변화할 때, 다이오드에 흐르는 전류 I_F를 측정하여 〈표 12-2〉에 기록한다.

③ [그림 12-9] (b)와 같은 역방향 전압 회로를 연결한다.

④ 직류전원전압기를 조정하여 다이오드 양단의 역방향 전압 V_R이 〈표 12-3〉에서 주어진 값으로 변화할 때 흐르는 전류 I_R를 측정하여 〈표 12-3〉에 기록한다.

⑤ 게르마늄 다이오드를 실리콘 다이오드(1N4148)로 교체하고, 실험 절차 ②~④를 반복한다.

⑥ 위의 실험 결과에서 얻은 자료를 이용하여 [그림 12-10]에 전압－전류($V-I$) 특성곡선을 그린다.

실험 결과 보고서

학과 : 학번 : 성명 :

1. 실험 결과표

〈표 12-1〉 순방향과 역방향 저항값

구분	순방향저항(R_F)	역방향 저항(R_R)	역방향대 순방향저항비 $\frac{R_R}{R_F}$
1N60(Ge 다이오드)			
1N4148(Si 다이오드)			

〈표 12-2〉 순방향 $V-I$

V_F[V]		0.1	0.2	0.3	0.4	0.5	0.6	0.7	0.8	0.9	1.0
I_F [mA]	Ge										
	Si										

〈표 12-3〉 역방향 $V-I$

V_R[V]		0	2	4	6	8	10	15	20
I_R [μA]	Ge								
	Si								

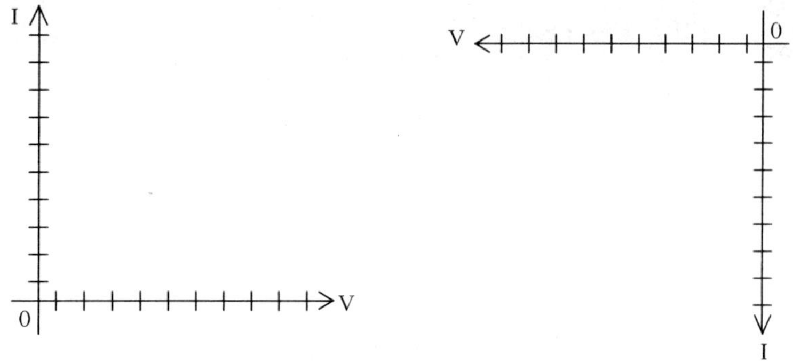

(a) 순방향 $V-I$ 특성 (b) 역방향 $V-I$ 특성

[그림 12-10] 전압-전류 특성 실험 곡선

2. 검토 및 정리

(1) 반도체와 금속의 다른 점에 대하여 설명하여라.

(2) 공핍층에 대하여 설명하여라.

(3) 정공은 P영역에서 N영역으로 확산한다. 그 이유를 설명하여라.

(4) 순방향 바이어스와 역방향 바이어스에 대하여 설명하여라.

(5) 다이오드를 정류기로 사용할 수 있는 이유를 설명하여라.

(6) 실리콘 다이오드와 게르마늄 다이오드의 차이점을 설명하여라.

실험 13 제너 다이오드

1. 실험 목적

(1) 제너 다이오드의 동작 원리를 이해할 수 있다.
(2) 제너 다이오드의 전압－전류(V－I) 특성을 측정할 수 있다.
(3) 제너 다이오드의 용도를 알 수 있다.

2. 기기 및 재료

<table>
<tr><th>기기</th><th>규격</th><th>수량</th><th>재료</th><th>규격</th><th>수량</th></tr>
<tr><td>직류전원전압기</td><td>20[V]</td><td>1대</td><td>제너 다이오드</td><td>ZD5V</td><td>2개</td></tr>
<tr><td>전압계</td><td>5[V]
50[V]</td><td>1대</td><td rowspan="4">저항</td><td rowspan="4">100[Ω] 1[W]
560[Ω] 1[W]</td><td rowspan="4">각 1개</td></tr>
<tr><td>전류계</td><td>100[mA], 100[μA]</td><td>각 1대</td></tr>
<tr><td>회로시험기</td><td>아날로그,
디지털</td><td>1대</td></tr>
<tr><td>브레드 보드</td><td></td><td>1개</td></tr>
</table>

3. 관련 이론

(1) 제너 다이오드의 특성

접합 다이오드의 역방향 특성에서 부하저항의 많은 변화에도 부하전압을 항상 일정하게 유지해주는 전압, 즉 항복현상이 제너항복이든, 애벌런치 항복이든, 전압 포화특성(정전압 특성)을 이용하기 위해서 설계된 것을 제너 다이오드(Zener diode)라 하며, [그림 13-1](a)와 같이 PN 접합의 기호를 나타내고, 제너 다이오드는 전압을 일정하게 유지하기 위한 전압제어 소자로 널리 쓰이고 있다.

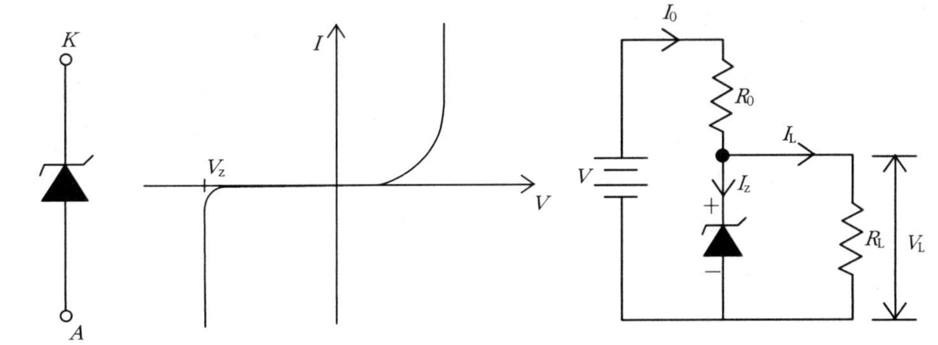

(a) 기 호 (b) $V-I$ 특성 (c) 정전압 회로

[그림 13-1] 제너 다이오드

[그림 13-1] (b)은 제너 다이오드의 제너 현상(반도체의 불순물 농도를 크게 하면 제너 현상은 더 크게 된다)을 이용한 것으로서 제너 전류 I_z가 많이 흘러도 V_z 전압은 거의 일정하므로 [그림 13-1] (c)와 같은 정전압 회로에 사용되고 있다.

그러므로 전원전압 V가 필요 이상으로 높아진 경우 제너 다이오드를 사용하면 일정한 출력전압 V_L를 얻을 수 있다.

현재 1[V]에서부터 수 100[V] 정도까지의 다양한 제너 다이오드가 만들어지고 있으며, 정전압 회로에 사용하므로 정전압 다이오드라고도 하며, 일반 다이오드와 달리 역방향으로 전류가 흐르도록 다이오드를 연결한다.

(2) 제너 저항

제너 다이오드는 동작 영역(항복 영역)에서 큰 전류가 흐를 때마다 전압은 미세하게 변화하는데, 이것은 저항에 의한 것으로 이 저항을 제너 저항(R_Z)이라 한다. 즉, ZD5V의 자료표에는 $V_Z=5$[V], $I_Z=25$[mA], $R_Z=5$[Ω]으로 표시되어 있다.

(3) 제너 다이오드의 형명 및 파라미터

일반용 다이오드와 마찬가지로 제너 다이오드는 200[mW]~50[W] 정도의 소비전력을 가지고 있으며, CH4740 또는 MZ10B10과 같이 제조회사의 설계 번호를 붙인 것도 있다. 적절한 제너 다이오드를 선정하기 위한 가장 좋은 방법은 자료표를 참조하여 기준 전압, 상온에서 소비전력, 안정도, 최대 동작 온도, 온도 계수 등의 파라미터를 참조하는 것이다.

(4) 제너 다이오드와 일반 다이오드의 특성

순방향 바이어스 전압의 실리콘 다이오드는 약 1[mA] 정도의 전류가 흐르는 경우 다이오드 양단 전압은 일반용 다이오드와 마찬가지로 약 0.6[V]가 된다. 그러나 역방향 바이어스 전압을 인가하는 경우 제너 다이오드는 기준 전압에서 항복현상을 일으키지만, 일반용 다이오드는 그 항복영역이 상당히 높고 넓어서 [그림 13-2] (b)와 같은 특성 곡선을 나타내게 된다.

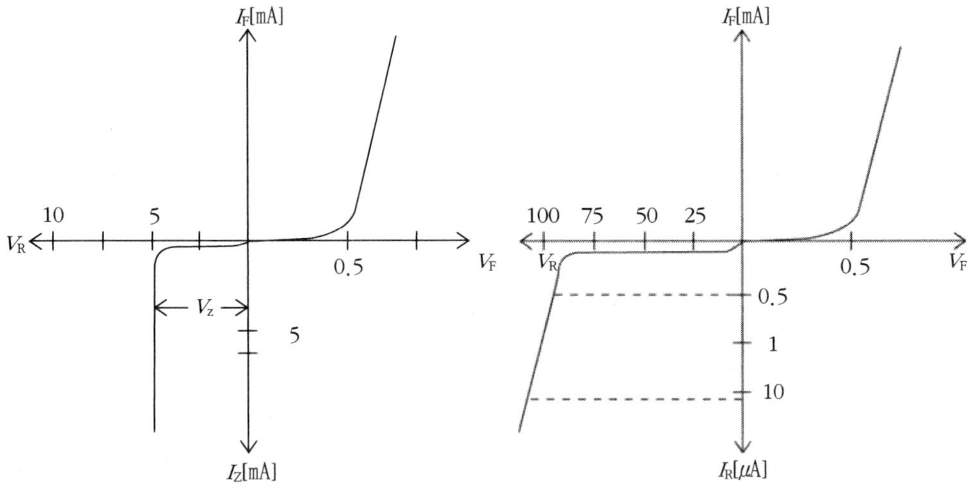

(a) 제너 다이오드 (b) 일반 다이오드

[그림 13-2] 제너 다이오드와 일반 다이오드의 특성 비교

[그림 13-2] (a)는 5[V] 제너전압(V_Z)을 가진 특성곡선이고, 그림 (b)는 일반 다이오드로 100[V] 정도의 PIV(Peak Inverse Voltage)를 가진 특성곡선이다.

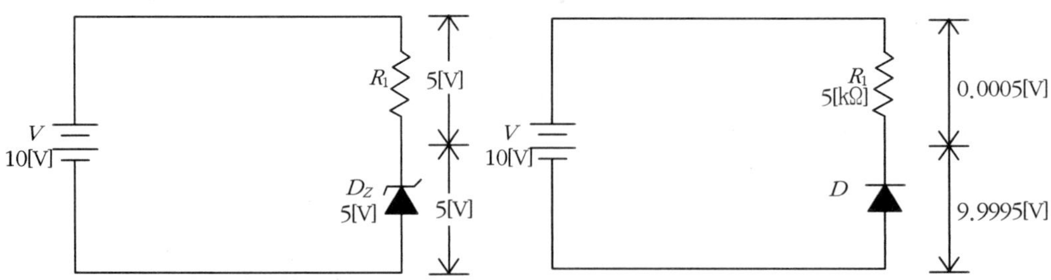

(a) 순방향 (b) 역방향

[그림 13-3] 실제 제너 다이오드와 일반 다이오드의 출력 전압

제너 다이오드인 경우 [그림 13-3] (a)와 같이 역방향 바이어스 전압을 가하게 되면 제너 다이오드 전압은 기준전압 5[V]가 되며, R_1 양단전압도 5[V]가 되어 항복현상을 일으킴을 알 수 있다.

그러나 순방향 바이어스를 가했을 경우, 일반 다이오드와 제너 다이오드의 양단전압은 0.6[V]이며, 저항 R_1 양단 전압은 9.4[V]이다.

[그림 13-3] (b)와 같이 일반 다이오드에 역방향 바이어스 전압을 가했을 경우 저항 R_1을 통하여 흐르는 역전류는 100[nA] 정도가 되어 R_1 양단에는 거의 전압이 나타나지 않는다. 이때, 역전류가 정확히 100[nA]가 되어 흐른다면, R_1 양단전압은 0.0005[V]이다.

이는 PIV가 100[V]인 일반 다이오드인 경우 항복현상을 일이키지 않음을 확인할 수 있다.

4. 실험 절차

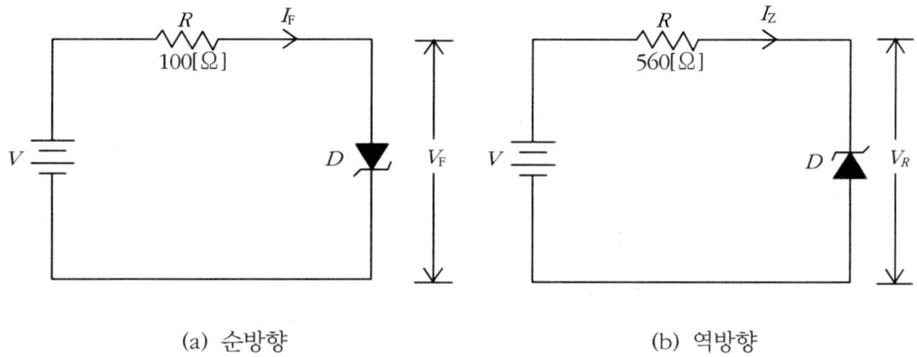

[그림 13-4] 제너 다이오드의 특성 실험 회로

(1) 제너 다이오드의 순방향 특성

① [그림 13-4](a)와 같이 제너 다이오드의 순방향 회로를 연결하고, V_F를 〈표 13-1〉에 주어진 값으로 변화시키면서 그에 따른 전류 I_F을 측정하여 〈표 13-1〉에 기록한다.

② 전압-전류값에 의한 저항 R_F을 계산하여 〈표 13-1〉에 기록하고, 제너 다이오드의 순방향 특성 곡선을 [그림 13-5] (a)에 그린다.

(2) 제너 다이오드 역방향 특성

③ [그림 13-4] (b)와 같이 회로를 연결하고, 직류전원전압기의 전압 V를 변화시키면서 역방향 전압 V_R를 〈표 13-2〉에서 주어진 값으로 변화시켜 흐르는 전류 I_{ZR}를 측정하여 〈표 13-2〉에 기록한다(초기전류는 [μA] 전류계로 측정하고, 약간 흐르면 [mA] 전류계로 측정한다).

④ 전압, 전류값에 대한 저항 R_{ZR}을 계산하여 해당란에 기록하고, [그림 13-5] (b)에 제너 다이오드의 역방향 특성 곡선을 그린다.

실험 결과 보고서

학과 : 학번 : 성명 :

1. 실험 결과표

〈표 13-1〉 제너 다이오드의 순방향 특성

V_F[V]	0	0.2	0.4	0.5	0.6	0.65	0.7	0.8	1.0
I_F[mA]									
R_F[Ω]									

〈표 13-2〉 제너 다이오드의 역방향 특성

V[V]	0	1	2	3	4	5	6	7	8	9	10
I_{ZR}[mA]											
R_{ZR}[Ω]											

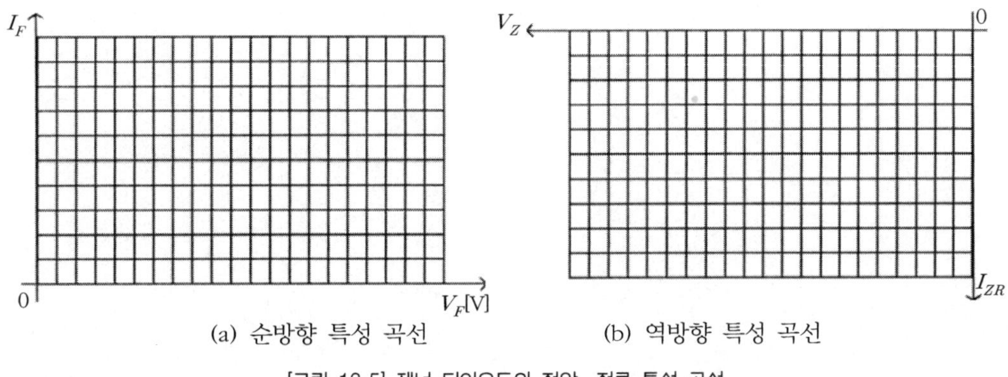

(a) 순방향 특성 곡선 (b) 역방향 특성 곡선

[그림 13-5] 제너 다이오드의 전압–전류 특성 곡선

2. 검토 및 정리

(1) 제너 작용에 대하여 설명하여라.

(2) 제너 현상을 이용하는 장치에 대하여 설명하여라.

(3) 제너 다이오드와 일반 다이오드의 차이점에 대하여 설명하여라.

실험 14 파형 정형 회로

1. 실험 목적

(1) 파형의 정형 회로를 이해할 수 있다.

(2) 클램핑과 클리퍼 회로의 동작 원리를 이해할 수 있다.

(3) 리미터 회로의 동작원리를 이해할 수 있다.

2. 기기 및 재료

기기	규격	수량	재료	규격	수량
직류전원전압기	20[V]	1대	다이오드	1N34, 1N4001	각 2개
신호발생기		1대	저항	1.2[kΩ]	1개
오실로스코프	40[MHz] 이상	1대		120[kΩ]	1개
브래드 보드		1개	콘덴서	0.1μF	1개

3. 관련이론

(1) 클램핑 회로

클램핑 회로(Clamping circuit)는 구형파인 입력파형의 진폭이나 파형의 변동 없이 필요로 하는 일정 전압, 즉 클램프(clamp)된 출력을 얻는 회로를 말하는데, 입력파형을 변동시키지 않고 전압, 즉 신호 레벨만 변동시키므로 레벨 시프트(level shift) 회로라고도 하며, 또 입력신호가 직류분을 포함하지 않은 입력파형에 직류분을 포함시킨다는 뜻으로 직류 재생회로라고도 한다.

① 부(－)의 피크값 클램핑 회로

입력펄스의 레벨이 어디에 있어도 부(－)의 피크값이 출력의 0레벨로 추이되어 출력 파형을 정(＋)의 레벨로 고정시키는 회로를 말한다.

[그림 14-1] (a)는 기본 회로이며, 다이오드를 출력 방향에 병렬로 접속한 회로이

며 콘덴서 C에는 v_i 〉 0일 때에 v_i 의 정(+)의 피크값 v_{P1}까지 충전된다. 따라서 출력전압 v_o는 $v_o = v_i - v_{P1}$이 되므로 입력파형의 정(+)의 피크값이 0레벨로 [그림 14-1] (c)와 같은 출력파형이 얻어진다.

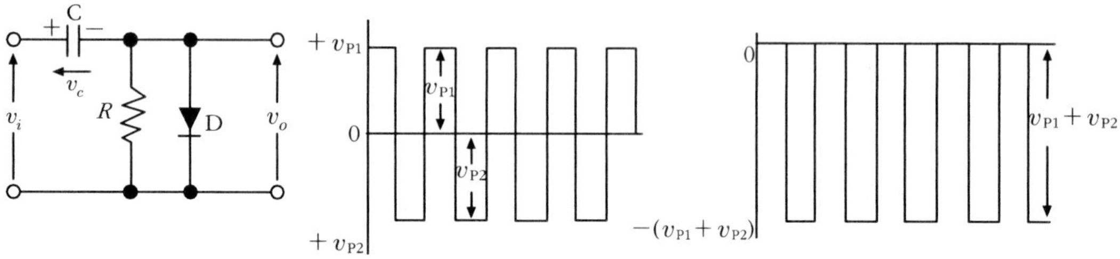

(a) 기본 회로 (b) 입력파형 (c) 출력파형

[그림 14-1] 부(−)의 피크값 클램핑 회로

② 정(+)의 피크값 클램핑 회로

입력펄스의 레벨이 어디에 있어도 정(+)의 피크값이 출력의 0레벨로 추이(Shift)되어 출력파형을 부(−)의 레벨로 고정시키는 회로를 말한다.

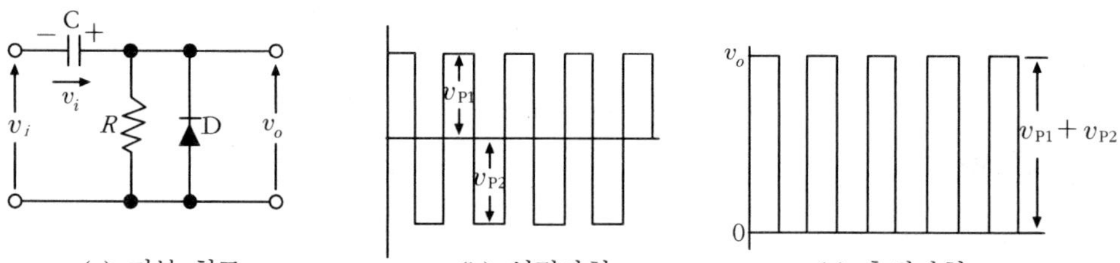

(a) 기본 회로 (b) 입력파형 (c) 출력파형

[그림 14-2] 정(+)의 피크값 클램핑 회로

[그림 14-2] (a)에서 $v_i < 0$일 때 콘덴서 C는 다이오드 D를 통해서 충전된다. R을 큰 값으로 잡아두면 충전되는 전압은 v_i 인 음의 피크값 v_{P2}로 된다.

따라서 v_i〉0일 때의 출력전압 v_o는 $v_o = v_i + v_{P2}$로 되므로 [그림 14-2] (b) 입력파형의 음(−)의 피크값이 0레벨로 된 [그림 14-2] (c)와 같은 출력파형이 얻어진다.

③ 직류부가 클램핑 회로

이 회로는 정(+)클램핑 회로와 부(−)클램핑 회로의 다이오드에 각각 직류전압 E를 접속하여 임의 레벨로 추이시키는 회로로서, 이 회로는 직류분을 부가한 것처럼 출력되므로 직류부가 회로라고 한다.

• 정(+)의 직류부 클램핑 회로

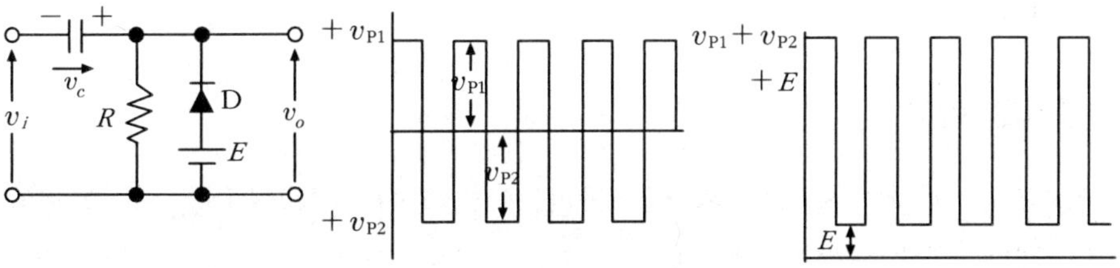

(a) 기본 회로 (b) 입력파형 (c) 출력파형

[그림 14-3] 정(+)의 직류부 클램핑 회로

[그림 14-3] (a) 회로는 정(+)클램핑 회로의 다이오드에 직류전압 E를 접속하여 순바이어스를 가한 회로로서 출력파형을 직류전압 E의 레벨 이상의 정(+)의 레벨로 고정시키는 회로를 말한다. [그림 14-3] (a)와 같이 다이오드 D에 직류전압 E를 접속하면 콘덴서 C는 v_i의 음의 피크값 v_{pi}과 E의 합의 크기까지 충전된다. 따라서 [그림 14-3] (b)의 입력파형에 대한 출력전압 v_o는 $v_o = v_i + v_{p2} + E$으로 되고 0레벨이 부(−)의 피크값 E만큼 내려간 위치의 [그림 14-3] (c)와 같은 출력파형이 얻어진다.

• 부(−)의 직류부 클램핑 회로

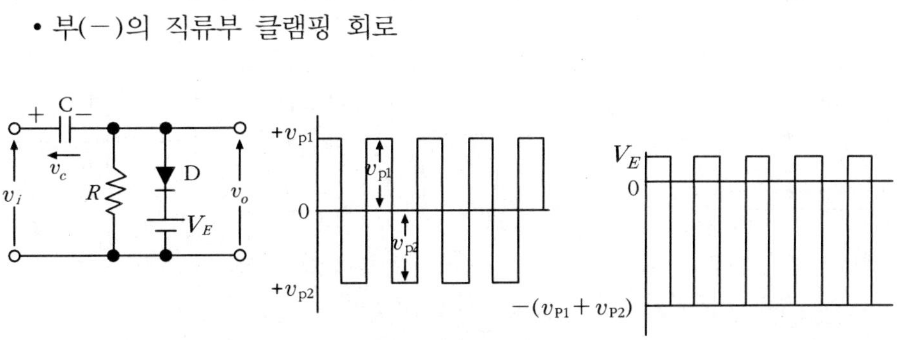

(a) 기본 회로 (b) 입력파형 (c) 출력파형

[그림 14-4] 부(−)의 직류부 클램핑 회로

[그림 14-4] (a) 회로는 부(−)클램핑 회로의 다이오드에 직류전압 V_E를 접속

하여 역바이어스를 가한 회로로서 출력파형을 직류전압 V의 레벨 이상의 부(−)의 레벨로 고정시키는 회로를 말한다. 그림 (a)에서 콘덴서 C는 v_i의 정(+)의 피크값 v_{p2}와 V_E의 크기까지 충전된다. 따라서 [그림 14-4] (b)의 입력파형에 대한 출력전압 v_o는 $v_o = v_i - (v_{p2} - V_E) = v_i - v_{p2} + V_E$이 되고 정(+)의 피크값보다도 E만큼 내려간 위치가 0레벨의 [그림 14-4] (c)와 같은 출력파형이 얻어진다.

(2) 클리프 회로

입력신호 파형의 왜곡된 부분을 클리프(clip)하여 정형하는 것, 즉 입력파형의 어떤 레벨 이상 또는 레벨 이하의 파형을 잘라 내는 회로를 클리프 회로(clip circuit) 또는 클리퍼(clipper)라고 한다.

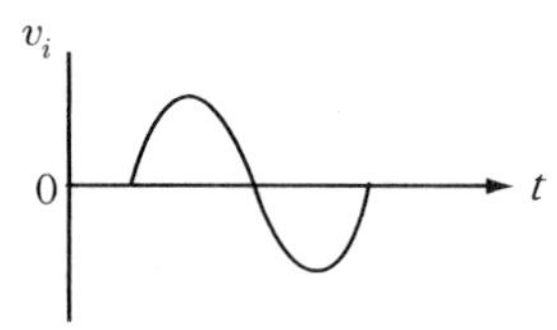

(a) 입력파형

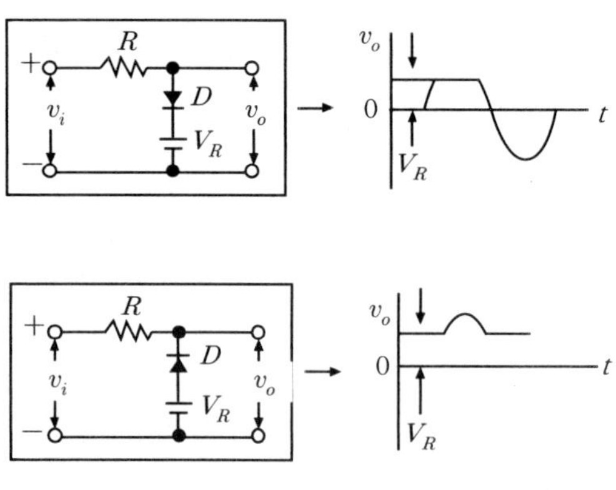

(b) 병렬형 클리프 회로

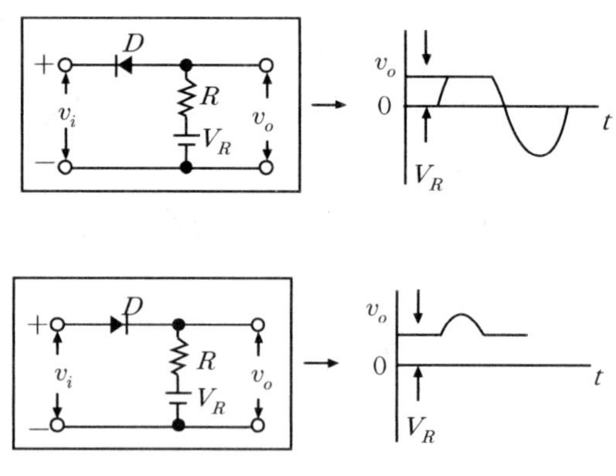

(c) 직렬형 클리프 회로

[그림 14-5] 클리프 회로

[그림 14-5] (a)는 입력파형이고, (b)는 병렬형 클리프 회로, (c)는 직렬형 클리프 회로이다.

이것은 회로를 구성할 때 다이오드와 전원의 직렬, 병렬 또는 (+)와 (−)의 극성을 어떻게 구성하는가에 따라 구분한 것이며, [그림 14-5]에서 보인 바와 같이 입력파형에 대해 그 출력파형의 정형된 상태를 나타낸 것이다. 즉, 입력파형의 윗부분을 잘라내어 버리는 회로를 피크 클리퍼(peak clipper), 입력파형의 아랫부분을 잘라내는 회로를 베이스 클리퍼(base clipper) 회로라고 한다. 이 회로를 약간 변형하여 구형파를 펄스로 하는 방법도 있다.

3) 리미터 회로

리미터(limiter) 회로는 클리프 회로의 변형으로 구성한 것이며, [그림 14-6]과 같은 회로를 말한다. [그림 14-6] (a)는 리미터 회로의 기본형인데 다이오드와 직류전원의 방향이 각기 다르게 되어 있다.

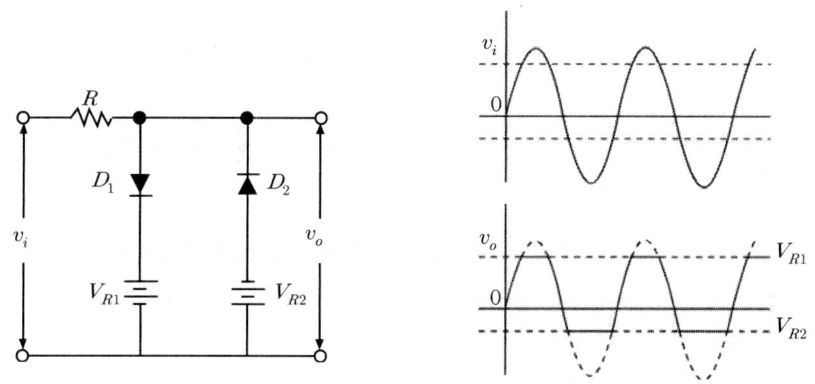

(a) 기본회로　　　　(b) 입출력 파형

[그림 14-6] 리미터 회로

[그림 14-6] (b)에 보인 바와 같이 전압의 극성이 다른 것과 다이오드의 방향이 다른 것은 입력파형에 대한 출력 파형의 상부 레벨과 하부 레벨에 대한 제한 범위를 결정해 주는 것이다.

즉, 직류전압 V_{R1}, V_{R2}의 크기에 따라 레벨이 정해진다.

4. 실험 절차

(1) 클램핑 회로

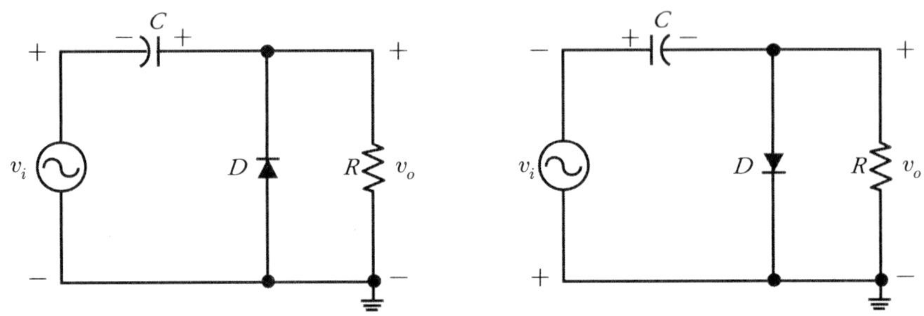

(a) 정(+) 클램핑 회로 (b) 부(−) 클램핑 회로

[그림 14-7] 클램핑 특성실험 회로

① [그림 14-7] (a)에서 $R=120$[kΩ], $C=0.1$[μF]를 사용하여 정(+) 클램핑 회로를 연결한다.

② 신호발생기의 출력전압을 $V_{p-p}=8$[V], $f=2$[kHz]의 사인파를 입력신호 v_i로 인가한다.

③ 입출력 파형을 [그림 14-10] (a)에 입력파형, (b)에 출력파형을 그린다.

④ [그림 14-7] (b)와 같이 부(−) 클램핑 회로를 연결하고, 실험 ②, ③을 반복한다.

(2) 클리프 회로

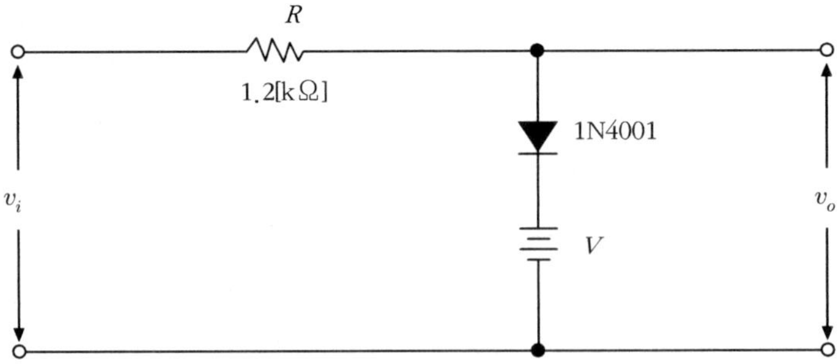

[그림 14-8] 클리프 특성실험 회로

① [그림 14-8]과 같이 회로를 연결한다.

② 신호발생기의 출력 전압 v_i 을 $V_{P-P}=9$[V], $f=1$[㎑]의 사인파로 조정한다.

③ 직류전원전압기의 출력을 기준전압 $V=0$, 1, 2, 3[V]와 같이 변화시켰을 때 입력파형 v_i, 출력파형 v_o을 측정하여 [그림 14-11]에 그린다.

(3) 리미터 회로

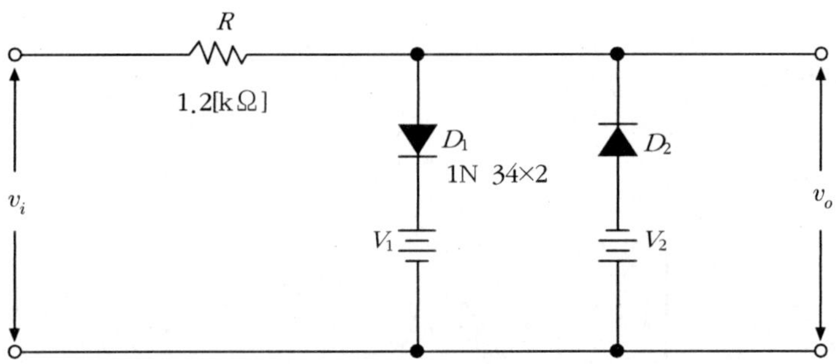

[그림 14-9] 리미터 회로

① [그림 14-9]와 같이 회로를 구성한다.

② 신호발생기의 출력전압을 $V_{P-P}=9$[V], $f=1$[㎑]의 사인파로 조정한 다음, 회로의 입력신호 v_i 로 인가한다.

③ (V_1, V_2)를 (0, 1), (0, 2), (1, 0), (2, 0)으로 변화시켰을 때, 입력파형 v_i, 출력파형 v_o을 측정하여 [그림 14-12]에 그린다.

실험 결과 보고서

학과 : 학번 : 성명 :

1. 실험결과표

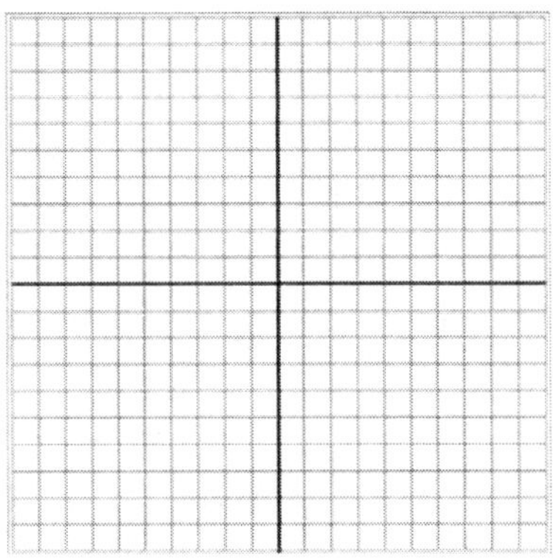

(a) 정(+) 클램핑 입력파형

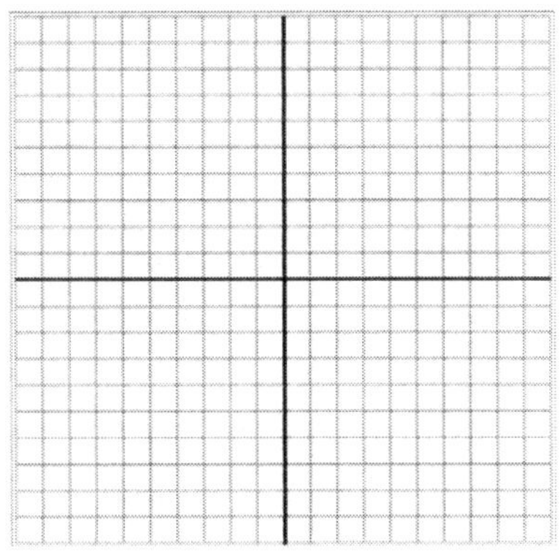

(b) 정(+) 클램핑 출력파형

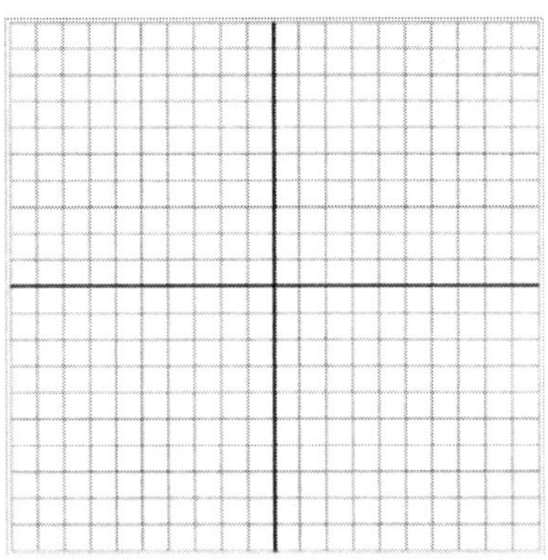

(c) 부(−) 클램핑 입력파형

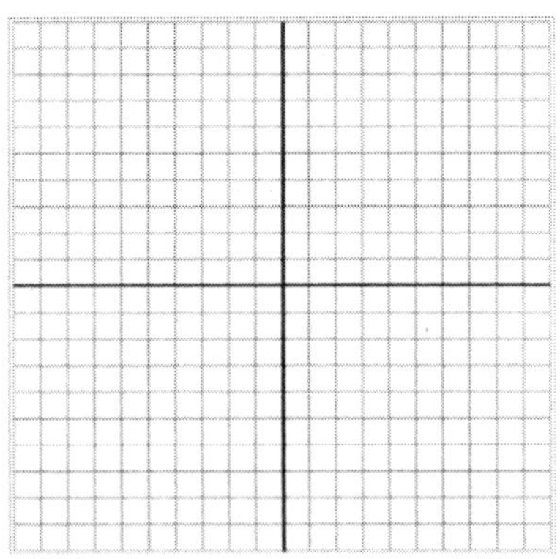

(d) 부(−) 클램핑 출력파형

[그림 14-10] 클램핑 회로

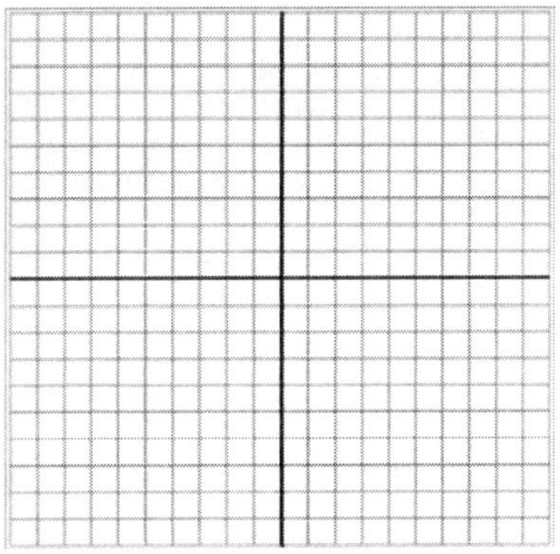

(a) 기준전압 $V=0$[V]

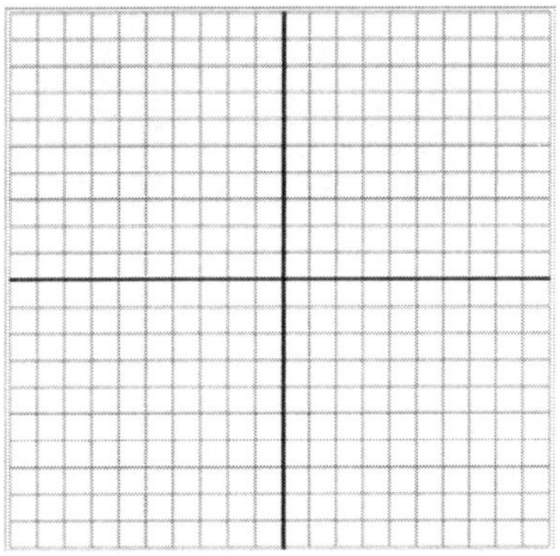

(b) 기준전압 $V=1$[V]

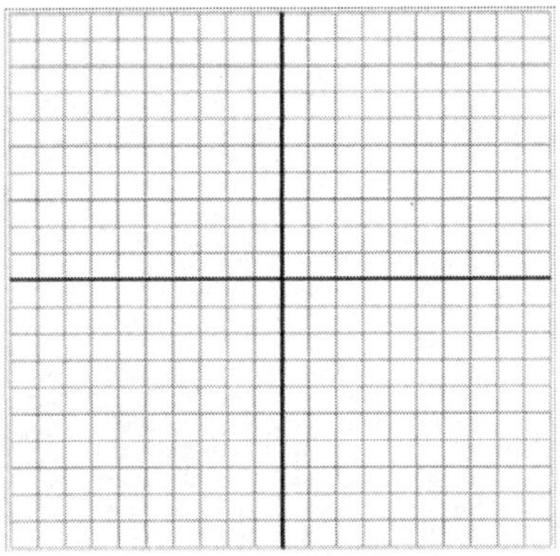

(c) 기준전압 $V=2$[V]

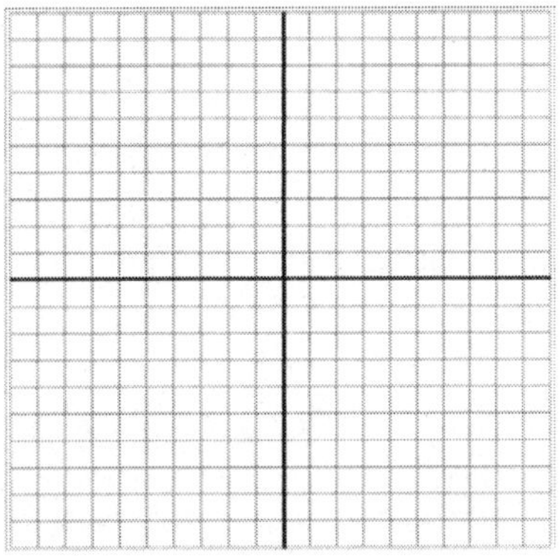

(d) 기준전압 $V=3$[V]

[그림 14-11] 클리프 회로

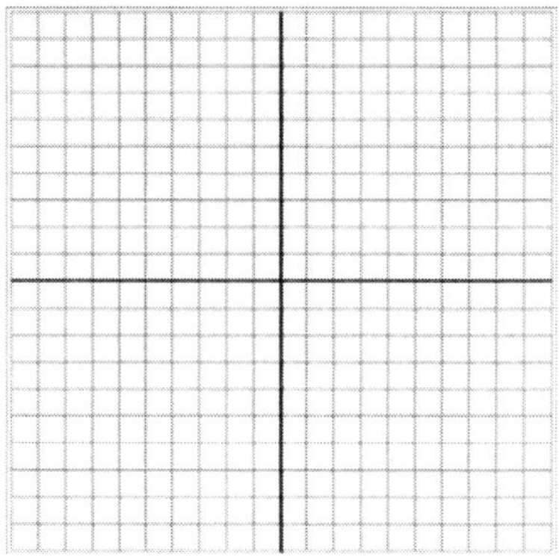

(a) 기준전압 $V_1 = 0[V]$, $V_2 = 1[V]$

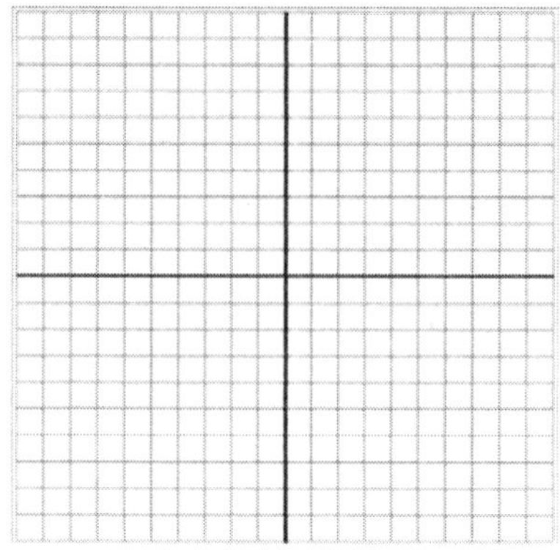

(b) 기준전압 $V_1 = 0[V]$, $V_2 = 2[V]$

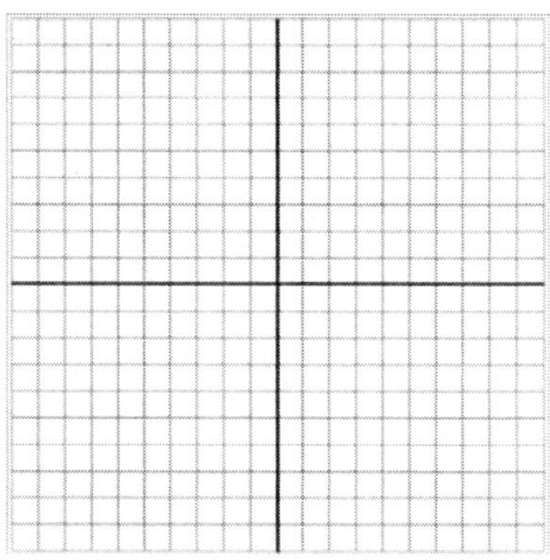

(c) 기준전압 $V_1 = 1[V]$, $V_2 = 0[V]$

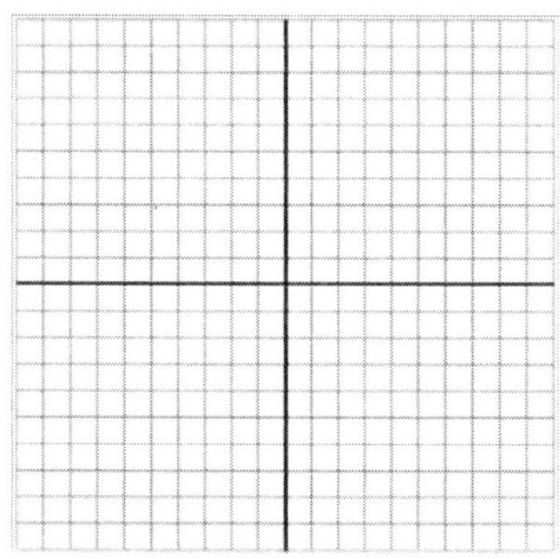

(d) 기준전압 $V_1 = 2[V]$, $V_2 = 0[V]$

[그림 14-12] 리미터 회로

2. 검토 및 정리

(1) 정(+) 클리프 회로의 동작원리를 설명하여라.

(2) 클램핑 회로의 동작원리 및 용도를 설명하여라.

(3) 리미터 회로의 용도를 설명하여라.

(4) 클램핑 회로와 클리프 회로의 차이점을 설명하여라.

(5) 클리프 회로와 리미터 회로의 차이점을 설명하여라.

실험 15 반파 정류회로

1. 실험 목적

(1) 반파 정류회로의 정류 작용을 이해할 수 있다.
(2) 반파 정류회로의 정류 특성을 측정할 수 있다.
(3) 입・출력전압의 첨두값, 실효값, 평균값을 알 수 있다.

2. 기기 및 재료

<table>
<tr><th>기기</th><th>규격</th><th>수량</th><th>재료</th><th>규격</th><th>수량</th></tr>
<tr><td>오실로스코프</td><td>40[㎒] 이상</td><td>1대</td><td>다이오드</td><td>1N4001</td><td>1개</td></tr>
<tr><td>교류전압계</td><td>20[V]</td><td>1대</td><td>저항</td><td>1[kΩ]</td><td>1개</td></tr>
<tr><td>회로시험기</td><td></td><td>1대</td><td rowspan="2">변압기</td><td rowspan="2">1차 220[V],
2차 6[V]/500[㎃]</td><td rowspan="2">1대</td></tr>
<tr><td>브래드 보드</td><td></td><td>1개</td></tr>
</table>

3. 관련 이론

(1) 정류 전원회로

직류전원(DC souce)으로 건전지나 축전지를 쓰고 있으면 크기나 용량 및 수명 등의 제한이 있어 영구적인 것으로는 적합하지 않기 때문에 교류를 직류로 바꾸어 쓰는 것이 대부분이다.

교류(AC)를 직류(DC)로 바꾸는 과정을 정류라 하며, 이때 사용하는 소자를 정류소자라 하는데, 주로 반도체 다이오드가 쓰이고 있다. 반도체 다이오드 중에서 게르마늄(Ge) 다이오드보다는 온도 특성이 좋은 실리콘(Si) 다이오드가 주로 쓰이고 있다. 다이오드는 순방향 저항값은 아주 적은 반면 역방향 저항값은 무한대에 가까운 값을 갖고 있다.

정류소자를 이용하여 교류에서 직류를 얻는 전원 회로를 정류전원(整流電源)이라 하며, 그 구성도는 [그림 15-1]과 같다.

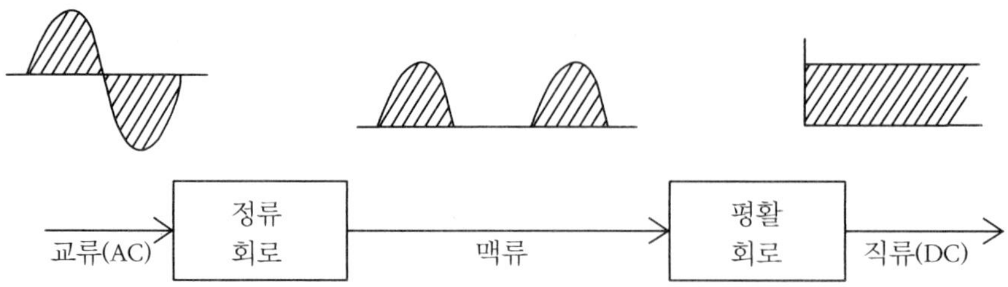

[그림 15-1] 정류전원의 구성도

정류회로에서는 교류를 한 방향의 전류로 변환하고, 평활회로(平滑回路)에서는 이 전류 속에 포함되어 있는 교류분인 맥류(ripple current)를 제거하여 전지와 같은 실효값을 갖는 직류로 만들어 직류출력을 보내주게 된다. 그러나 전원이나 부하의 변동에 의해서 직류 출력 전압이 변동하는 경우가 많으므로 정전압회로를 부가하여 일정한 직류 전압을 얻는 방법이 많이 쓰이고 있는데, 이러한 방법을 직류 정전압 전원 회로, 직류 안정화 전원 회로라고 하며 정전압 다이오드인 제너 다이오드를 쓰거나 또는 정전압용 IC 등을 이용한다.

1) **맥동률 또는 리플률**(ripple factor)

정류된 직류 출력에 교류분이 얼마나 포함되어 있는지의 정도, 즉 맥동분의 정도를 나타내는 것으로서, 정류하는 방식에 따라 다르며 맥동분이 많은 출력을 그대로 직류전원으로 사용하면 회로 내에서 심한 주기 잡음(hum)이 혼입된다.

이와 같은 맥동분, 즉 진동파는 평활 회로를 통과시키면 완전한 직류, 즉 I_{DC}로 변화된다. 직류출력인 전압 또는 전류 속에 진동성분이 얼마나 포함되어 있는가를 나타내는 것이 리플 계수이며, 보통 γ로 나타낸다. 리플 계수 γ를 정의하면 다음과 같이 정의된다.

$$\gamma = \frac{\text{파형속의 맥류분 실효값(rms)}}{\text{파형의 평균값}} = \frac{I'_s}{I_{DC}} = \frac{V'_s}{V_{DC}}$$

여기서 I'_{rms}와 V'_{rms}는 출력전류와 전압의 교류분인 맥류분 실효값(rms)이다. 리플 계수를 측정을 통하여 직접 알아보는 방법은 교류 전압계(이때 사용하는 계기는 60[Hz]의 4배 이상까지 정확히 측정할 수 있는 것을 사용하여야 한다. 그 이유는 출력파형에는 많은 고조파가 함유되어 있기 때문이다)를 직접 부하 양단에 접속하여 V'_{rms}를 읽으면 되는데 이때 주의할 것은 계기에 직류분이 측정되지 않도록 콘덴서를 직렬접속하여야 한다. 또 V_{DC}는 직류 전압계로 부하의 전압을 측정하면 된다. 그러므로 백분율을 나타내려면 다음과 같다.

$$\gamma = \frac{V'_{rms}}{V_{DC}} \times 100[\%] \text{ 또는 } \gamma = \frac{I'_{rms}}{I_{DC}} \times 100[\%]$$

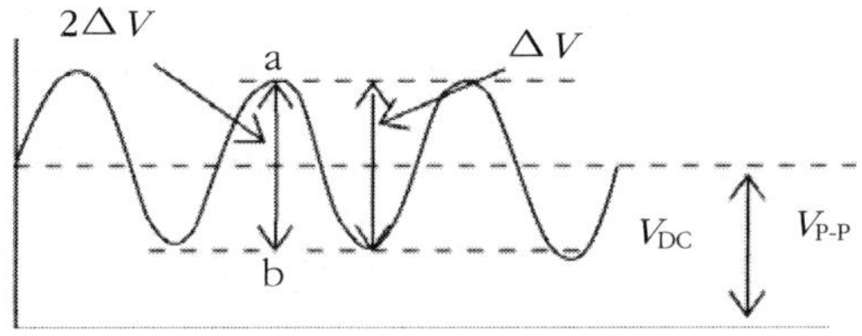

[그림 15-2] 정류회로의 파형

[그림 15-2]에서 맥동분의 실효값 V'_{rms}(또는 ΔV라고도 한다)를 표시하는 경우 교류분의 산 위에서 계곡 아래까지의 첨두 대 첨두(p-p : peak to peak)값으로 표시하는 경우도 있다.

2) 전압 변동률

전압 변동률(voltage regulation)이라 함은 부하의 변동에 따른 직류 부하 전류의 변화에 따라 직류 출력 전압이 변화하는 정도를 나타내는 것으로 α라고 하며 다음과 같이 표시된다.

$$\begin{aligned}\alpha &= \frac{\text{무부하 직류 전압} - \text{전부하 직류 전압}}{\text{전부하 직류 전압}} \times 100[\%] \\ &= \frac{V_O - V_{DC}}{V_{DC}} \times 100[\%]\end{aligned}$$

따라서 이상적인 전원회로는 부하전류의 크기에 관계없이 항상 일정한 출력전압을 유지하여야 하며, 그 전압 변동률은 0이 되어야 한다. 즉 전압 변동률이 적을수록 좋다.

3) 정류 효율

입력 교류 전력이 출력의 직류 전력으로 바뀔 수 있는 비율을 나타내는 것으로서, 정류 효율(efficiency of rectification) η는 다음과 같이 표시된다.

$$\eta = \frac{\text{직류전력}\,(P_D)}{\text{교류전력}\,(P_A)} \times 100\,[\%]$$

4) 첨두 역전압(peak inverse voltage)

다이오드에 걸리는 최대전압은 역방향일 때 생기며, 그 값은 첨두(파고)값이 된다. 즉 정류 다이오드는 이 첨두 역전압이 각 주기마다 가해지더라도 파괴되지 않을 정도의 항복점이 되는 내압을 갖고 있어야 한다. 이 항복점인 내압은 다이오드 선정시 반드시 고려하여야 할 사항이다. 또한 최대 전류도 함께 고려하여야만 올바른 정류 회로를 구성할 수가 있다.

실제로 정류 전원을 구성할 때 주의할 사항으로는

① 알맞은 용량의 변압기(필요로 하는 용량의 변압기)
② 필요로 하는 전류와 전압을 얻을 수 있는 용량의 다이오드
③ 정류 전압을 견디는 전해 콘덴서

등의 선정을 잘 하여야만 한다.

이 외에 정류 전원으로서 갖추어야 할 사항은 출력전류, 출력전압 및 출력전류의 고조파 성분 등의 특성을 알아야만 되는데, 이것은 정류회로를 취급하면서 설명하기로 한다.

(2) 반파 정류회로

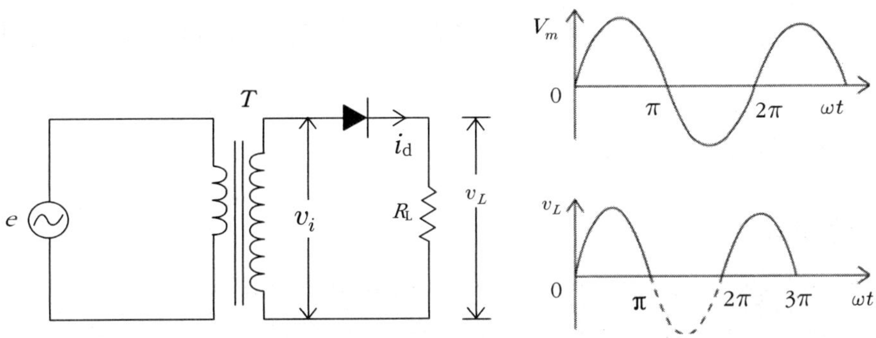

(a) 반파정류회로 (b) 입・출력 파형

[그림 15-3] 반파정류회로 및 파형

[그림 15-3] (a)는 단상 반파정류회로도이고, (b)는 입력과 출력의 파형을 나타낸 것이다. 교류 전원이 트랜스 T를 통하여 다이오드에 가해지면 정(+)의 반파는 순방향 전류(i_d)로서 다이오드를 통과하지만 부(−)의 반파는 통과하지 못하게 된다. 따라서 부하저항 R_L의 양단에는 π (180°) 간격으로 [그림 15-3](b)와 같이 반파전류만 흐르는 전압파형이 나타나게 된다.

반도체 다이오드는 전류가 역방향으로 흐를 때는 거의 무한대의 저항값을 갖고 있으나 순방향으로 전류가 흐를 때, 즉 오프셋(offset) 전압(컷인(cut-in) 전압이라고도 함. Ge 다이오드는 0.1[V], Si 다이오드는 0.5[V] 정도이다)보다 큰 전압이 가해지면 그 저항값은 아주 작게 된다. 일반적으로 입력전압 $v_i = V_m \sin\omega t$는 그 첨두값(peak to peak) V_m이 오프셋 전압 V_r보다 대단히 크므로 V_r은 0으로 취급하고 있다. [그림 15-3]의 (a)에서 부하 R_L에 흐르는 전류 i_d를 표시하면 다음과 같다.

$$i_d = I_m \sin\omega t \quad (0 \leqq \omega t \leqq \pi)$$
$$i_d = 0 \quad (\pi \leqq \omega t \leqq 2\pi)$$

단, $I_m = V_m / (r_f + R_L)$

r_f : 다이오드의 순방향 저항값

1) 출력 전류의 평균값

실제로 R_L에 흐르는 전류는 [그림 15-3] (b)와 같은 반파정류 파형의 평균값을 구하면 직류 출력 전류가 된다. 직류 출력 전류를 I_{DC}라고 하면 다음과 같다.

$$I_{DC}=\frac{I_m}{\pi}=\frac{1}{\pi}\cdot\frac{V_m}{(r_f+R_L)}$$

2) 출력전압의 평균값

직류 전압계로 부하 R_L의 양단 전압을 측정하면 정류된 진동파의 평균값이 얻어진다(가동 코일형 직류 전압, 직류 전류계는 가동 코일에 흐르는 전류의 평균값을 나타낸다). 이 값은 출력전류 I_{DC}가 R_L을 흐를 때 생기는 전압이므로 출력전압 V_{DC}는 다음과 같이 나타낼 수 있다.

$$V_{DC}=I_{DC}R_L=\frac{V_m}{\pi(r_f+R_L)}\cdot R_L$$

$$=\frac{1}{\pi}\cdot\frac{V_m}{1+(r_f/R_L)}$$

3) 전압 변동률

반파정류회로의 전압 변동률은 무부하 때는 $V_{DC}=\frac{V_m}{\pi}$이므로

$$V_{DC}=\frac{V_m}{\pi}-I_{DC}\cdot r_f$$

로 나타낼 수가 있으며, 이 식에서 무부하 때($I_{DC}=0$)의 V_{DC}는 V_m/π이고 I_{DC}의 증가에 따라 감소됨을 알 수 있다. 또 다이오드의 순방향 저항 r_f는 실제 변압기의 권선저항과 전원측의 모든 저항값이 가산된 실효저항으로 보아야 된다.

예를 들면, 변압기의 2차측 권선 저항이 20[Ω]이고, 12[V], 100[mA]의 전원이라고 할 때 전압 변동률은 얼마인지 구해보자(단, 다이오드의 순방향 저항은 무시한다).

무부하 전압=12[V], 전부하전압 $V_{DC}=12-0.1\times20=10$[V]이므로 전압변동률 α는

$$\alpha = \frac{V_O - V_{DC}}{V_{DC}} \times 100\,[\%]$$

$$= \frac{12[\text{V}] - 10[\text{V}]}{10[\text{V}]} \times 100\,[\%] = 20\,[\%]$$

4) **리플률**

정류된 출력 전압은 고조파분이 포함되어 있다. 즉 출력전압 V_O는

$$V_O = (\text{직류분}) + (\text{전원 주파수분}) + (\text{고조파분})$$

으로 표시된다. 그러나 직류분은 필요하지만 교류분은 불필요하며, 교류분이 포함된 정도를 표시하는 것이 리플률(percentage ripple, 리플 백분율)로서 다음과 같다.

$$\gamma = \frac{\sqrt{V_2^2 + V_3^2 + V_4^2 + \quad + V_n^2}}{V_1} \times 100\,[\%]$$

여기서 V_1은 직류전압이고, V_2, V_3, V_4 · · · 등은 각 고조파의 실효값을 표시한다.

$$\gamma = \frac{\sqrt{I_{rms}^2 - I_{DC}^2}}{I_{DC}} = \sqrt{(\frac{I_{rms}}{I_{DC}})^2 - 1}$$

로 표시되며, 반파정류인 경우 $\frac{I_{rms}}{I_{DC}} = \frac{I_m/2}{I_m/\pi} = \frac{\pi}{2} = 1.57$이므로 리플률 γ는 다음과 같다.

$$\gamma = \sqrt{(\frac{\pi}{2})^2 - 1} = \sqrt{1.57^2 - 1} = 1.21$$

이를 백분율로 나타내면 $1.21 \times 100\,[\%] = 121\,[\%]$가 된다.

5) **직류 출력과 효율**

정류회로의 직류출력 P_D는 직류전압 V_{DC}와 직류전류 I_{DC}의 곱으로 표시되므로

$$P_D = I_{DC} R_L \cdot I_{DC} = \frac{V_m^2 R_L}{\pi^2 (R_L + r_f)^2}$$

이 된다.

정류회로의 효율 η는

$$\eta = \frac{0.406}{1 + (r_f / R_L)}$$

이며, r_f를 무시하면 $\eta = 0.406$, 즉 40.6[%]로 표시되어 이론상 최대효율은 40.6[%]이다. 그러나 $r_f = R_L$일 때 최대 출력이 되므로 이때 효율은 20.3[%] 된다. 반파 정류회로는 (−)의 반주기는 이용하지 못하므로 정류효율, 직류출력, 리플률 등이 모두 좋지 않다.

4. 실험 절차

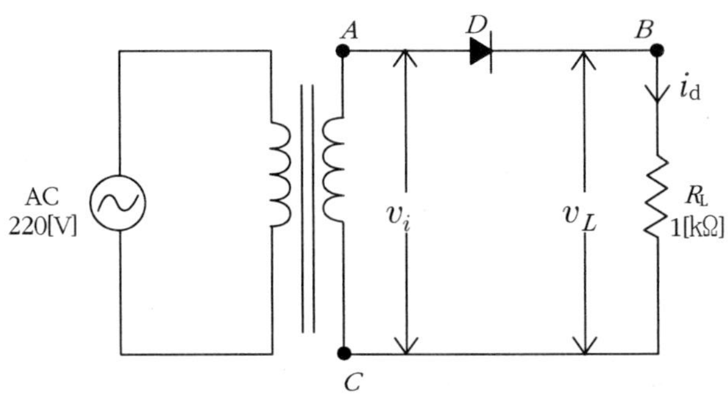

[그림 15-4] 반파정류 실험 회로

① [그림 15-4]와 같이 반파 정류 회로를 연결한다.

② 교류전압 220[V]을 넣고, 변압기의 2차측 입력파형(A와 C점 사이)과 부하저항 R_L에 나타나는 출력파형(B와 C점 사이)를 측정하여 [그림 15-5]에 그린다.

③ 입・출력 파형의 첨두값(V_{p-p})을 측정하여 〈표 15-1〉에 기록한다.

④ 교류 전압계와 직류전압계로 입・출력 전압을 측정하여 〈표 15-1〉에 기록한다.

⑤ 측정된 값으로부터 최대값, 평균값, 실효값을 계산하여 〈표 15-1〉에 기록한다.

실험 결과 보고서

학과 : 학번 : 성명 :

1. 실험 결과표

〈표 15-1〉 입 • 출력 특성

		입력(A-C점)	출력(B-C점)	계산값 (최대값, 평균값, 실효값)
V_{p-p}	오실로스코프			
측정전압	교류전압계			
	직류전압계			

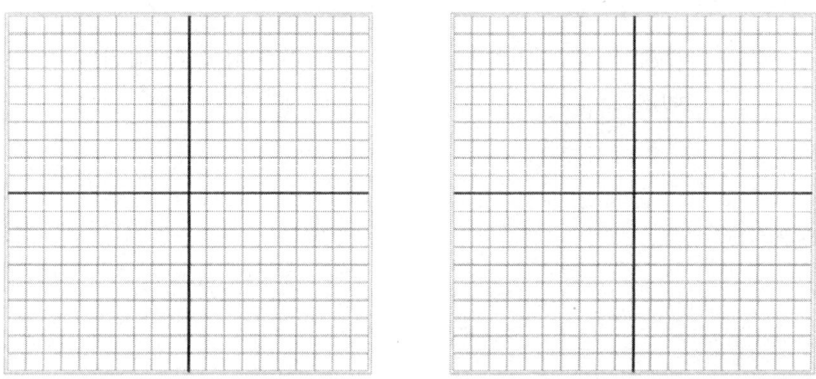

(a) 입력파형(A-C점) (b) 출력파형(B-C점)

[그림 15-5] 입 • 출력 파형

2. 검토 및 정리

(1) [그림 15-6] 회로에서 부하에서 소비되는 전력은 얼마인가?

(단, $n_1 : n_2 = 4 : 1$, 다이오드의 순방향저항과 코일의 저항은 무시한다.)

여기서 $e_2 = \dfrac{n_2}{n_1} e_1$

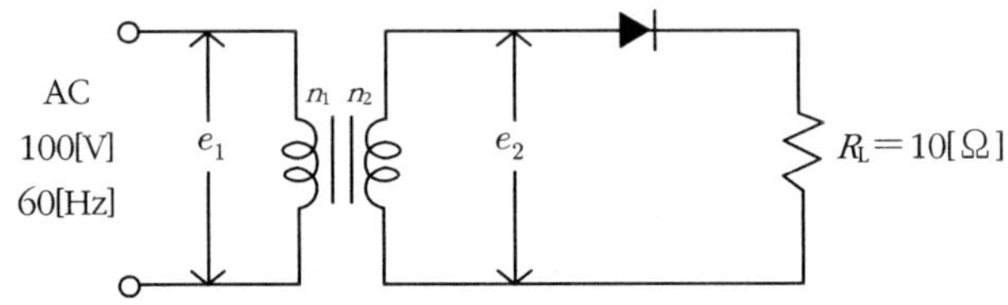

[그림 15-6] 반파 정류회로

(2) 어떤 정류기의 부하양단 평균 전압이 600[V]이고, 이때의 맥동률은 2[%]라고 하며, 교류분은 몇 [V]가 포함되어 있는가? (단, 교류분은 최대값으로 표시한다)

(3) 정격부하 때의 출력전압이 50[V]인 전원이 있다. 무부하 상태에서의 출력전압이 55[V]로 증가한다면 전원전압 변동률은 얼마인가?

(4) 교류 전압계, 직류 전압계, 오실로스코프로 측정할 때 나타나는 차이점에 대하여 설명하여라.

실험 16 전파 정류회로

1. 실험 목적

(1) 전파 정류회로의 특성을 이해할 수 있다.
(2) 전파 정류회로의 효율 및 출력파형을 측정할 수 있다.
(3) 중간탭형과 브리지형 전파정류회로(full wave rectifier circuit)의 차이점과 장단점을 알 수 있다.

2. 기기 및 재료

기기	규격	수량	재료	규격	수량
오실로스코프	40[MHz]	1대	다이오드	1N4001	4개
교류전압계	50[V]	1대	저항	1[kΩ]	2개
회로시험기		1대	변압기	220[V]/9[V], 300[mA]	1개
브래드보드		1개			

3. 관련 이론

(1) 중간 탭형 전파 정류회로

[그림 16-1] (a)는 전파 정류회로도로서 반파 정류회로를 2개 붙여 놓은 것과 같은데 반파 정류와 다른 점은 교류전원 변압기의 2차측에 중간 탭(tap)이 있는 것으로 양쪽에 같은 전압을 얻을 수 있어야 한다.

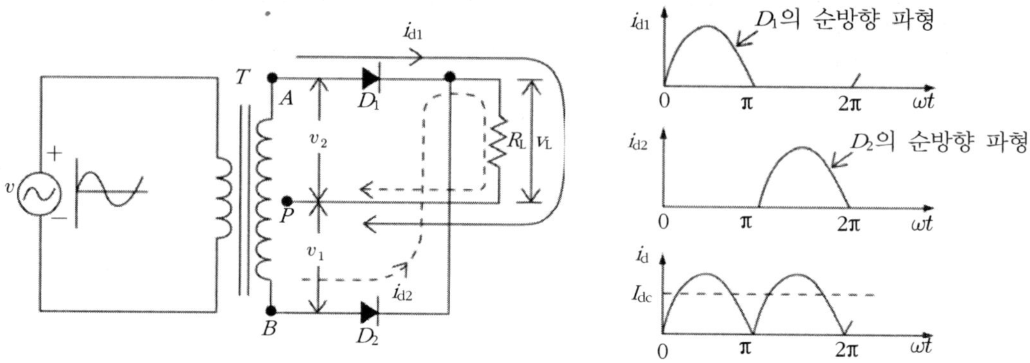

(a) 회로도 (b) 파형

[그림 16-1] 전파 정류 회로도 및 파형

즉, 변압기 T의 2차측 중앙점 P에서 AP, BP간의 전압 v_1, v_2가 같고, 다이오드 D_1, D_2도 특성이 같은 것을 사용한다. [그림 16-1] (a)에서 나타낸 것과 같이 (+)의 반파는 실선을 따라 흐르고, (−)의 반파는 점선을 따라 흐르게 되어 (+), (−)의 반파가 모두 흐르게 되므로 그 정류파형은 [그림 16-1] (b)와 같이 되고 부하저항 R_L의 양단에서 전파정류 전압이 가해지게 되며, 반파정류 때보다 직류분은 2배가 되고, 리플률도 작은 진동류가 흐르게 된다.

1) 효 율

반파정류회로보다 2배의 전압과 전류가 흐르며, 변압기의 2차측에서 교류전류 실효값은 반파 때와는 달리 $I_{DC} = 2I_m/\pi$, $I_{rms} = I_m/\sqrt{2}$으로 되며, 그 효율은 다음과 같다.

$$\eta = \frac{0.812}{(1 + r_f/R_L)} \times 100[\%]$$

여기서 r_f는 다이오드의 순방향 저항값이다.

2) 리플률

$$\gamma = \frac{I_{rms}}{I_{DC}} = \sqrt{(\frac{I_{rms}}{I_{DC}})^2 - 1}$$

로 표시되며, I_{DC}는 직류 출력 전류이다.

여기서 $\dfrac{I_{rms}}{I_{DC}} = \dfrac{I_m/\sqrt{2}}{2I_m/\pi} = \dfrac{\pi^2}{8} = 1.11$ 이므로 리플률 γ는 다음과 같다.

$$\gamma = \sqrt{1.11^2 - 1}0.48 = 0.48 \times 100\,[\%] = 48\,[\%]$$

따라서 전파정류가 반파정류보다 양호함을 알 수 있다.

3) 전압 변동률과 최대 첨두 전압

전파정류에서 직류 출력 전압 $V_{DC} = (2V_m/\pi) - I_{DC} \cdot r_f$로 표시되므로, r_f에 의한 $I_{DC} \cdot r_f$의 증가는 반파의 경우와 같으나, $2V_m/\pi$은 반파의 2배이므로 V_{DC}의 변화량은 적어지므로 전압 변동률도 양호해지며, 각 다이오드에는 $2V_m$의 최대 첨두 전압이 걸리게 됨을 알 수 있다.

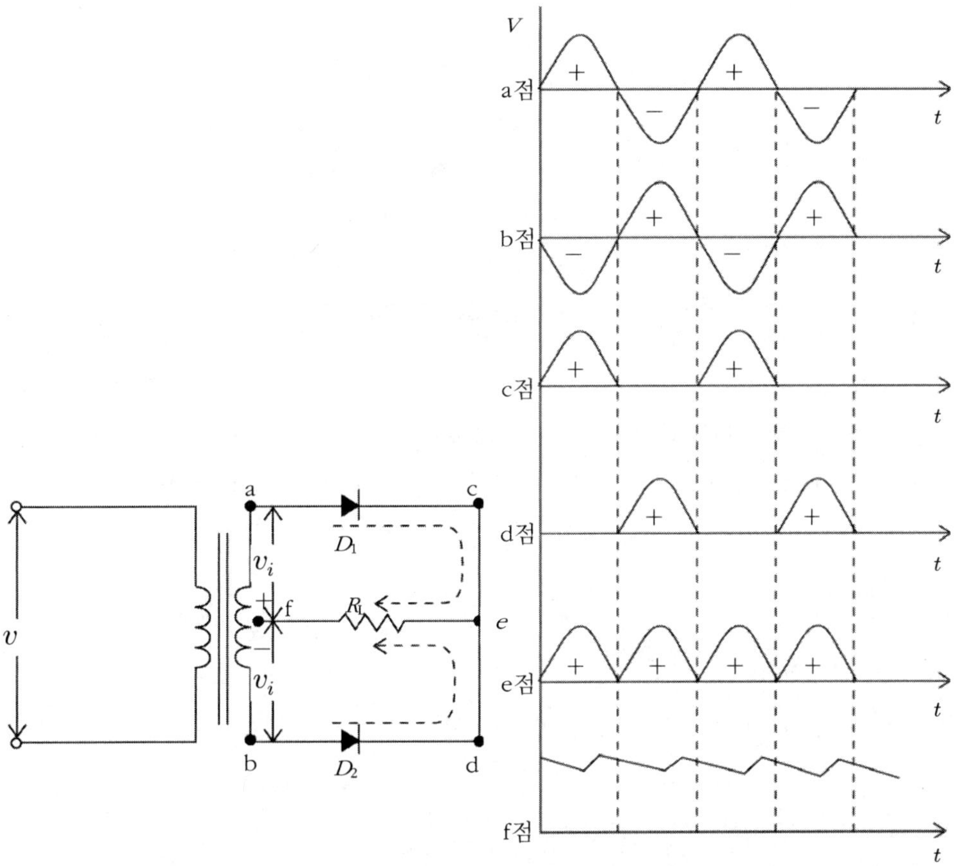

(a) 회로도 (b) 입출력 파형

[그림 16-2] 중간 탭형 전파 정류 회로

4) 중간탭형 전파 정류회로

[그림 16-2]에 중간 탭형 전파 정류회로의 입출력 파형을 나타낸 것이다.

(2) 브리지형 전파정류회로

[그림 16-3]은 브리지형(bridge type) 전파정류회로이다. 다이오드 4개에 중간탭이 없는 변압기로 전파정류하는 방법으로 변압기의 2차측 입력단자 AB에서 전압 방향이 A쪽은 (+), B쪽은 (−)라고 하면, 정류전류는 $A \to D_1 \to R_L \to D_2 \to B$로 흐르고, 또 $B \to D_3 \to R_L \to D_4 \to A$로 흐르므로 부하에는 항상 일정한 방향의 전류가 흐르게 된다.

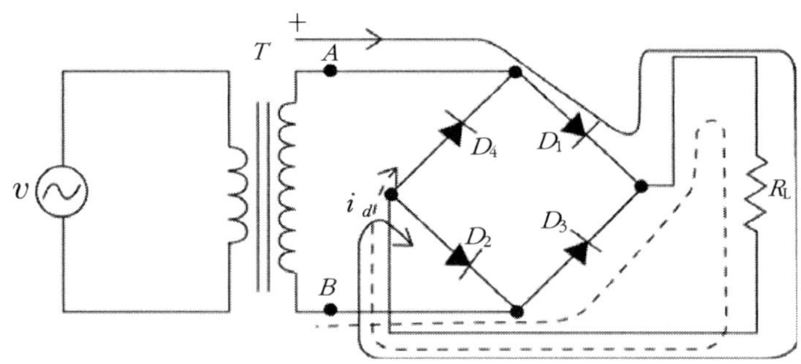

[그림 16-3] 브리지형 전파 정류 회로

그러므로 브리지형 회로를 사용하면 다이오드는 4개가 필요하지만 변압기의 중간 탭이 없으므로 변압기 크기가 작아지고, 각 다이오드에 걸리는 최대 역전압(PIV)도 1/2로 줄어 V_m이 되므로 고전압 정류에 가장 널리 사용된다.

4. 실험 절차

(1) 중간탭형 전파 정류회로

① [그림 16-4]의 회로도와 같이 연결한다.

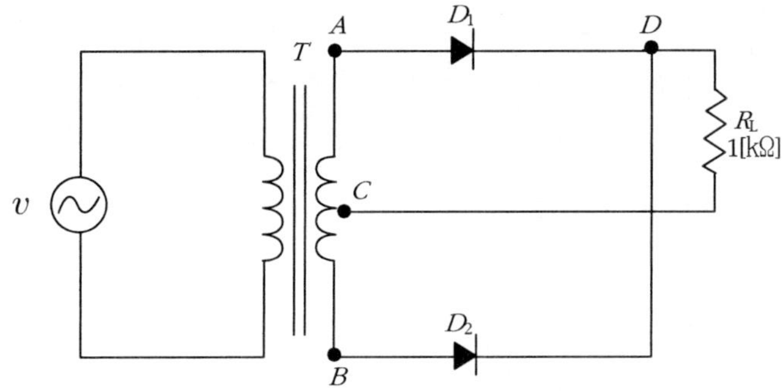

[그림 16-4] 중간탭형 전파정류 실험 회로

② 교류 입력 전압 AC 220[V], 60[Hz] 전원을 넣고, 변압기의 2차측 입력 파형(A−C점)과 부하 R_L에 나타나는 출력 파형(D−C)점을 측정하여 [그림 16-6]에 그린다.

③ 입 • 출력 파형의 첨두값(V_{p-p})을 측정하여 〈표 16-1〉에 기록한다.

④ 교류 전압계와 직류 전압계로 입 • 출력 전압을 측정하여 〈표 16-1〉에 기록한다.

(2) 브리지 전파 정류회로

① [그림 16-5]의 회로도와 같이 연결한다.

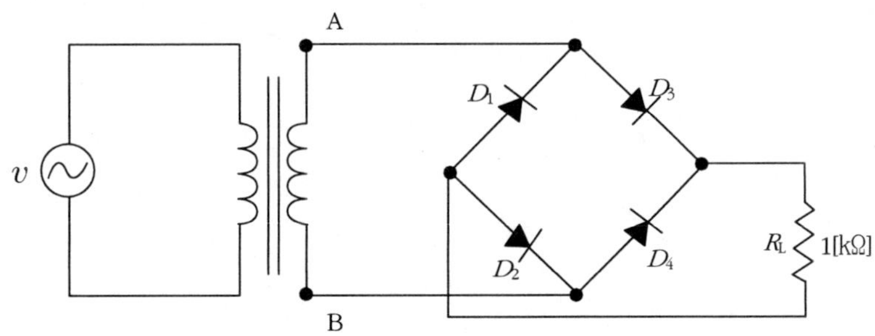

[그림 16-5] 브리지 전파정류회로

② 교류 입력 전압 AC 220[V], 60[Hz] 전원을 넣고, 변압기의 2차측의 입력파형(A−B점)과 부하 R_L에 나타나는 출력파형을 [그림 16-7]에 그린다.

③ D_1, D_3 다이오드에 걸리는 전압 파형과 부하에 걸리는 출력파형을 측정하여 [그림 16-6]에 그린다.

④ 입 · 출력 파형의 첨두값(V_{p-p})을 측정하여 〈표 16-1〉에 기록한다.

⑤ 교류 전압계와 직류 전압계로 입 · 출력 전압을 측정하여 〈표 16-1〉에 기록한다.

실험 결과 보고서

학과 : 학번 : 성명 :

1. 실험 결과표

〈표 16-1〉 전파 정류 회로

구 분		입력		출력	
		중간탭형	브리지형	중간탭형	브리지형
파형의 첨두값 V_{p-p}					
측정전압	교류전압계				
	직류전압계				

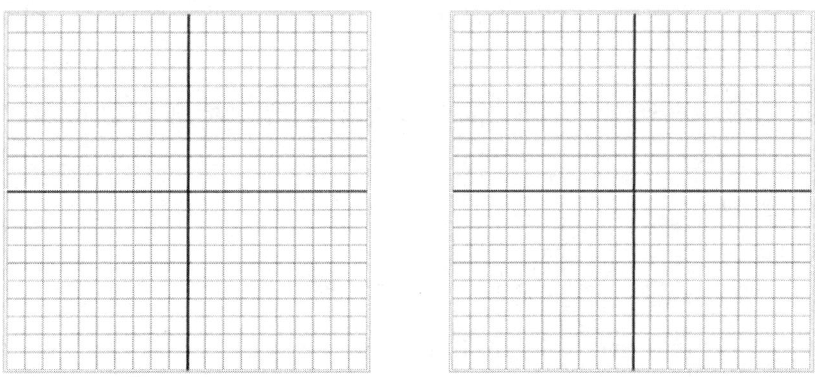

(a) 입력파형(A-C점) (b) 출력파형(D-C점)

[그림 16-6] 중간탭형 전파정류회로

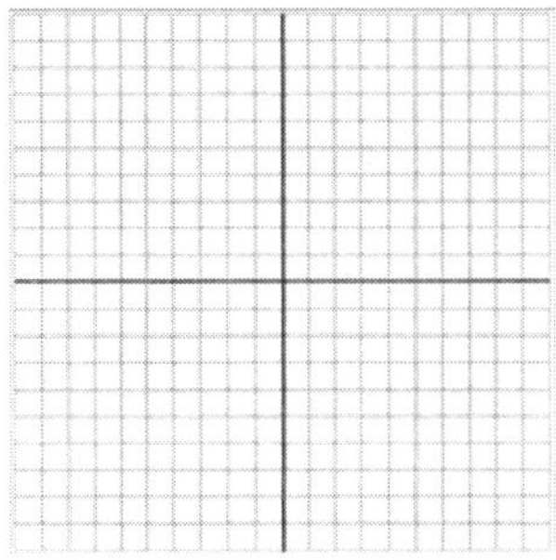

(a) 입력파형(A－B점)

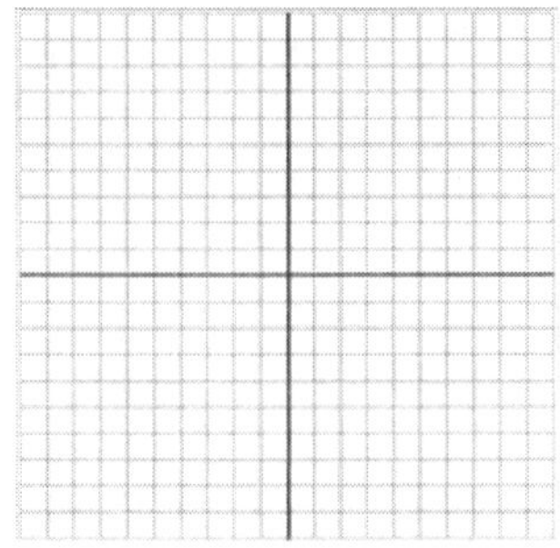

(b) 출력파형(R_L 양단 전압)

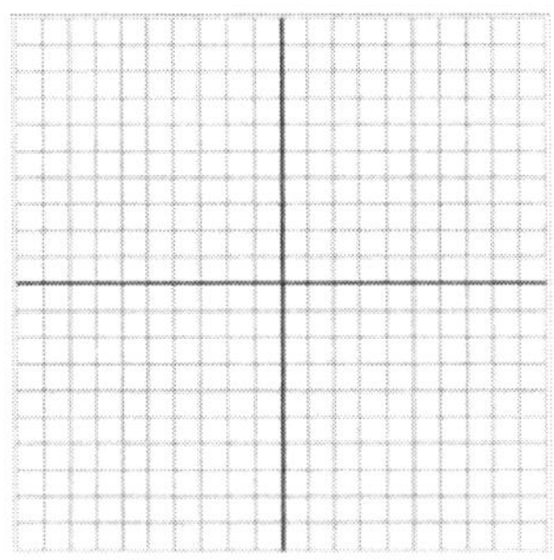

(c) D_1 양단의 전압 파형

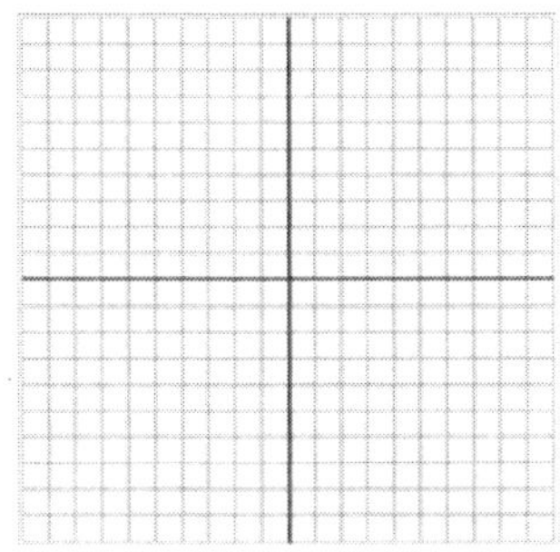

(d) D_3 양단의 전압 파형

[그림 16-7] 브리지형 전파정류회로

2. 검토 및 정리

(1) [그림 16-8]과 같은 전파 정류 회로에서 2차측 실효전압(V_i)이 55[V]일 때, 정류소자의 전압강하를 무시한다면 부하저항의 양단에 걸리는 전압의 평균값을 구하라.

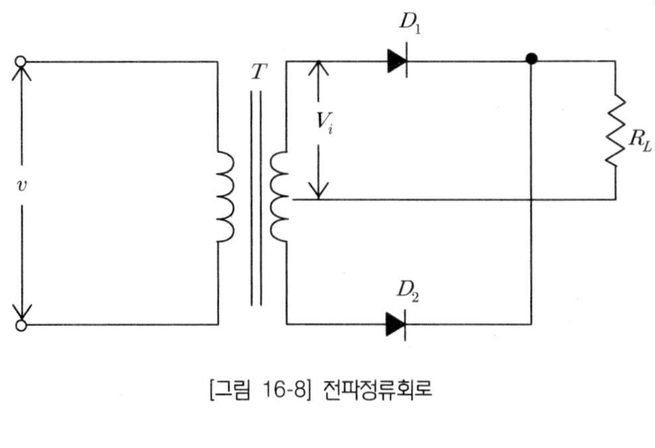

[그림 16-8] 전파정류회로

(2) [그림 16-9] 회로에서 평균 직류 출력전압이 100[Ω]의 부하에 전압 10[V]가 나타났다고 한다. 각 정류소자에 걸리는 피크 역전압(PIV)은 얼마인가?

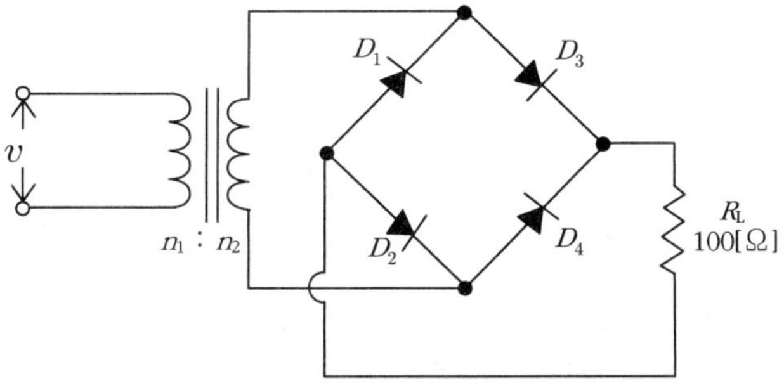

[그림 16-9] 브리지 정류회로

(3) 중간 탭형 전파정류와 브리지형 전파정류회로의 차이점을 설명하여라.

(4) 반파정류회로와 비교하여 전파정류회로에서 맥동전압에 대해 설명하여라.

(5) 브리지 정류회로의 출력전압의 실효치가 20[V]이다. 각 다이오드 양단의 최대 역전압은 얼마인지 구하여라.

(6) 다이오드를 사용한 정류회로에서 여러 다이오드를 직렬로 연결하여 사용하는 이유를 설명하여라.

(7) 실험에서 교류 전압계와 직류 전압계로 측정할 때에 나타나는 차이점에 대하여 설명하여라.

실험 17 배전압 정류회로

1. 실험 목적

(1) 배전압 정류회로의 동작원리를 이해할 수 있다.
(2) 배전압 정류회로의 정류 특성 곡선을 그릴 수 있다.
(3) 반파 및 전파 배전압 정류회로의 입·출력 파형을 측정할 수 있다.

2. 기기 및 재료

기기	규격	수량	재료	규격	수량
회로 시험기		1대	다이오드	1N4001	2개
오실로스코프	40[㎒]	1대	저항	100[Ω] 1[W]	1개
교류전압기	50[V]	1대	전해콘덴서	100[μF]/16[V]	2개
브래드 보드		1개	변압기	6[V]/500[mA]	1개

3. 관련 이론

배전압 정류 회로는 다이오드와 콘덴서를 사용하여 입력 교류 전압의 2배 이상의 직류 출력 전압을 얻는 회로로서 반파 배전압 정류 회로와 전파 배전압 정류 회로가 있다.

배전압 정류 회로는 전원 트랜스를 사용하지 않고, 가정용 상용 전원을 직접 정류하여 높은 직류 전압을 얻을 수도 있으나, 전압 변동률이 크므로 양호한 것은 못된다.

(1) 반파 배전압 정류 회로

[그림 17-1]에서 전류가 흐르는 순서를 보면, B 쪽에서는 B→D_1→C_1→A로 루프가 형성되어 C_1은 최대값 V_m이 충전되고 C_2, D_2에서는 D_2가 역방향으로 되어 전류가 흐르지 못한다. 그리고 A쪽으로는 A→C_1→D_2→C_2→B로 전류가 흐

르고 C_2에는 실효값 V_e의 $2\sqrt{2}$배, 즉 출력전압 V_o는 최대값 V_m의 2배의 전압이 출력전압 V_o가 된다.

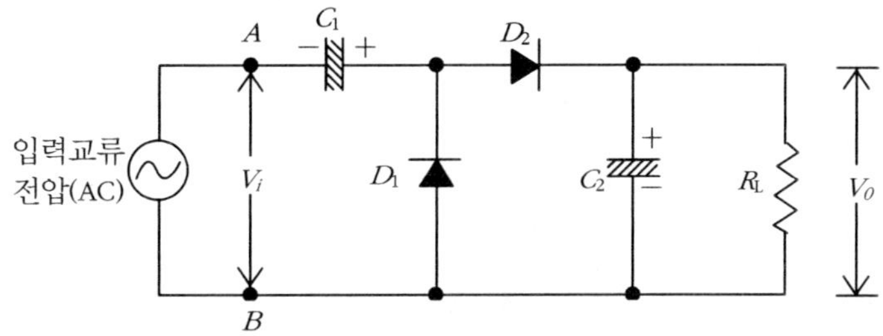

[그림 17-1] 반파 배전압 정류 회로

[그림 17-1]와 같은 회로에서 입력 교류 전압이 (−)의 반주기에는 [그림 17-2] (a)와 같이 다이오드 D_1을 통하여 콘덴서 C_1이 충전된다. 이 충전전압은 입력 교류 전압의 최대값과 같다. 다음에 입력전압이 (+)의 반주기가 되면 [그림 17-2]의 (b)와 같이 C_1의 충전전압과 입력전압의 합이 다이오드 D_2에 가해지고, D_2가 도통되어 콘덴서 C_2에 입력전압의 최대값의 2배가 충전된다. 즉 부하저항 R_L에는 입력전압 V_i의 $2\sqrt{2}$배에 가까운 직류 전압이 생기게 된다.

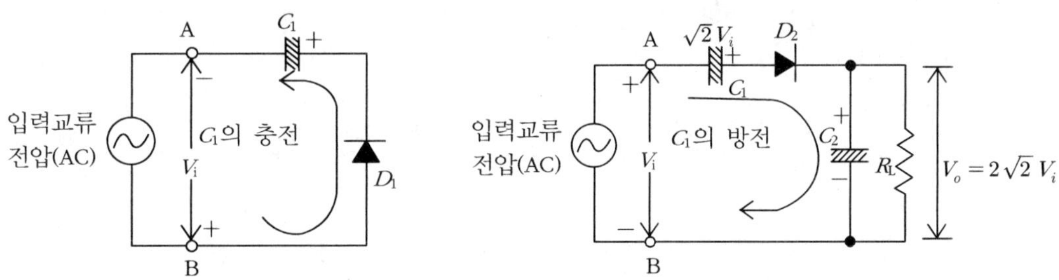

(a) (−)의 반주기 때　　(b) (+)의 반주기 때

[그림 17-2] 반파 배전압 정류회로의 동작상태

(2) 전파 배전압 정류회로

[그림 17-3]는 전파 배전압 정류회로이며, A쪽이 (+)일 때 D_1이 도통되어 C_1이 최대값 V_m으로 충전된다. B쪽의 (+)의 반주기에서는 D_2가 도통되고 C_2가 V_m으로 충전된다. 여기에서 C_1과 C_2의 극성이 직렬로 접속되었으므로 출력단자에는 $2V_m$의 전압이 얻어진다.

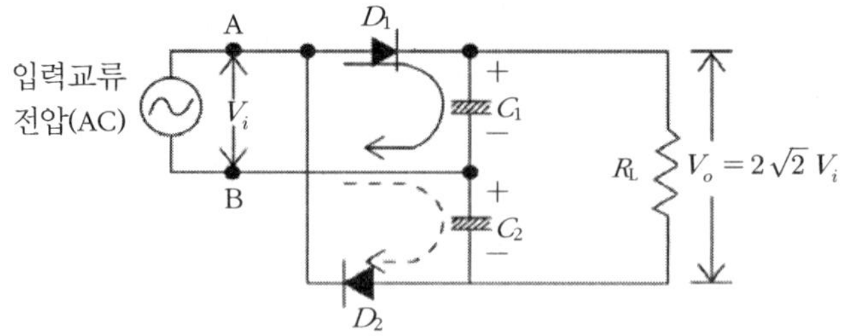

[그림 17-3] 전파 배전압 정류회로

이 배전압 정류회로는 전원 트랜스를 사용하지 않고 직접 상용전원으로 고전압을 얻을 수 있는 이점이 있으나 부하 전류가 커지면 [그림 17-1]의 C_2, [그림 17-3] C_1, C_2가 전하의 방전에 의해 전압 변동이 커지므로 부하전류가 적은 회로에 사용되고 있다.

[그림 17-1]의 반파 배전압 회로의 경우는 직류회로의 접지점과 교류 쪽의 접지점을 공통으로 할 수 있으므로 상용전원(100[V], 220[V]) 등을 직접 배전압으로 정류할 수 있으나, [그림 17-3]의 전파 배전압의 경우는 직류전압의 접지와 교류전원의 접지는 직접 접속할 수 없으므로 반드시 콘덴서 C_2를 사용하여야 한다.

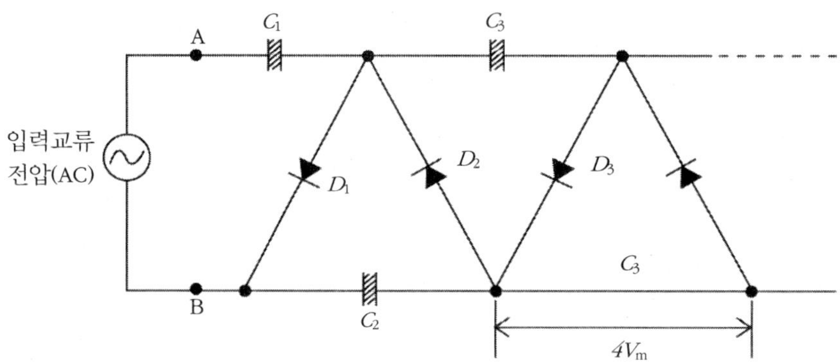

[그림 17-4] 체배전압 정류회로

[그림 17-4]는 배전압 정류회로의 원리를 이용한 체배전압 정류회로이다.

이론상으로는 몇 배까지도 체배하여 직류전원을 얻을 수 있지만, 다이오드와 콘덴서의 내압과 흘릴 수 있는 전류량이 문제가 되므로 잘 쓰이지 않는다. 그림에서는 4배의 체배를 하였으나 이와 같이 다이오드와 콘덴서를 계속 접속하면 체배가 된다.

4. 실험 절차

① [그림 17-5]와 같이 회로를 연결한다.

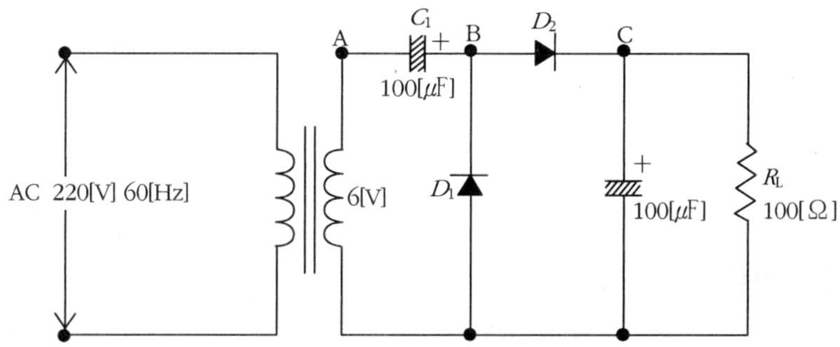

[그림 17-5] 배전압 정류회로

② 교류 입력 전원 AC 220[V], 60[Hz]을 넣고, 점 A, B, C에서 각각 파형을 측정하여 [그림 17-6]에 그린다.

③ 부하저항 R_L을 연결하지 않고(무부하시) 출력파형을 측정하여 [그림 17-7]에 그린다.

④ 부하가 있을 때의 측정값과 무부하시의 값을 이용하여 각 파라미터를 계산하여 〈표 17-1〉에 기록한다.

실험 결과 보고서

학과 : 학번 : 성명 :

1. 실험 결과표

〈표 17-1〉 반파 배전압 정류 회로의 전압 변동률 및 맥동률

	출력 전압	전압 변동률	직류 전압	직류 전압의 교류분	맥동률
부하시					
무부하시					

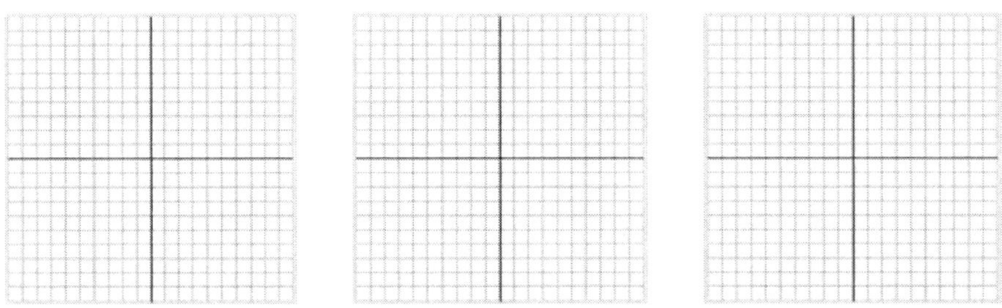

A점 파형 B점 파형 C점 파형

[그림 17-6] 부하가 있을 때의 각 점의 파형 측정

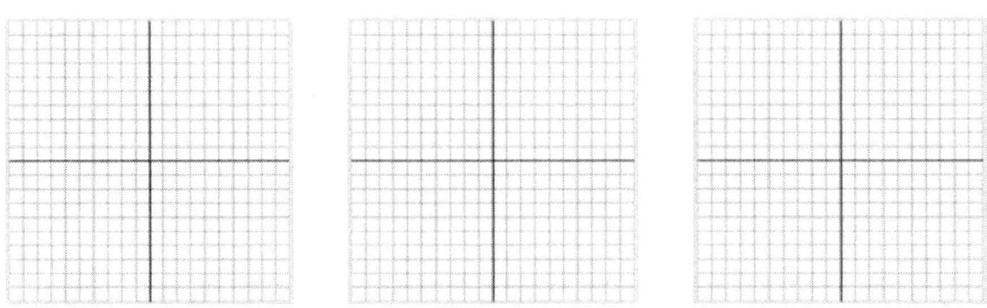

A점 파형 B점 파형 C점 파형

[그림 17-7] 부하가 없을 때의 각 점의 파형 측정

2. 검토 및 정리

(1) 교류 입력 전압 10[V]를 전파 배전압 정류시킬 때 출력전압의 최대값은 얼마인가?

(2) 3배 체배전압 회로의 입력전압이 12[V]이다. 직류 출력 전압은 얼마인가?

(3) 3배전압 정류회로를 그려라.

(4) 체배전압 정류회로를 널리 사용하지 않는 이유를 설명하여라.

실험 18 트랜지스터의 특성

1. 실험 목적

(1) 트랜지스터의 구조를 이해할 수 있다.
(2) 트랜지스터의 동작 원리와 특성을 이해할 수 있다.
(3) 트랜지스터의 역방향 및 순방향 특성을 측정할 수 있다.
(4) 트랜지스터의 전류 증폭률을 구할 수 있다.

2. 기기 및 재료

기기	규격	수량	재료	규격	수량
직류전원전압기		1대	트랜지스터	2SC1815 2N3904 2SA562 2SA1015	각 1개
회로시험기		1대			
오실로스코프		1대	저항	4.7[kΩ]	1개
브래드 보드		1개		820	1개

3. 관련 이론

(1) 트랜지스터의 구조

트랜지스터(transistor : Tr)는 이미터, 베이스, 콜렉터라고 불리는 3개층의 반도체 소자를 갖고 있으며, 2개의 접합면을 형성하고 있다. 이들 두 접합면의 상호작용으로 증폭작용이 이루어진다. 이들의 구조와 기호는 [그림 18-1]과 같다.

PN접합면의 베이스 영역은 매우 얇고 약하게 도핑되어 있으며, 이미터는 강하게 도핑하고, 콜렉터 영역은 일반적으로 적당하게 도핑되어 있다.

물리적 구조는 콜렉터가 보통 대전력 트랜지스터의 경우 케이스와 전기적으로 접속되어져 콜렉터 영역에서의 열을 발산시키도록 한다.

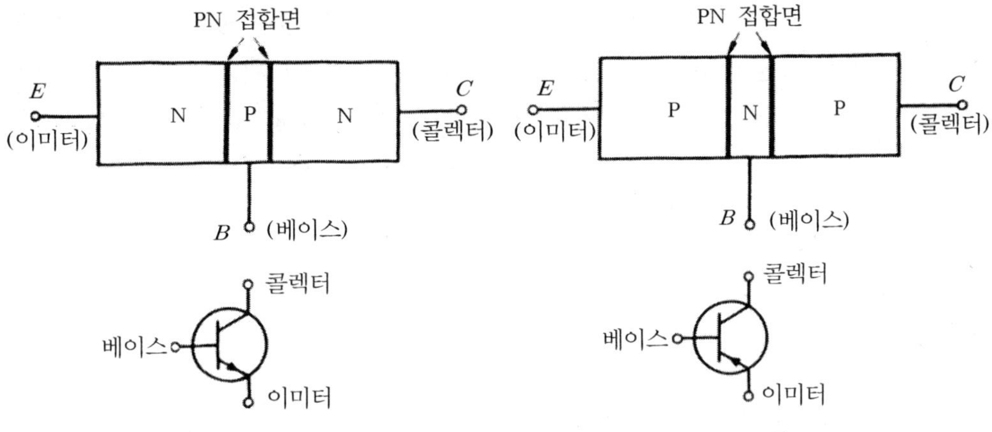

(a) NPN형 (b) PNP형

[그림 18-1] 트랜지스터의 구조와 기호

[그림 18-1]에서 E로 표시된 단자는 이미터(emitter), C는 콜렉터(collector), 그리고 B는 베이스(base)를 나타낸다.

(2) 트랜지스터의 동작

트랜지스터는 평형 상태, 차단상태, 포화상태, 활성상태 등 4개의 다른 상태로 동작한다.

1) 평형 상태

[그림 18-2]는 평형 상태에 있는 PNP 트랜지스터를 나타낸 것이다. [그림 18-2] (a)에서는 이미터, 베이스 및 콜렉터 단자가 모두 개방(open)되어 있다. [그림 18-2] (b)에서는 각 단자가 모두 단락(short)되어 있다. 이 두 가지 경우는 회로적으로 틀리나, 트랜지스터 내부의 물리적 상태에 있어서는 동일하다.

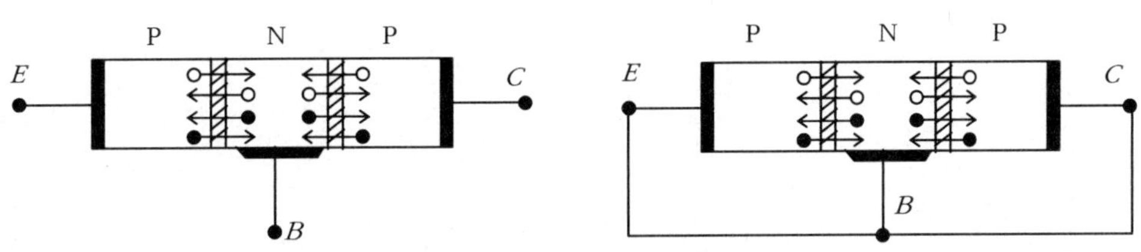

(a) 단자 개방시 (b) 단자 단락시

[그림 18-2] 평형 상태의 PNP 트랜지스터

이미터 접합 및 콜렉터 접합의 공핍층을 건너서 이동하는 반송자(전자와 정공)의 흐름이 평형을 이루고 있으며 결과적으로 전류가 0으로 되어 있다. p형 쪽의 다수 반송자(정공)는 n형 쪽으로 확산해가며, n형 쪽의 소수 반송자(정공)는 공핍층의 전계에 끌리어서 p형 쪽으로 드리프트 운동을 한다.

평형 상태에서는 이러한 다수 반송자의 확산 전류와 소수 반송자의 드리프트 전류가 똑같으며 균형을 이루고 있어 전자의 움직임에 있어서도 똑같다. 단, 전자의 경우 n형에서 p형 쪽으로 이동하는 것이 확산 운동이며, p형 쪽에서 n형 쪽으로 이동하는 것이 드리프트 운동이다.

2) 차단상태

[그림 18-3] (a)는 이미터 접합 및 콜렉터 접합이 모두 역바이어스되어 있는 경우이다. 이것을 차단(cut-off) 상태라고 한다. PN 접합이 역바이어스되어 있는 경우, 다수 반송자의 확산 운동은 차단되어 PN 접합을 지나가는 것은 드리프트 전류뿐이다. 이 전류는 매우 작아서 Ge 트랜지스터에서 [μA] 정도, Si 트랜지스터에서 [nA] 정도이다.

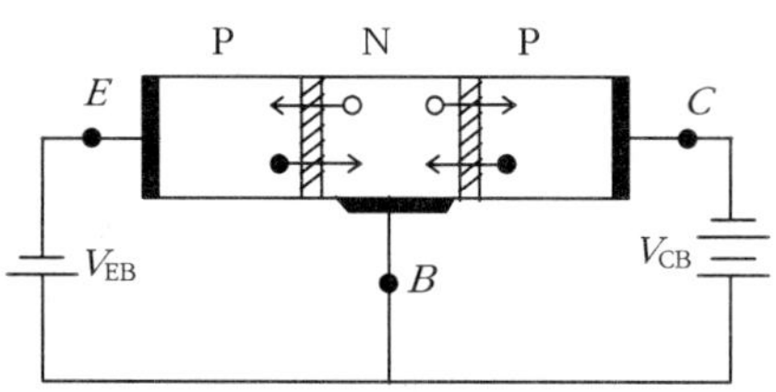

(a) 역바이어스시

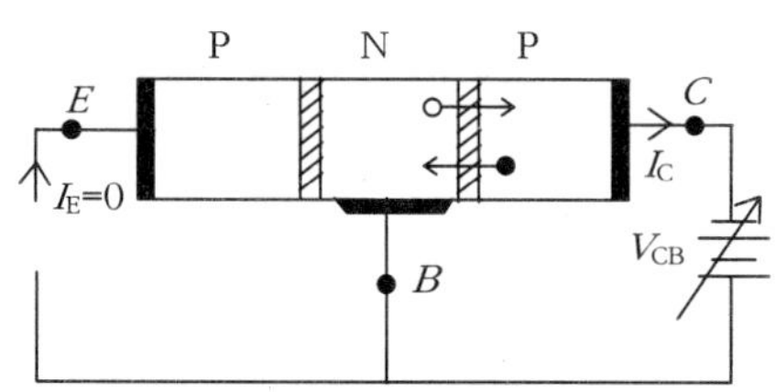

(b) 이미터 개방시

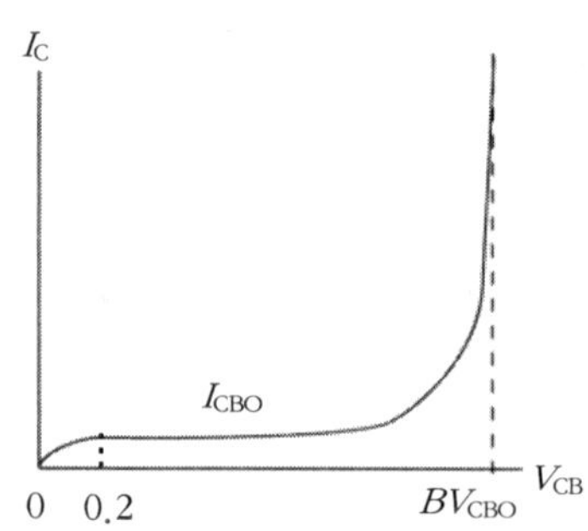

(c) $V_{CB}-I_C$ 특성

[그림 18-3] 차단 상태

[그림 18-3] (b)는 이미터 단자를 개방해놓고 콜렉터 접합에 역바이어스 전압을 인가한 경우이다. 이 경우도 역시 차단상태라고 한다. 이미터 접합은 평형상태에 있으며 반송자들의 움직임은 [그림 18-2] (b)의 경우와 같다. 이것은 이미터 전류 I_E가 0임을 나타내기 위해서이다. [그림 18-2] (b)에서 콜렉터 회로를 흐르는 전류를 콜렉터 차단전류라고 하며, I_{CO} 또는 I_{CBO}로 표시한다.

I_{CBO}는 다이오드 역전류와 똑같은 성격의 것이므로 콜렉터 역바이어스 V_{CB}가 변화할 때 [그림 18-3] (c)와 같이 변화한다. V_{CB}에 따라 I_C가 증가하는 처음 부분은 다수 반송자의 확산이 점점 작아져 가는 범위이다. V_{CB}가 0.2[V] 정도 넘으면 다수 반송자의 확산이 완전히 차단되어 포화상태를 나타낸다. I_{CO}를 콜렉터 역포화 전류라고도 부르는 것은 여기서 온 것이다.

V_{CB}를 계속해서 증가하면, [그림 18-3] (c)에서와 같이 전류가 갑자기 증가하기 시작하여 한없이 증대한다.

이것은 애벌런치에 기인하는 것이다. 이러한 현상이 나타나는 전압을 콜렉터 항복전압이라고 하며 BV_{CBO}로 표시한다. 실제로 트랜지스터를 동작시키는 경우 애벌런치 항복이 나타나지 않는 범위에 제한되어 있으므로 규격표에서 포화상태에서의 값을 I_{CO}로 표시한다.

3) 포화 상태

이미터 접합 및 콜렉터 접합이 모두 순바이어스된 경우를 포화(saturation)상태라고 한다. 여기서 전류의 방향은 이미터 전압이 콜렉터 전압보다 큰 경우 ($V_{EB} > V_{CB}$)에 대한 것이다.

지금 단계로서는 포화상태에서의 전압과 전류 관계를 이해하기 곤란하므로 트랜지스터 내에서의 반송자의 이동은 [그림 18-4]에 표시하지 않았다.

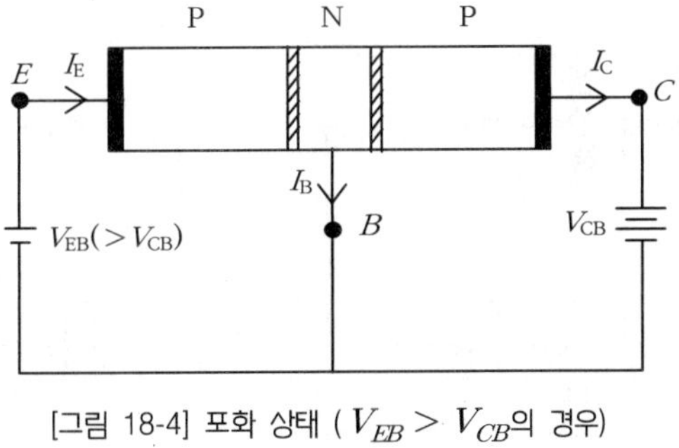

[그림 18-4] 포화 상태 ($V_{EB} > V_{CB}$의 경우)

4) 활성상태

트랜지스터의 활성(active) 상태는 [그림 18-5]와 같이 항상 이미터 접합(이미터－베이스)을 순바이어스를 걸어주고, 콜렉터 접합(콜렉터－베이스)은 역바이어스를 걸어준 상태로 동작한다. 이미터 접합은 보통 100[Ω] 이하의 저항을 가지며, 콜렉터 접합은 100[kΩ] 이상의 저항을 나타낸다.

만일 얇은 베이스 영역을 둘로 나눈다면 그림 (b)와 같이 2개의 다이오드가 접속되어져 있는 형태로 트랜지스터를 나타낼 수 있다. 따라서 순방향 및 역방향 바이어스되어진 일반 다이오드와 같은 방법으로 접합 사이의 저항을 계산할 수 있다.

다이오드가 순방향 바이어스되었을 때 저항은 이론적으로 $r_F = 26[\text{mV}]/I_F$이므로 순방향 바이어스된 이미터 접합의 교류저항 $r'_e = 26[\text{mV}]/I_E$가 된다.

또한 순방향 바이어스에 의한 이미터접합의 전압강하는 실리콘(Si) Tr인 경우 0.6[V], 게르마늄(Ge) Tr인 경우 0.2[V] 정도가 된다.

[그림 18-5]에서 이미터 접합에 순방향 바이어스, 콜렉터 접합에 역방향 바이어스 전압을 걸어주면 트랜지스터 동작이 일어난다. 이미터－베이스 사이가 순바이어스되어 있으므로 P형 이미터 영역에서 다수 반송자인 정공의 확산으로 N형의 베이스 영역으로 흘러들어가고 베이스 영역내에서 일부는 전자와 재결합하지만 대부분은 역바이어스 전압으로 콜렉터 접합면을 통과해서 콜렉터 영역으로 넘어가게 된다.

따라서, 이미터 전류 I_E는 이미터에서 베이스 쪽으로 확산해 들어가는 정공 전류 I_B와 이미터에서 콜렉터로 확산해 가는 전류 I_C로서 형성되어 있다. 즉,

$$I_E = I_B + I_C$$

여기서, 베이스 전류 I_B는 이미터 전류 I_E나 콜렉터 전류 I_C에 비해 대단히 적다.

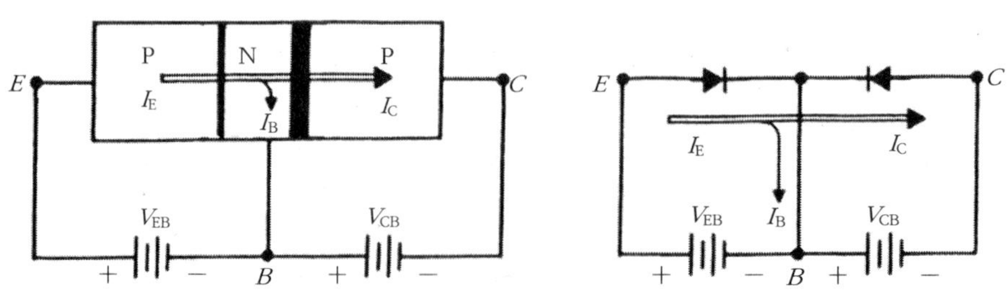

[그림 18-5] 활성상태

5) 전류 증폭률

이미터에서 방출되어 흐르는 전류의 양 I_E 와 콜렉터 영역에 도달하는 전류의 양 I_C의 비를 트랜지스터의 전류 증폭률(amplification factor)이라고 하는데 α로 표시하고, 트랜지스터의 전기적 특성을 특정지우는 가장 기본적 파라미터(parameter)이다. 즉, α의 값이 되도록 1에 가까운 것이 이상적이다.

$$0 < \alpha \leqq 1$$

실제의 트랜지스터에 있어서 α의 값은 0.98~0.997 정도이며, 1에 가깝게 하기 위해 트랜지스터의 물리적 구조를 어떻게 해야 할 것인가를 살펴보면 α를 1에 가까이 하려면 실제의 PNP 트랜지스터에 있어서 이미터 접합을 PN 접합으로 하는 것은 이 까닭이다. 베이스에 주입된 정공들이 이 영역을 확산해가는 도중에 전자와 마주치는 기회가 없도록 해야 한다. 베이스 폭을 0.3~20㎛ 정도로 지극히 작게 하는 것은 이 이유이다.

또한 베이스 전류 I_B에 대한 콜렉터 전류 I_C의 비를 β라 하면

$$\beta = \frac{I_C}{I_B} = \frac{\alpha}{1-\alpha}$$

이다.

4. 실험 절차

(1) PNP, NPN 트랜지스터의 저항값 측정

① 회로시험기를 사용하여 PNP 트랜지스터의 베이스(B)에 적색 리드봉(－)을 대고, 이미터(E)에 흑색 리드봉(＋)을 대었을 때의 저항값을 측정하여 〈표 18-1〉에 기록한다. 여기서 순방향은 저항값이 적게 나올 때를 말하며, 역방향은 저항값이 크게 측정될 때를 말한다.

② 실험 ①의 리드봉을 바꿔서 저항값을 측정하여 〈표 18-1〉에 기록한다.

③ 콜렉터(C)에 흑색 리드봉(＋)를 대고, 베이스(B)에 적색 리드봉(＋)을 대었을 때의 저항값을 측정하여 〈표 18-1〉에 기록한다.

④ 실험 ③의 리드봉을 바꿔서 저항값을 측정하여 〈표 18-1〉에 기록한다.

⑤ 콜렉터(C)에 흑색 리드봉, 이미터(E)에 적색 리드봉을 대고 저항값을 측정하여 〈표 18-1〉에 기록한다.

⑥ 실험 ⑤의 리드봉을 바꿔서 저항값을 측정하여 〈표 18-1〉에 기록한다.

⑦ PNP 트랜지스터를 NPN 트랜지스터로 교체하고 실험 과정 ①~⑥를 반복 측정하여 〈표 18-1〉에 기록한다.

(2) 트랜지스터 각 단자의 전류 측정

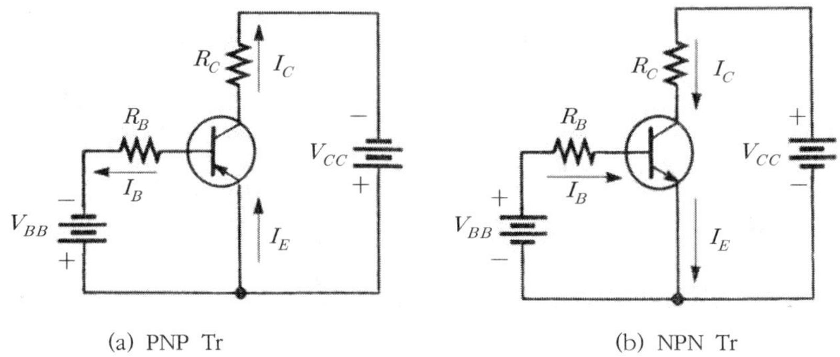

[그림 18-6] 트랜지스터 전류 실험회로

① [그림 18-6] (a) 회로에서 PNP 트랜지스터 2SA562, $R_B=4.7$[kΩ], $R_C=820$[Ω], $V_{BB}=1.5$[V], $V_{CC}=6$[V]를 사용하여 회로를 연결한다.

② 이미터에 흐르는 전류 I_E, 베이스에 흐르는 전류 I_B, 콜렉터에 흐르는 전류 I_C를 측정하여 〈표 18-2〉에 기록한다.

③ [그림 18-6] (b) 회로에서 NPN 트랜지스터 2SC1815, $R_B=4.7$[kΩ], $R_C=820$[Ω], $V_{BB}=1.5$[V], $V_{CC}=6$[V]를 사용하여 회로를 연결한다.

④ 실험 절차 ②를 반복하여 〈표 18-2〉에 기록한다.

⑤ 측정값을 이용하여 전류증폭률 $\alpha=\dfrac{I_C}{I_E}$, $\beta=\dfrac{I_C}{I_B}$를 계산하여 〈표 18-2〉에 기록한다.

⑥ 다른 PNP, NPN Tr를 위 실험절차 ①~⑤의 과정을 반복한다.

실험 결과 보고서

학과 : 학번 : 성명 :

1. 실험 결과표

〈표 18-1〉 트랜지스터 각 단자간 저항값

트랜지스터	이미터-베이스		베이스-콜렉터		콜렉터-이미터	
	순방향	역방향	순방향	역방향	순방향	역방향
2SA562						
2SC1815						

〈표 18-2〉 트랜지스터 각 단자에 흐르는 전류

Tr	이미터 전류 I_E	베이스 전류 I_B	콜렉터 전류 I_C	$I_B + I_C$	전류증폭률	
					α	β
2SA562						
2SA1015						
2SC1815						
2N3904						

2. 검토 및 정리

(1) PNP형 트랜지스터의 순방향과 역방향의 저항값은 대략 얼마 정도인가?

(2) NPN형 트랜지스터의 순방향과 역방향의 저항값은 대략 얼마 정도인가?

(3) PNP형 Tr와 NPN형 Tr의 전류 흐름의 방향에 대하여 설명하여라.

(4) 트랜지스터의 기호에서 나타내는 화살표는 무엇을 의미하는지 설명하여라.

(5) PNP형 Tr과 NPN형 Tr의 전류 증폭률에 대하여 비교 설명하여라.

(6) 이미터 전류와 베이스 전류, 콜렉터 전류의 관계를 설명하여라.

(7) 트랜지스터에서 베이스 영역을 이미터나 콜렉터에 비하여 얇게 도핑시키는 이유를 설명하여라.

(8) 트랜지스터의 4개의 동작 모드(상태)에 대하여 설명하여라.

실험 19 트랜지스터의 증폭회로

1. 실험 목적

(1) 트랜지스터의 베이스, 이미터, 콜렉터 공통 접지 회로의 특성을 이해할 수 있다.
(2) 트랜지스터의 접지회로에 따른 특성의 차이점을 알 수 있다.
(3) 트랜지스터의 접지방식에 따 른 전류 증폭률을 구할 수 있다.

2. 기기 및 재료

기기	규격	수량	재료	규격	수량
직류전원전압기	20[V]	1 대	트랜지스터	2SC1815	1개
회로실험기	25[V]	각 1대	저항	470[Ω] 1/2[W] 1k, 10k	각 1개
직류전류계	2.5[mA] 250[mA]	각 1대			
브래드 보드		1개			

3. 관련 이론

(1) 베이스 접지 증폭회로

베이스 접지 증폭회로(Common Base, CB)는 베이스를 접지시키고 이미터에 입력 신호를 인가하여 콜렉터에서 출력을 얻는 방식으로 [그림 19-1]은 베이스 접지 증폭기의 기본 회로를 나타내고, [그림 19-2]는 입력 및 출력 특성을 나타낸 것이다.

이 회로는 이미터와 베이스간의 용량 C_{bc}에 의한 영향을 제거할 수 있어 고주파 특성이 양호하나 증폭도가 낮아 저주파에서는 거의 사용하지 않고 전류 증폭도(α)는 1 미만이지만 전압 이득이 커서 전력 이득이 크게 된다.

한편 입력 임피던스가 수 백[Ω]이고, 출력 임피던스도 수 백[kΩ]이 되어 입력 임피던스가 큰 회로와의 정합에 적합하다.

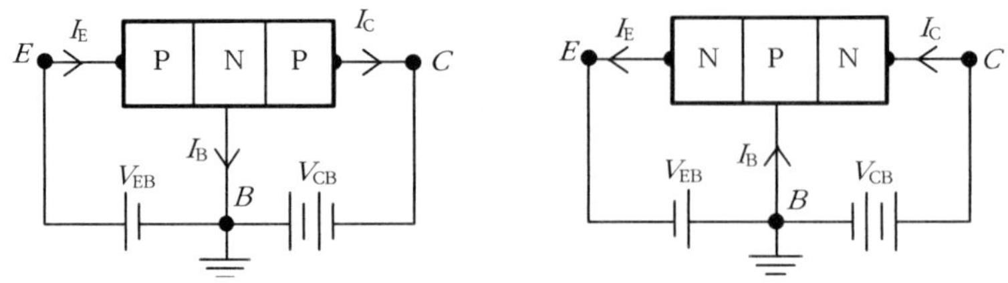

(a) PNP형 (b) NPN형

[그림 19-1] CB 증폭회로

[그림 19-1] (a)에서 이미터 전류 I_E는 베이스 전류 I_B와 콜렉터 전류 I_C의 합이 되므로 다음과 같이 된다.

$$I_E = I_C + I_B$$

와 같다. 여기서 $I_C \gg I_B$가 되므로 다음과 같이 성립된다.

$$I_E \cong I_C$$

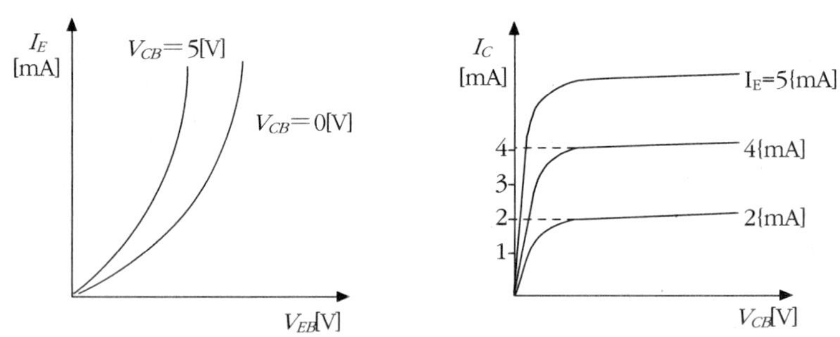

(a) 입력특성 (b) 출력특성

[그림 19-2] CB 증폭회로의 입·출력 특성 곡선

[그림 19-2]의 입・출력 특성 곡선에서 V_{CB}를 -10[V]로 고정하고 이미터전류I_E를 2[mA]에서 4[mA]로 변화시키면 콜렉터전류 I_C는 2[mA]에서 거의 4[mA]로 변하게 된다. 즉 입력 I_E를 2[mA] 변화시키면 출력 I_C는 약 2[mA] 변화된다.

따라서 베이스 접지 증폭기의 전류 증폭률 α는 대략 다음과 같이 된다.

$$\alpha = \frac{출력전류}{입력전류} = \left.\frac{\Delta I_C}{\Delta I_E}\right|_{V_{CB}=일정} = 0.95 \sim 0.99$$

(2) 이미터 접지 증폭회로

이미터 접지 증폭회로(Common Emitter, CE)는 이미터를 접지시키고 베이스에 입력 전압을 인가하고 콜렉터에서 출력을 얻는 방식으로 [그림 19-3]는 기본 회로를, [그림 19-4]는 콜렉터 특성($V_{CE}-I_C$)을 나타낸 것이다.

이 증폭기의 특징으로는 전류 증폭률(β)이 매우 크고, 전압 이득과 출력 이득이 다른 접지방식에 비해서 크다는 것과 입력 임피던스가 수 백[Ω]이고, 출력 임피던스가 수 백[kΩ]이 되어 대부분의 증폭기가 이 방식을 택하고 있다.

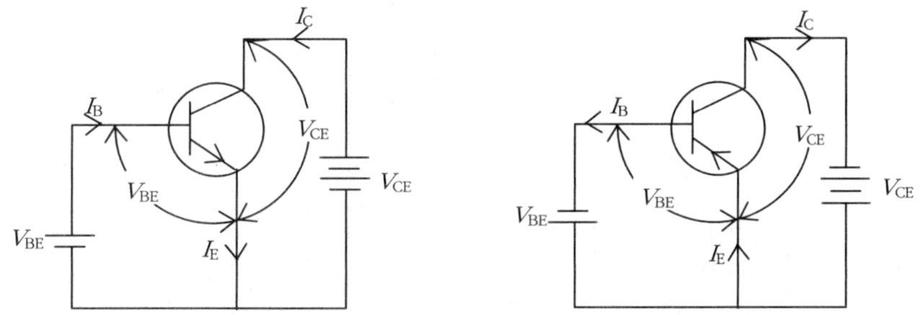

(a) NPN형　　(b) PNP형

[그림 19-3] CE 증폭회로

[그림 19-3] (b)에서 이미터 전류 I_E는 베이스 전류 I_B와 콜렉터 전류 I_C와의 합이 되므로 다음과 같이 된다.

$$I_E = I_B + I_C$$

전류 증폭률 α와 β의 관계를 다음과 같이 나타낼 수 있다.

$$\alpha = \frac{\beta}{1+\beta}, \quad \beta = \frac{\alpha}{1-\alpha}$$

베이스를 개방하였을 때 콜렉터와 이미터 사이에 흐르는 누설 전류 I_{CEO}는

$$I_C = \alpha I_E + I_{CO}$$

$$I_{CEO} = \left.\frac{I_{CO}}{1-\alpha}\right|_{I_B=0} = \frac{I_{CBO}}{1-\alpha}$$

가 된다. 여기서 I_{CBO}는 베이스 접지 회로에서 이미터 개방시 콜렉터와 베이스 사이의 누설 전류를 말한다. I_{CBO}와 β의 관계는 다음과 같이 된다.

$$I_{CEO} = (\beta+1)I_{CBO} \cong \beta I_{CBO}$$

위 식에서 알 수 있듯이 $I_C = \alpha I_E + I_{CO}$가 클수록 I_{CEO}가 증가한다.

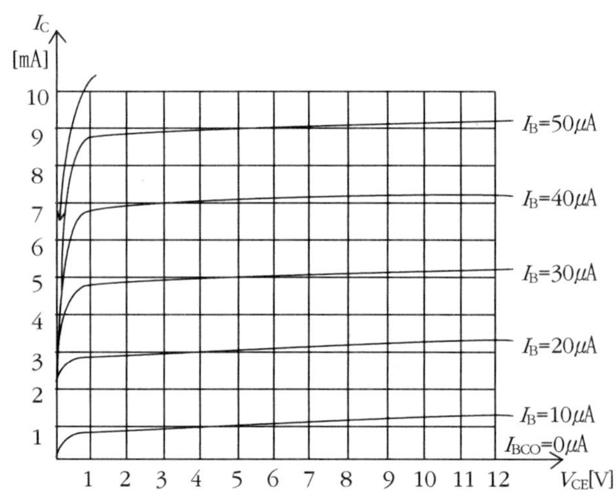

[그림 19-4] 이미터 접지CE 증폭회로의 $V_{CE} - I_C$ 특성 곡선

입력과 출력은 역위상이 되고 베이스와 콜렉터의 극간 용량 C_{BC}가 커서 고주파 증폭용에는 중화회로를 부가한다.

[그림 19-4]의 $V_{CE} - I_C$ 특성 곡선에서 V_{CE}를 10[V]로 일정하게 하고, 베이스 전류 I_B를 10[μA]~30[μA]로 변환시키면 콜렉터 전류 I_C는 1.2[mA]에서 5.2[mA]의 변화를 나타낸다. 즉 입력 전류 20[μA]에 대해 출력전류는 4[mA]가 변화되어 결국 200배의 전류 이득을 나타내는 것이다. 이것을 식으로 나타내면 전류 증폭률 β는 다음과 같다.

$$\beta = \left.\frac{\Delta I_C}{\Delta I_B}\right|_{V_{CB}=\text{일정}} = \frac{(5.2-1.2)\times 10^{-3}}{(30-10)\times 10^{-6}} = 200$$

(3) 콜렉터 접지 증폭회로

콜렉터 접지(Common Colllector : CC) 증폭회로는 [그림 19-5]와 같이 콜렉터를 공통으로 접지시키고 베이스에 입력을 인가하여 이미터에서 출력을 얻는 방식으로 이미터 폴로워(emitter follow)라고도 부른다. 이 회로의 특징은 다음과 같다.

- 입력 임피던스가 크고 출력 임피던스가 낮다.
- 낮은 입력 임피던스를 갖는 회로와 결합이 적합하다.
- 입 · 출력 전압 위상이 동위상이고 이득이 1 이하이다.
- 입 · 출력 전류 위상이 역위상이고 이득이 크다.
- 100[%] 부궤환 증폭기로서 안정적이고 왜곡이 가장 적다.

따라서, 임피던스 변환회로에 사용되며, 전압 이득은 없으나 전류이득은 이미터 공통접지회로와 가깝고, 출력파형의 일그러짐이 없이 안정된 동작을 한다.

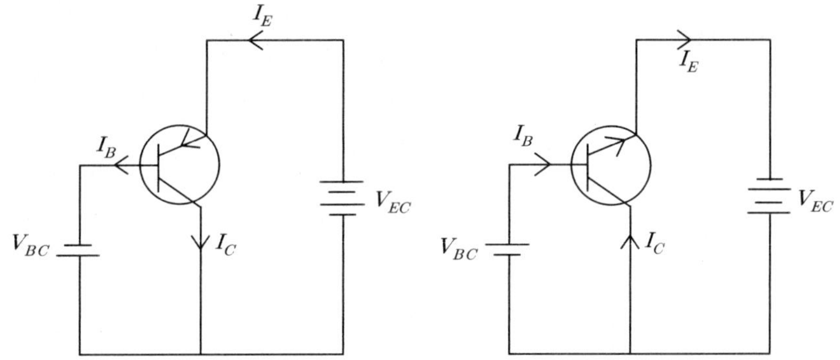

(a) PNP형　　(b) NPN형

[그림 19-5] CC 증폭회로

4. 실험 절차

(1) CB 증폭회로의 입력특성

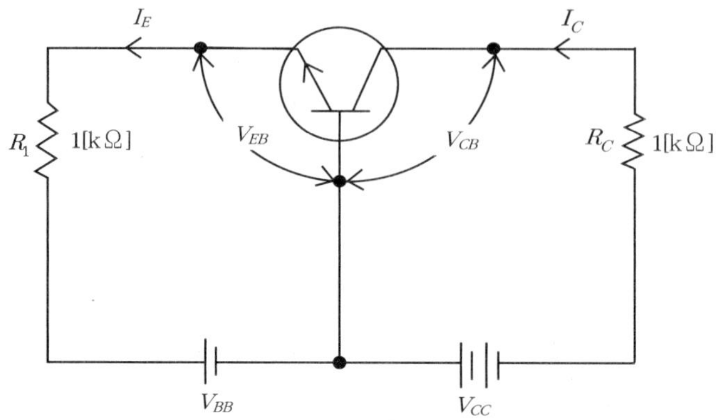

[그림 19-6] CB 증폭회로 실험

① [그림 19-6]와 같은 회로를 연결한다. 이때 각각의 V_{BB}, V_{CC}의 전압을 0[V]로 한다.

② 콜렉터와 베이스 사이의 전압 V_{CB}를 0[V], 즉 개방하고 입력전압 V_{BB}를 가변하여 이미터에 흐르는 전류 I_E를 〈표 19-1〉에 주어진 값으로 변화시켜 이미터와 베이스 사이의 전압(V_{EB})을 측정하여 〈표 19-1〉에 기록한다.

③ 콜렉터와 베이스 사이의 전압(V_{CB})을 1, 2, 4[V]로 유지하면서 실험절차 ②의 과정을 반복하여 〈표 19-1〉에 기록한다. 이때, I_E가 변화하면 V_{EB}도 따라서 변화하므로 V_{CB}를 항상 일정하게 한다.

④ 〈표 19-1〉을 이용하여 CB 증폭회로의 입력특성 곡선을 [그림 19-8] (a)에 그린다.

(2) CB 증폭회로의 출력특성

① [그림 19-6]의 회로에서 이미터와 베이스 사이 전압 V_{EB}를 0[V], 즉 개방한다.

② 콜렉터와 베이스 전압V_{CB}가 〈표 19-2〉에 주어진 값으로 되도록 V_{CC}를 조정하고, 그 때마다 콜렉터 전류 I_C를 측정하여 〈표 19-2〉에 기록한다.

③ V_{EB}를 공급하여 이미터 전류 I_E가 5[mA]가 되도록 조정하여 유지하면서 V_{CB} 값이 〈표 19-2〉와 같이 V_{CC}를 조정하여, 그 때마다 I_C를 측정하여 〈표

19-2〉에 기록한다. 이때에도 V_{CB}가 증가하면 I_E가 따라서 변화하는 경우가 있으므로 항상 일정하게 유지하면서 측정한다.

④ 이미터 전류 I_E =10[mA]인 상태로 각각 조정하여 실험절차 ③의 과정을 반복하여 〈표 19-2〉에 기록한다.

⑤ 〈표 19-2〉를 이용하여 CB 증폭회로의 출력특성 곡선을 [그림 19-8] (b)에 그린다.

(3) CE 증폭회로의 출력특성

① [그림 19-7]과 같이 회로를 연결한다. 이때 직류 전원전압 V_{CC}= 0[V]로 한다.

② 입력전압 V_{BB}를 조정하여 베이스에 흐르는 전류 I_B = 0[μA]로 하고, 전원전압 V_{CC}를 조정하여 V_{CE}= 0, 0.2, 0.4, 0.5, 0.6, 0.7, 1, 2, 4[V]가 되도록 하여 이때에 콜렉터 전류 I_C를 측정하여 〈표 19-3〉에 기록한다.

③ 실험 절차 ②에 베이스에 흐르는 전류 I_B = 100, 300, 500[μA]로 변화시킬 때에 콜렉터 전류 I_C를 측정하여 〈표 19-4〉에 기록한다.

④ 〈표 19-3〉을 이용하여 CE 증폭회로의 출력특성 $V_{CE}-I_C$를 [그림 19-9]에 그린다.

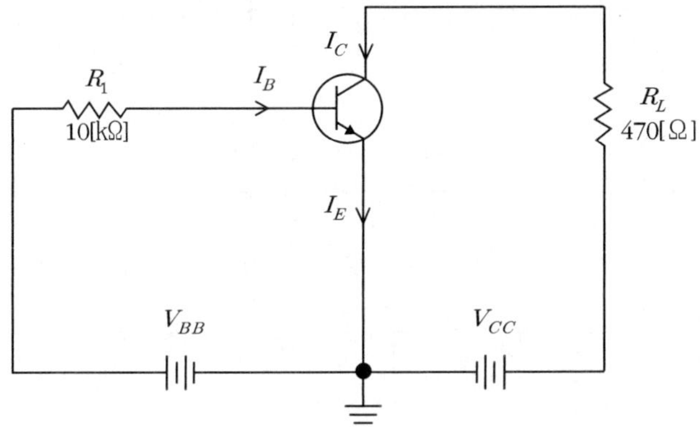

[그림 19-7] CE 증폭 특성 실험 회로

실험 결과 보고서

학과 : 학번 : 성명 :

1. 실험 결과표

〈표 19-1〉 CB 증폭회로의 입력특성

V_{CB} [V]	V_{EB}[V]							
	I_E[mA]							
	0	1	2	3	4	5	6	7
0								
1								
2								
4								

〈표 19-2〉 CB 증폭회로의 출력특성

I_E [mA]	I_C [mA]							
	V_{CB} [V]							
	0	0.1	0.2	0.3	0.4	0.5	1	2
0								
5								
10								

〈표 19-3〉 CE 증폭회로의 출력특성

I_B [μA]	I_C [mA]								
	V_{CE} [V]								
	0	0.2	0.4	0.5	0.6	0.7	1	2	4
0									
100									
300									
500									

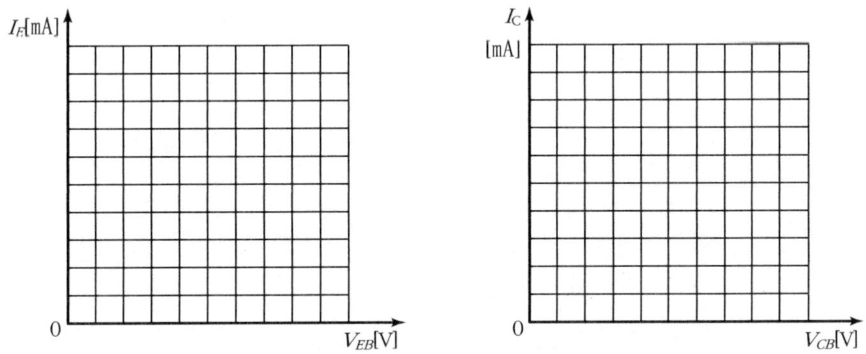

(a) 입력특성 (b) 출력특성

[그림 19-8] CB 증폭회로 입 · 출력특성

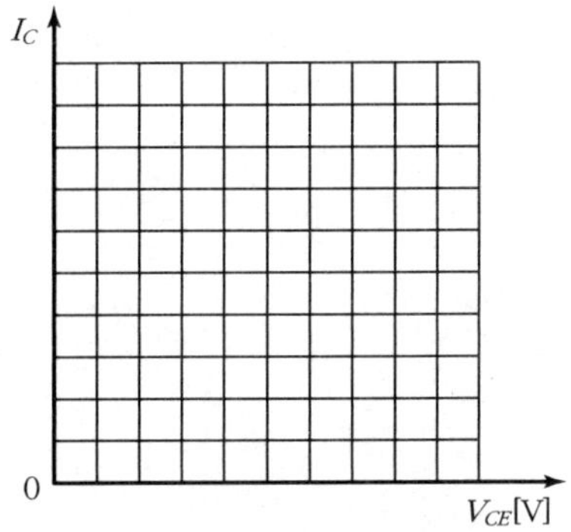

[그림 19-9] CE 증폭회로 출력특성

2. 검토 및 정리

(1) 각 접지회로의 장단점을 비교하여 설명하여라.

(2) 각 접지회로의 입력과 출력회로에 걸어주는 전원전압의 방법을 설명하여라.

(3) 베이스 공통회로와 이미터 공통회로의 각 출력특성의 차이점을 설명하여라.

(4) 전류증폭률 α, β를 구하고, 각각의 의미와 관계를 설명하여라.

실험 20 트랜지스터 증폭기의 바이어스 회로

1. 실험 목적

(1) 트랜지스터 회로의 직류 특성 및 증폭작용을 이해할 수 있다.
(2) 각종 바이어스의 방법 및 특징을 알 수 있다.
(3) 증폭기의 바이어스 방법을 설계할 수 있다.

2. 기기 및 재료

기기	규격	수량	재료	규격	수량
직류전원전압기	20[V]	1 대	트랜지스터	2N3904	1개
회로 시험기	아날로그, 디지털	1 대	저항	1[kΩ]	3개
직류 전압계	25[V]	1 대		4.7[kΩ]	각 1개
직류 전류계	50[μA], 25[mA]	1 대		10[kΩ]	
브래드 보드		1개		560[kΩ]	

3. 관련 이론

(1) 바이어스와 안정도

트랜지스터 증폭기에 직류전압을 인가하여 직류전류를 흘려줌으로써 증폭기로 동작할 수 있도록 하는 것을 바이어스(bias)라 하고, 트랜지스터의 증폭작용은 적당한 직류전압이 인가되고 직류전류가 흐르는 상태에서 가능하다.

바이어스 회로에서 주의해야 할 것은 트랜지스터의 각종 정수가 온도에 의하여 변화하기 때문에 동작점(operating point : Q점)이 변화하여 트랜지스터의 동작상태가 불안정하든지 또는 회로의 동작이 불안정하게 되는 결과를 초래할 수 있다는 점이다.

동작점은 트랜지스터의 동작상태를 나타내주며, 저항과 전류의 동작 값을 나타내는 점으로서 부하선상에 위치하며, 예측이 가능하고 부하선상의 특정한 점으로 고정되고 온도 변화에 무관하며, 트랜지스터 교체 등에 따른 변동이 없어야 한다.

바이어스(bias)는 입력에 신호를 인가하였을 경우 출력파형이 어떤 형태로 나타나는가를 결정짓는 중요한 역할을 한다. 그리고 바이어스 점의 선택에 따라 증폭 종류가 분류된다.

안정도(stability)라고 하는 것은 증폭기가 동작함에 있어서 전원전압이나 부하의 변동 또는 온도의 변화에 따라 얼마만큼 안정된 증폭을 하느냐를 수치로 나타낸 것인데 이 값이 적을수록 안정된 증폭기가 된다.

1) **고정 바이어스 회로**(fixed bias circuit)

베이스 직류전압 V_{BB}는 출력직류전압 V_{CC}를 베이스 저항 R_B으로 강압시켜 바이어스 전압 V_{BE}를 얻음으로써 베이스 전류I_B를 공급하여 바이어스하는 회로를 베이스 전류 바이어스 또는 고정 바이어스 회로라고 한다.

[그림 20-1]에서 직류전원전압 V_{CC}에 의한 R_B, I_B, 베이스－이미터 사이의 전압을 V_{BE}라 하면 $V_{CC} = V_{BB} + V_{BE} = I_B R_B + V_{BE}$식이 성립된다.

$$I_B = \frac{V_{CC} - V_{BE}}{R_B} \fallingdotseq \frac{V_{CC}}{R_B}$$

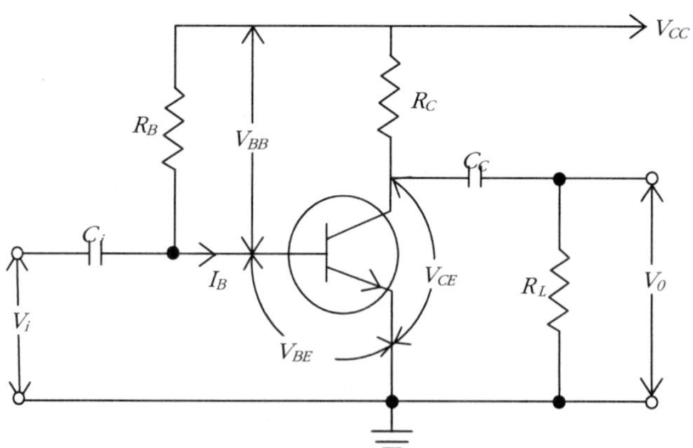

[그림 20-1] 고정 바이어스 회로

단, Ge Tr에서 V_{BE}=0.3[V]이고 Si Tr에서 V_{BE} =0.7[V]이므로 V_{BE}를 무시하는 경우이다.

고정 바이어스의 안정도는 임의의 바이어스 회로에서 안정도 S를 구하는 식을 이용하여 다음과 같이 구할 수 있다.

$$S=\frac{1+\beta}{1-\beta\cdot\frac{\Delta I_B}{\Delta I_C}}$$

베이스 전류에 대한 콜렉터 전류의 변화율을 구하면

$$\frac{\Delta I_B}{\Delta I_C}=\frac{\Delta}{\Delta I_C}\left(\frac{V_{CC}}{R_B}\right)=0$$

이 되며, 고정 바이어스의 안정도를 구하면 다음과 같다.

$$S=\frac{1+\beta}{1-\beta\cdot\frac{\Delta I_B}{\Delta I_C}}=\frac{1+\beta}{1-\beta\cdot 0}=1+\beta$$

[그림 20-1]의 고정바이어스 회로는 베이스 전류 I_B가 콜렉터 전류I_C에 관계없이 일정하여 안정도가 매우 커지므로 I_C의 증가에 의한 트랜지스터 파괴 현상인 열폭주가 발생할 가능성이 대단히 큰 접지방식이다. 또한 동작점 Q가 불안정하므로 트랜지스터 바이어스 방법 중에서 가장 나쁘며, 이런 이유 때문에 선형 회로에서는 고정 바이어스를 거의 사용하지 않는다.

2) **전압 분배 바이어스 회로**(voltage feedback bias circuit)

[그림 20-2]은 전압 분배 바이어스 회로이며, 회로의 전원전압 V_{CC}를 저항 R_1과 R_2로 분압하여 나눈 전압과 이미터에 접속한 저항 R_E의 전압강하에 의하여 바이어스 전압 V_{BE}를 얻는 바이어스 방식이다. [그림 20-2]에서 I_C가 증가하면 이미터에 접속한 R_E양단의 전압강하가 증가하고, 그 결과 바이어스 전압 V_{BE}가 감소하여 I_B를 감소시키는 동작을 하므로 출력전류인 I_C가 감소하게 되어, 회로를 안정하게 하는 바이어스 방식이다.

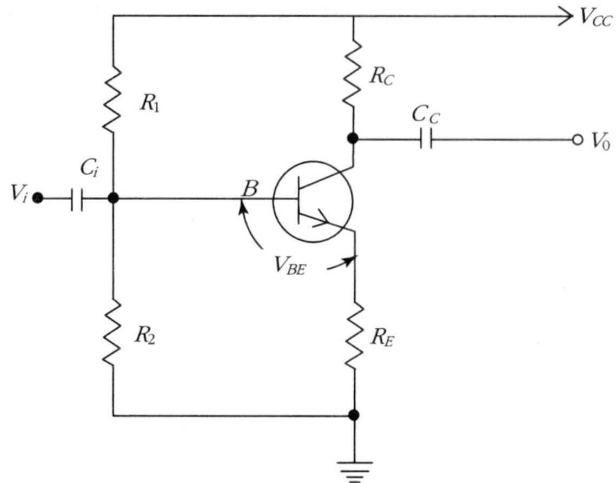

[그림 20-2] 전압분배 바이어스 회로

[그림 20-2]는 일반적인 전압분배 바이어스 회로이고, [그림 20-3]은 등가회로를 나타내고 있다.

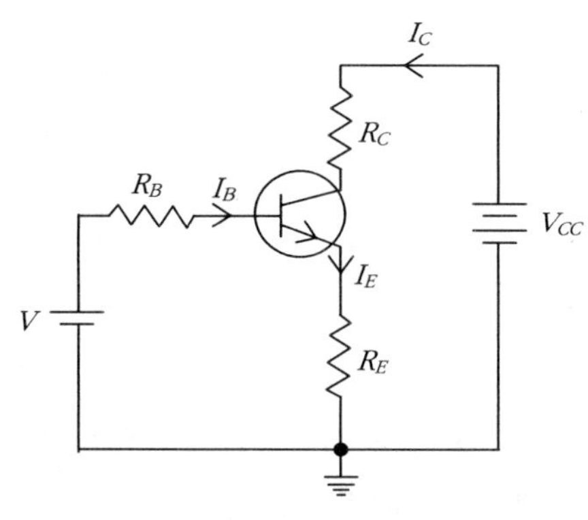

[그림 20-3] 전압 분배 바이어스 회로의 등가회로

[그림 20-3]에서 입력전압 V는 다음과 같은 식으로 나타낼 수 있다.

$$V = I_B R_B + V_{BE} + (I_B + I_C) R_E = I_B R_B + V_{BE} + I_B R_E + I_C R_E$$

단, $V = \dfrac{R_2 V_{CC}}{R_1 + R_2}$, $R_B = \dfrac{R_1 R_2}{R_1 + R_2}$

실리콘(Si) Tr인 경우는 $V_{BE}=0.7$[V], 게르마늄(Ge) Tr인 경우 $V_{BE}=0.3$[V]이므로 V_{BE} 값이 작아서 무시할 수 있다. 따라서 베이스 전류 I_B를 다음과 같은 식으로 표현할 수 있다.

$$I_B=\frac{V}{R_E+R_B}-\frac{R_E I_C}{R_E+R_B}$$

임의의 바이어스 회로에서 안정도를 구하는 식을 이용하여 안정도를 구하기 위하여 먼저 I_C 에 대하여 미분하면

$$\frac{\Delta I_B}{\Delta I_C}=-\frac{R_E}{R_E+R_B}$$

이 되며, 안정도를 구하면 다음과 같다.

$$S=\frac{1+\beta}{1-\beta\cdot\dfrac{\Delta I_B}{\Delta I_C}}=\frac{1+\beta}{1+\beta\dfrac{R_E}{R_E+R_B}}=\frac{(1+\beta)\cdot(R_B+R_E)}{R_B+(1+\beta)\cdot R_E}$$

전압 분배 바이어스 회로에서 동일한 동작점 Q를 유지하기 위해서는 V_{CC}를 크게 해야 하므로, 결국은 안정도를 높이려면 출력전압인 V_{CC}를 크게 해야 된다. 그러므로, 전력 손실이 점점 크게 되는 단점이 있다.

R_B를 작게 할수록 동작점 Q가 안정되며, R_B를 일정하게 하고 이미터저항 R_E을 증가시켜도 역시 안정도 S를 향상시킬 수 있는 특성이 있고, 온도 상승으로 콜렉터 전류 I_C가 증가하게 되면 이미터저항 R_E의 전압강하도 커지게 되며 이것은 바이어스 전압을 상쇄시키는 작용을 하므로, 결국은 회로의 바이어스 안정도를 높인다. 또한 이미터 저항 R_E는 바이어스를 안정하게 하는 안정화 저항이다.

(3) 전류 궤환 바이어스 회로

[그림 20-4]은 전류 궤환 바이어스 회로(current feedback bias circuit)로 고정 바이어스 회로의 결점을 보완한 회로이다. 고정 바이어스 회로에서는 베이스 저항 R_B의 한 쪽 끝을 직류전원전압 V_{CC}에 접속하여 직접 전류 I_B를 공급하였으나 전류 궤환 바이어스 회로는 R_B의 한 쪽 단자를 콜렉터에 접속한다.

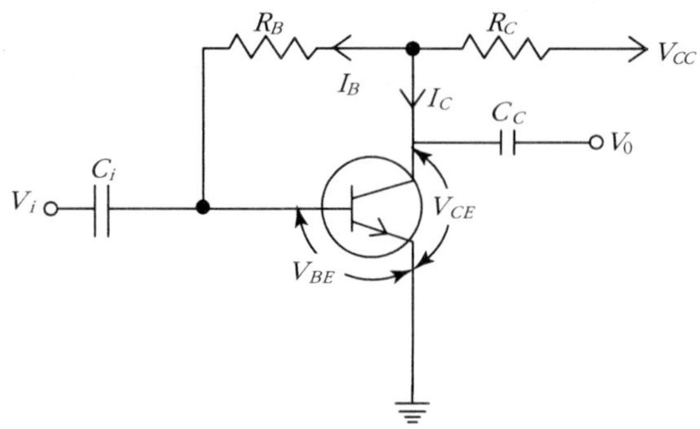

[그림 20-4] 전류 궤환 바이어스 회로

바이어스 저항 R_B는 콜렉터 부하저항 R_C와 연결되어 있기 때문에 R_C에는 I_B와 I_C가 흐르게 된다. 만일 I_C가 증가하면 부하저항 R_C에 대한 전압강하가 증가하고, 이에 따라서 콜렉터와 이미터 사이의 전압 V_{CE}가 감소한다. 따라서 I_B가 감소하게 되고, 이 전류는 I_C의 증가를 억제하게 되므로, 결국은 바이어스 안정을 가져오게 되어 자기 바이어스(self bias)라고도 한다.

전류 궤환 바이어스 회로는 베이스 저항이 전원 쪽보다는 오히려 콜렉터 쪽으로 궤환되고 있다. 이것이 전류 궤환 바이어스와 고정 바이어스를 구분하는 차이점이다.

[그림 20-4]에서 출력 전압 V_{CC}는 다음과 같다.

$$V_{CC} = (I_C + I_B)R_C + I_B R_B + V_{BE} = I_B(R_B + R_C) + I_C R_C + V_{BE}$$

또한 베이스 전류는

$$I_B = \frac{V_{CC} - V_{BE} - I_C R_C}{R_C + R_B} \fallingdotseq \frac{V_{CC} - I_C R_C}{R_C + R_B} \quad (\text{단}, V_{CC} \gg V_{BE})$$

이 된다. I_C에 대하여 미분하면

$$\frac{\Delta I_B}{\Delta I_C} = -\frac{R_C}{R_C + R_B}$$

따라서 안정도를 구하면 다음과 같이 된다.

$$S=\frac{1+\beta}{1-\beta\cdot\dfrac{\Delta I_B}{\Delta I_C}}=\frac{1+\beta}{1+\beta\dfrac{R_C}{R_C+R_C}}$$

$$=\frac{(1+\beta)\cdot(R_B+R_C)}{R_B+(1+\beta)\cdot R_C}$$

4. 실험 절차

(1) 고정 바이어스 회로

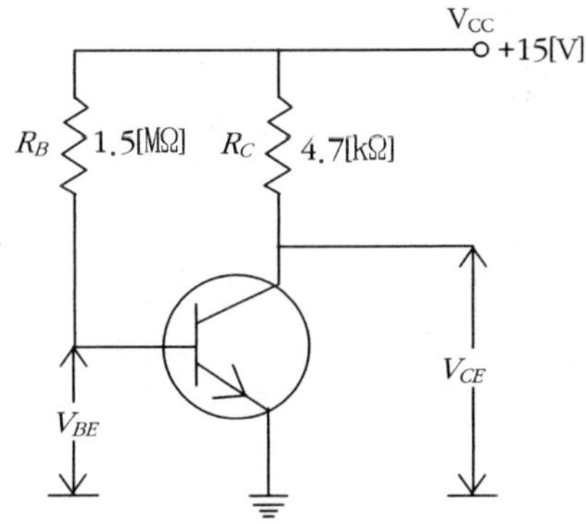

[그림 20-5] 고정 바이어스 실험 회로

① [그림 20-5]와 같이 회로를 연결한다.

② 콜렉터와 이미터 사이의 전압 V_{CE} (또는 콜렉터 전압 V_C)을 측정하여 〈표 20-1〉에 기록한다.

③ 측정된 V_C 값을 이용하여 부하저항 R_C 양단의 전압강하 V_{RC}, V_{CE}를 계산하고, V_{RC}, V_{CE}를 측정하여 계산값과 측정값을 〈표 20-1〉에 기록한다. 여기서 $V_{RC} = V_{CC} - V_C$, $V_{CE} = V_C - V_E$ 단, $V_E = 0$이다.

④ 베이스와 이미터 사이의 전압 V_{BE} , 베이스 저항의 전압 V_{RB}를 측정하여 〈표 20-1〉에 기록한다. 단 $V_B = V_{BE}$

⑤ 측정된 V_B값을 사용하여 V_{RB}, V_{BE}를 계산하여 〈표 20-1〉에 기록한다.

$V_{RB} = V_{CC} - V_B$, $V_{BE}=V_B - V_E$, 단 $V_E = 0$[V]

⑥ 콜렉터 전류 I_C 및 베이스 전류 I_B 의 측정값과 다음 식으로 I_C 및 I_B 및 β를 계산하여 〈표 20-1〉에 기록한다.

$$I_C = \frac{V_{RC}}{R_C},\ I_B = \frac{V_{RB}}{R_B},\ \beta = \frac{\Delta I_C}{\Delta I_B}$$

(2) 전압 분배 바이어스 회로

① [그림 20-6]과 같이 회로를 연결한다.

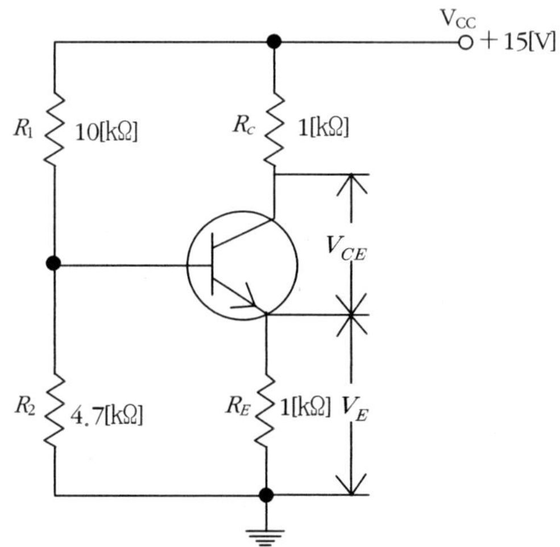

[그림 20-6] 전압 분배 바이어스 실험 회로

② 회로 내의 모든 직류 전압강하를 계산하여 〈표 20-2〉에 기록한다..

$$V_{R1} = \frac{V_{CC} \times R_1}{R_1 + R_2},\ V_{R2} = \frac{V_{CC} \times R_2}{R_1 + R_2}$$

$$V_{RE} = V_{R2} - V_{BE}$$

$$I_E = \frac{V_{RE}}{R_E},\ I_E \fallingdotseq I_C$$

$$V_{RC} = I_c R_C$$

접지에 대한 트랜지스터의 베이스, 이미터, 콜렉터 전압은 다음과 같다.

$$V_B = V_{R2},\ V_E = V_{RE},\ V_C = V_{CC} - V_{RC}$$

$$V_{CE} = V_C - V_E,\ V_{CB} = V_C - V_B$$

③ 〈표 20-2〉에서 요구한 각 점에서의 전압 및 전류를 측정하여 〈표 20-2〉에 기록한다.

실험 결과 보고서

학과 : 학번 : 성명 :

1. 실험 결과표

〈표 20-1〉 고정 바이어스 회로

구분	V_{CE}	V_{RC}	V_{CE}	V_{BE}	V_{RB}	I_C	I_B	β
계산값								
측정값								

〈표 20-2〉 전압 분배 바이어스 회로

구분	V_{R1}	V_{R2}	V_{RE}	V_{RC}	V_{CE}	V_{CB}	V_{BE}	V_E	I_E
계산값							≒0.6		
측정값									

2. 검토 및 정리

(1) 고정 바이어스 회로에서 I_B 에 대하여 설명하여라.

(2) 고정 바이어스 회로의 단점을 설명하여라.

(3) 고정 바이어스 회로에 이미터 저항을 부가했을 때 직류 안정도를 설명하여라.

(4) 전압 분배 바이어스 방법의 장점을 설명하여라.

(5) [그림 20-7] 전압 분배 바이어스 회로에서 $\beta = 100$, $V_{BE} = 0.6$[V]일 때 V_{R1}, V_{R2}, V_{RC}, V_C, V_{CE}를 구하여라.

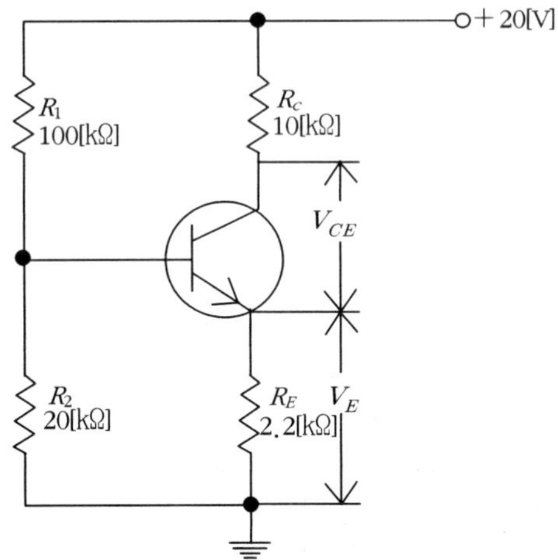

[그림 20-7] 전압 분배 바이어스 회로

실험 21 트랜지스터 증폭기의 동작점과 최대허용 전력

1. 실험 목적

(1) 트랜지스터의 부하선과 동작점을 선정할 수 있다.
(2) 동작점에 따른 증폭기의 분류 방법을 알 수 있다.
(3) 트랜지스터의 최대허용 전력을 구하고, 특성 곡선을 그릴 수 있다.

2. 기기 및 재료

기기	규격	수량	재료	규격	수량
직류전원전압기	20[V]	1대	트랜지스터	2SC1815	1개
오실로스코프	40[MHz] 이상	1대	저항	100[Ω](1[W])	1개
회로시험기	아날로그, 디지털	1대		10[kΩ]	1개
직류 전압계	25[V]	1대			
직류 전류계	25[mA]	1대			
브래드 보드		1개			

3. 관련 이론

(1) 동작점과 특성

동작점(operating point)은 입력측에 입력신호를 인가한 경우 출력이 어떤 형태로 나오는가를 결정되는 점을 말하며, V_{CE}, I_C, I_B가 만나는 점으로서 Q점(Quiescent point)이라고도 한다. 동작점을 알면 베이스 바이어스 저항을 구할 수 있으며, 또한 입력측에 인가한 신호가 출력측에 어떤 모양으로 나타나는가를 알 수도 있다.

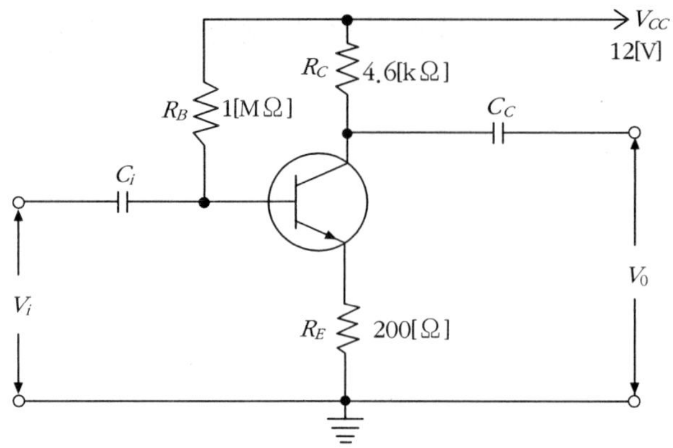

(a) 증폭기 회로

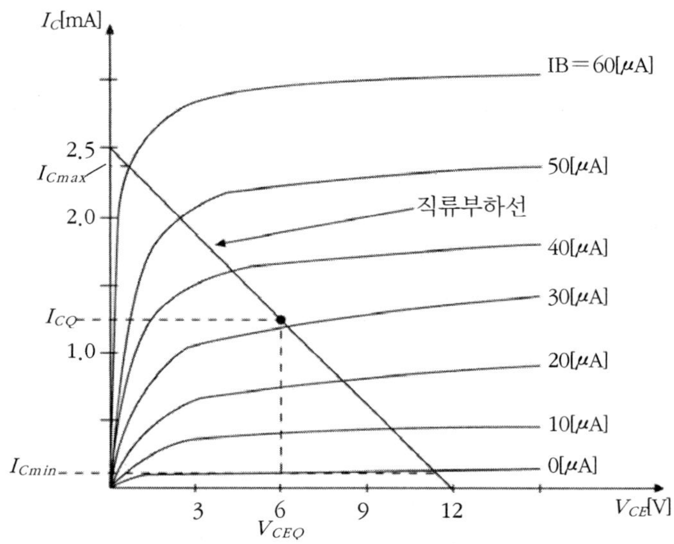

(b) 동작점과 부하선

[그림 21-1] 트랜지스터 증폭기 회로와 특성곡선

부하선(load line)이란 [그림 21-1] (b)와 같이 I_C축상의 한 점과 $V_{CE}(=V_{CC})$ 축상의 한 점을 직선으로 연결한 선을 말하며, 직류 부하선(DC load line)과 교류 부하선 (AC load line)이 있다.

[그림 21-1] (a)에서 콜렉터 전류 I_C는 다음과 같다.

$$I_C = \frac{V_{CC} - V_{CE}}{R_C + R_E} = -\frac{V_{CE}}{R_C + R_E} + \frac{V_{CC}}{R_C + R_E}$$

위의 식은 기울기 m과 y축의 절편을 갖는 직선 방정식 $y=mx+b$와 같은 형식으로서 가로축의 점 (V_{CC}, 0)과 세로축의 점 (0, $\frac{V_{CC}}{R_C+R_E}$)을 잇는 기울기 $\frac{1}{R_C+R_E}$인 직선이 직류 부하선이 된다.

예를 들면, [그림 21-1]에서 직류 부하선을 구해보자.

$$I_C=\left.\frac{V_{CC}}{R_C+R_E}\right|_{V_{CE=0}}=\frac{12}{4600+200}=2.5[\text{mA}],\quad V_{CE}=V_{CC}|_{I_{C=0}}=12[\text{V}]$$

[그림 21-1] (b)에서 $V_{CE}=12$[V]되는 점과 $I_C=2.5$[mA]되는 점을 직선으로 연결하면 직류 부하선이 얻어지고, 식류 부하선과 30[μA]의 곡선과 만나는 점이 Q점이 된다.

이때에 $V_{CEQ}=6$[V], $I_{CQ}=1.25$[mA]가 되며 입력신호가 없어도 콜렉터 전류 $I_C=1.25$[mA]가 계속 흐르며, 콜렉터와 이미터 사이의 전압 $V_{CE}=6$[V]가 나타나는 것을 알 수가 있다.

베이스 전류 I_B가 더 많이 흐르게 되면 Q점은 부하선을 따라 위쪽으로 이동하며 포화영역에 도달하게 되고, I_B가 적게 흐르게 되면 Q점은 부하선을 따라 아래쪽으로 이동하여 차단영역에 도달하게 된다.

Q점을 중심으로 I_B를 0~60[μA]까지 흐를 수가 있으며, 이때에 $I_{CQ}=1.25$[mA]를 중심으로 $I_{C\max}=2.3$[mA], $I_{C\min}=0.2$[mA]까지 흐를 수 있다.

만약, 이들의 값을 넘으면 출력은 포화상태가 되어 선형동작(직선동작)을 할 수가 없어 출력신호는 왜곡된다.

출력전압이 1[V_{P-P}] 이하의 소신호 증폭기에서는 Q점을 부하 직선의 1/2되는 곳에 오도록하여 트랜지스터를 동작시키는 것이 이상적이다. 그러나 출력전압이 1[V_{P-P}] 이하의 소신호 증폭기에서는 증폭기의 이득을 가장 크게 또는 가장 큰 선형 동작을 할 수 있는 영역에 두므로 Q점이 부하직선의 1/2되는 곳에 둘 필요가 없는 경우도 있다.

동작점 Q에 따른 증폭 동작이 어떤 모양의 출력파형을 나타내는지 알아보면 다음과 같다.

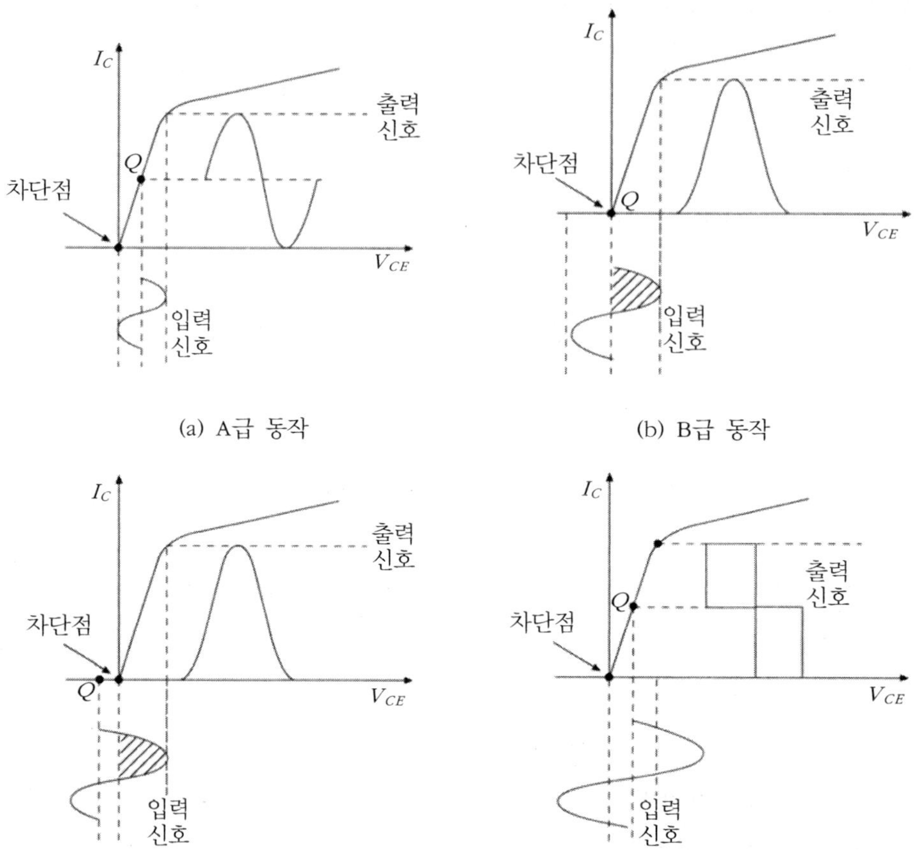

(a) A급 동작 (b) B급 동작 (c) C급 동작 (d) DS급 동작

[그림 21-2] 동작점에 따른 증폭기의 출력파형

[그림 21-2] (a)와 같이 $V_{CE}-I_C$ 특성곡선에서 동작점 Q를 직선 부분의 중앙에 위치하도록 한 것으로서 입력에 정현파를 인가하면 출력에는 입력에 비례한 같은 모양의 파형이 얻어지는 동작을 A급(class A) 동작이라고 하며, 왜곡이 없는 파형을 얻는 데 이용되므로 큰 출력을 얻지는 못한다.

그리고 입력신호가 없을 경우에도 직류전류가 항상 흐르게 되며 출력 효율도 좋지 않아 주로 저주파 증폭에 사용한다.

[그림 21-2] (b)와 같이 $V_{CE}-I_C$ 특성곡선에서 입력신호의 동작점 Q를 차단점(cutoff point)에 두어 출력신호가 입력신호의 반파(빗금친 부분)만 나타나도록 한 것을 B급(class B)동작이라고 하며, 입력신호가 없을 때에는 콜렉터 전류가 흐르지

않기 때문에 효율도 좋아 전력 증폭회로, 고주파 증폭회로에 사용된다.

AB급 동작은 A급과 B급의 중간 정도의 동작점 Q를 선택하면 A급과 B급 중간 정도의 출력파형을 얻는다.

[그림 21-2] (c)와 같이 $V_{CE}-I_C$ 특성곡선에서 입력신호의 동작점 Q를 B급보다 동작점이 왼쪽 깊숙이 자리를 잡도록 바이어스를 선정하면 입력신호에 비해서 반파 중 어느 기간(빗금친 부분)만 출력파형이 나타나도록 한 것을 C급(class C)동작이라고 하며, 효율이 매우 좋아 송신기의 종단전력 증폭과 고주파 증폭에 사용된다.

[그림 21-2] (d)와 같이 $V_{CE}-I_C$ 특성곡선에서 A급 동작의 경우와 같이 직선의 중앙에 동작점 Q를 잡아 큰 입력신호를 가하여 구형파를 얻는 것을 DS급(class DS)동작이라고 한다.

DS급 동작은 입력신호를 증폭하여 구형파와 같은 출력파형을 얻는 것이 아니라 입력파형을 구형파로 변화시켜 스위치 작용과 같은 동작을 하도록 하여 증폭을 한 것으로 효율이 매우 좋다. DS급 동작은 실제로 D급 동작과 S급 동작이 구별되지만 여기서는 간단히 설명의 편의를 위해서 함께 다루었으며, 이 외에도 EF급 동작을 하도록 한 것이 있다.

(2) 트랜지스터의 최대 허용 전력

트랜지스터는 최소한 3개의 최대 허용값을 나타내는데 이것은 콜렉터의 전력, 콜렉터 전류, 콜렉터 전압의 최대값을 말한다.

이들의 특성은 [그림 21-3]과 같고, 이 특성에서 $P_{C_{max}}$, $I_{C_{max}}$, $V_{CE_{max}}$는 다음의 값을 나타낸다.

$$P_{C_{max}} = 30[\text{mW}],\quad I_{C_{max}} = 6[\text{mA}],\quad V_{CE_{max}} = 20[\text{V}]$$

콜렉터의 최대전력은 콜렉터에서의 전압과 전류의 곱으로 이루어지므로

$$P_{C_{max}} = V_{CE}I_C$$

이 된다.

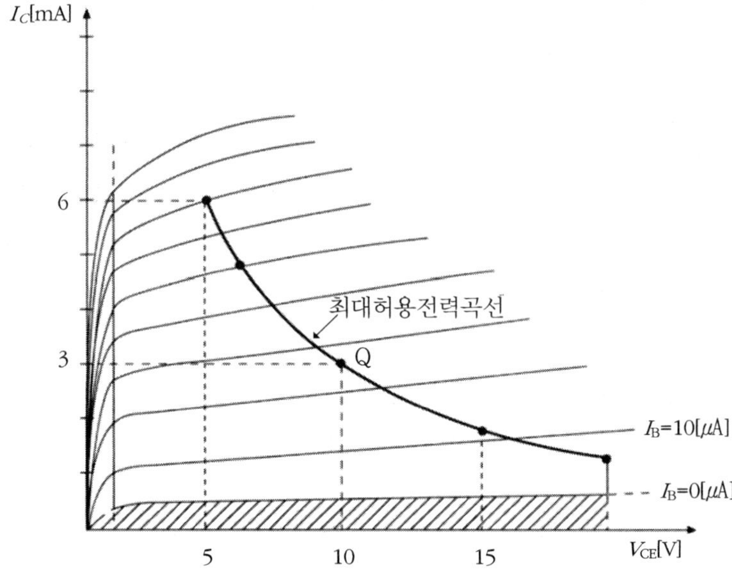

[그림 21-3] 증폭기의 최대허용 전력곡선

예를 들면, $V_{CE}=5$[V]이면 I_C는 다음과 같다.

$$I_C = \frac{P_{C_{max}}}{V_{CE}} = \frac{30\times 10^{-3}}{5} = 6[\text{mA}]$$

위의 예에서와 같이 $I_C = 6$[mA] 이상의 출력을 내서는 안 된다. 즉 최대 허용 전력곡선 안으로 들어오도록 출력을 설계해야 된다. 베이스 접지 회로에서의 $P_{C_{max}}$는 다음 식으로 주어진다.

$$P_{C_{max}} = V_{CB} I_C$$

포화 영역은 $I_B = 0$에 의한 차단(cut off)부분과 $V_{CE(sat)}$되는 점에서 이루어진다.

4. 실험 절차

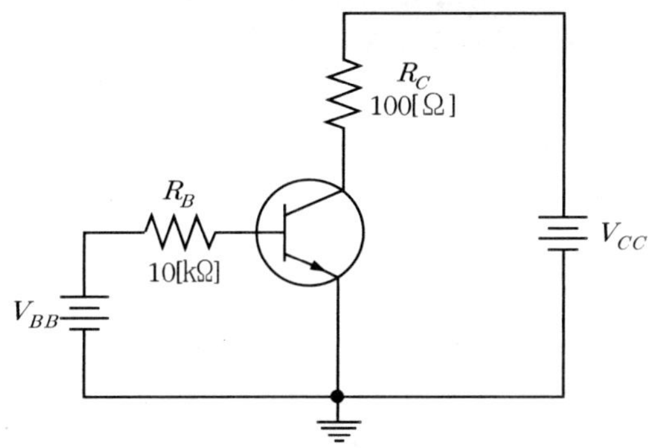

[그림 21-4] CE 증폭기의 실험 회로

① [그림 21-4]와 같이 회로를 연결하고, 전원전압 V_{BB}, V_{CC}를 0[V] 인가한다.

② 전원전압 V_{BB}를 조정하여 $I_B = 0[\mu A]$로 한다.

③ 전원전압 V_{CC}를 조정하여 〈표 21-1〉에 주어진 값 $V_{CE} = 0\sim10[V]$ 변화시켜, 이때 콜렉터에 흐르는 전류 I_C를 측정하여 〈표 21-1〉에 기록한다.

④ 전원전압 V_{BB}를 조정하여 $I_B = 200, 300, 400, 500[\mu A]$로 조정한 다음 실험절차 ③을 반복한다. 이때, 베이스 전류 I_B가 항상 주어진 값을 유지하도록 전원전압 V_{BB}를 재조정하여 실험한다.

⑤ 〈표 21-1〉의 실험 결과값을 이용하여 트랜지스터의 $V_{CE} - I_C$의 특성 곡선을 [그림 21-5]에 그린다.

⑥ $P_{C_{max}} = 400[mW]$일 때의 최대허용 전력곡선을 [그림 21-5]에 그린다.

⑦ 최대포화점$\left(I_C = \dfrac{V_{CC}}{R_L}\right)$과 절대차단점$(V_{CE} = V_{CC})$을 계산하고, 두 점을 [그림 21-5]에 표시하여 직선으로 연결한 부하선을 그린다.

실험 결과 보고서

학과 : 학번 : 성명 :

1. 실험 결과표

〈표 21-1〉 트랜지스터의 $V_{CE}-I_C$의 특성

I_B [μA]	I_C [mA]									
	V_{CE} [V]									
	0	0.2	0.4	0.6	0.7	1	3	5	7	10
0										
200										
300										
400										
500										

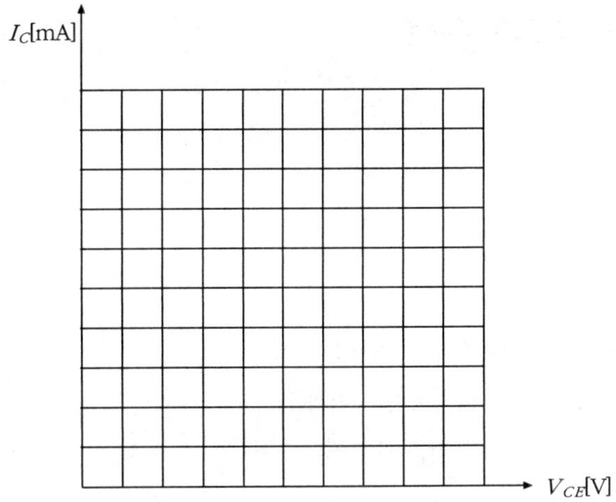

[그림 21-5] 트랜지스터의 $V_{CE}-I_C$ 의 특성 곡선

2. 검토 및 정리

(1) 트랜지스터의 $V_{CE}-I_C$의 특성곡선을 이용하여 전류증폭율 β을 구하여라.

(2) [그림 21-5]에 직류 부하선을 그려라.

(3) [그림 21-5]에 A급 증폭기로 동작하기 위하여 트랜지스터의 V_{CE}, I_C의 값을 정하고, 그 이유를 설명하여라.

(4) (3)에서 B급 증폭기로 동작하기 위한 트랜지스터의 V_{CE}, I_C의 값을 설명하여라.

(5) 콜렉터 전력 최대 곡선에 대하여 설명하여라.

실험 22 J-FET의 특성

1. 실험 목적

(1) FET의 구조를 이해할 수 있다.
(2) J-FET의 동작원리와 특성을 이해할 수 있다.
(3) J-FET의 핀치오프 전압, 전류를 측정할 수 있다.

2. 기기 및 재료

기기	규격	수량	재료	규격	수량
직류전원전압기	5[V], 20[V]	1대	FET	2SK30	1개
회로시험기		1대	저항	100	1개
직류 전압계	25[V]	1대			
직류전류계	15[mA]	1대			
직류전압계	2[V], 20[V]	1대			
브래드 보드		1개			

3. 관련 이론

(1) 전계 효과 트랜지스터

전계 효과 트랜지스터(Field Effect Transistor : FET)의 동작은 다수 반송자가 정공이나 전자 중에서 한 개에 의해서 전류의 흐름이 결정되어 극성이 1개만 존재하는 단극성 트랜지스터(unipolar transistor)라고 한다.

전계 효과 트랜지스터(FET)는 게이트에 역전압을 걸어주어 출력인 드레인 전류를 제어하는 전압제어 소자로서, 제조 기술에 따라 접합형 FET(junction FET, J-FET), 금속산화물 반도체 FET(metal oxide semiconductor FET, MOS-FET), 금속 반도체 FET(metal semiconductor FET, MES-FET)로 나눈다.

(2) J-FET 구조와 동작원리

J-FET에는 n채널, p채널이 있으며, 그 구조와 기호는 [그림 22-1]과 같다.

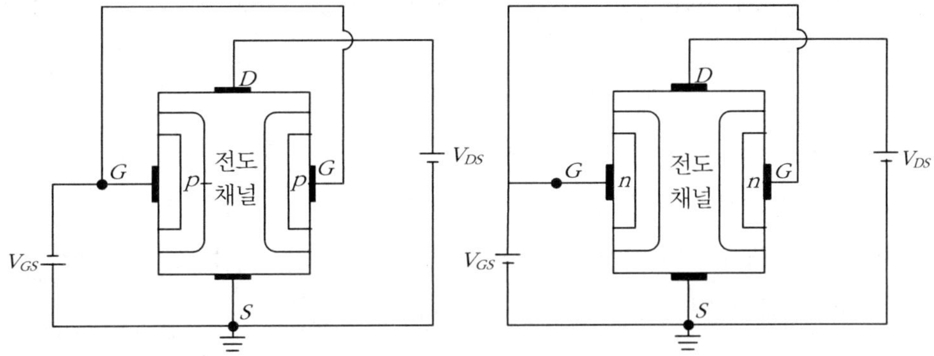

(a) n채널 J-FET (b) p채널 J-FET

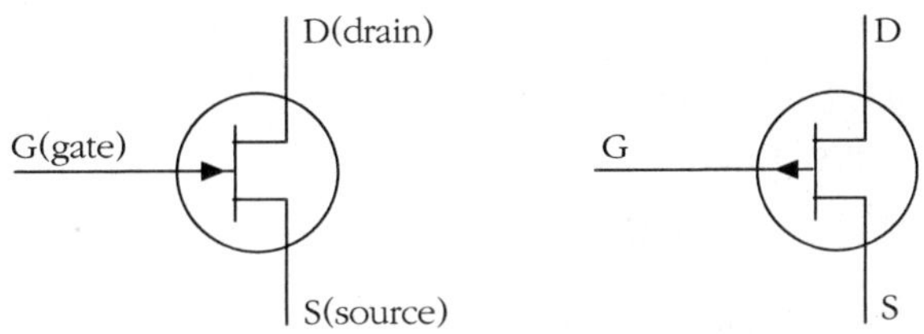

(c) n채널 J-FET (d) p채널 J-FET

[그림 22-1] J-FET의 구조와 기호

n채널 J-FET는 n형 반도체를 기판으로 하여 양쪽 측면을 저항성 접촉으로 한다. p형 불순물을 강하게 도핑(doping)시켜서 p형 영역이 되도록 하고 PN 접합 회로를 구성하면 [그림 12-1]과 같이 p형 영역 단자를 게이트(gate, G), n형 저항체(기판)의 양쪽 끝 전극을 각각 소스(source, S), 드레인(drain, D)이라고 한다.

[그림 22-1] (a)와 같이 게이트와 소스 사이에는 PN 접합 다이오드와 같고, V_{GS}는 이 사이의 바이어스 전압으로서 p형인 게이트에 음(−)의 전압을 가하고 n형인 소스에 양(+)의 전압을 인가하는 경우, 즉 역 바이어스를 가하면 공핍층의 폭이 넓어져서 상대적으로 전도 채널의 폭이 좁아진다.

이러한 전도 채널을 통하여 드레인과 소스 사이의 전압 V_{DS}에 의하여 n형 반도체를 사용한 전도 채널상의 방전된 다수 반송자인 전자들이 소스에서 출력인 드레인 쪽으로 흘러 나가서 전류가 흐르게 된다.

(3) J-FET의 특성곡선

드레인과 소스 사이의 전압은 드레인 인가 전압 $V_{DS}=V_{DD}$로 나타내고, 게이트와 소스 사이의 전압 $V_{GS}=-V_{GG}$는 역바이어스를 인가하는데 V_{GS}가 증가함에 따라서 PN 접합을 이루고 있는 게이트와 소스 사이는 공핍층의 폭이 넓어져서 채널폭이 영(0)이 된 상태를 나타내며, 이러한 상태에서의 전압을 핀치오프 전압(pinch-off voltage, V_P)이라고 한다. 핀치오프 상태에서 출력인 드레인 전류 I_D는 드레인 전압 $V_{DS}=V_{DD}$에 관계없이 V_{GS}전압에 의해서만 결정된다.

핀치오프 상태가 되도록 하는 게이트와 소스 사이의 전압 V_{GS}를 핀치오프(pinch-off) 전압 V_P라고 하는데 다음과 같다.

$$V_P=\frac{q\cdot N_d^2\cdot a}{2\varepsilon}$$

여기서, q : 전자의 전하량(1.602×10^{-19}[C]),
a : 채널폭/2
N_d : (n형)불순물 농도,
ε : 채널(재료)의 유전율

J-FET를 증폭기로 이용할 때에는 핀치오프점을 지나서 상당히 큰 V_{DS} 전압을 인가하여도 I_D 전류는 일정한 값을 유지하는 포화 영역을 이용하여, 게이트와 소스 사이에 역바이어스 전압 V_{GS}에 의해 출력인 드레인 전류 I_D를 제어한다.

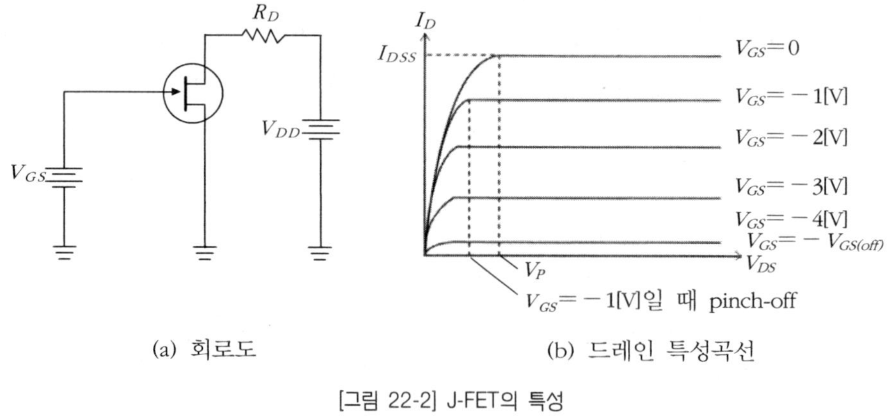

(a) 회로도 (b) 드레인 특성곡선

[그림 22-2] J-FET의 특성

[그림 22-2]는 $V_{GS}=$ 0[V]인 경우 게이트와 소스가 단락되어 V_{DS}가 0[V]에서 증가할 때 드레인 전류 I_D는 비례하여 증가한다. 이 영역에서 공핍영역은 충분히 크지 않기 때문에 채널저항은 거의 일정하여 옴의 법칙이 성립되기 때문에 저항영역(Ohm's region)이라 부른다.

V_{DS}를 계속해서 증가시켜도 I_D는 일정한 전류값으로 되는데 이 값을 I_{DSS}라 하고, 드레인과 게이트간의 전압(V_{DG})이 채널을 충분히 좁혀 채널의 저항이 증가하기 시작하는 곳이다.

따라서 포화영역 내에서 드레인 전류 I_D와 게이트와 소스 사이의 역바이어스 전압 V_{GS}와의 관계 특성을 직접적으로 나타낸 것을 전달특성이라 하며, $V_{GS}=0$일 때 포화 드레인 전류를 I_{DSS} 라 하면 다음과 같은 전달 특성식이 성립된다.

$$I_D = I_{DSS}(1 - \frac{V_{GS}}{V_P})^2$$

여기서 $V_{GS}=0$일 때 $I_D = I_{DSS}$이다.

J-FET 소자를 나타내는 많은 상수들이 제작회사에서 규정되고 있으며, 이들 중 자주 사용되는 상수는 다음과 같다.

① 드레인－소스 포화 전류(I_{DSS}) : 게이트－소스가 단락된 상태($V_{GS}=0$)에서 채널이 핀치 오프가 될 때 흐르는 전류로서, J－FET가 역바이어스될 때 최대 드레인 전류를 나타낸다.

② 게이트－소스 차단(핀치 오프)전압 (V_P) : 드레인－소스 채널이 차단 또는 핀치 오프되어 드레인 전류가 흐르지 않을 때의 게이트－소스 전압이다. 실제 측정할 때에는 0 전류 또는 낮은 드레인 전류를 측정하기에 너무 애매하므로 몇 μA로 정해진 낮은 드레인 전류값에서 V_P를 측정한다.

③ 소스－게이트 접합의 항복 전압(BV_{GSS}) : 게이트－소스 사이에 걸리는 전압의 한계를 나타내는데, 만일 이 전압을 초과할 경우에는 외부 회로에 의해 소자 전류를 제한하여야 한다. 그렇지 않으면 소자는 영구적인 손상을 입을 수도 있다. 항복전압은 드레인 공급 전압을 선택할 때 제한 전압값을 결정해 준다.

④ 소스 공통 순방향 전달(상호) 컨덕턴스(g_m) : 채널 전류의 변동분 ΔI_D와 게

이트-소스 전압 변동분 ΔV_{GS}의 비를 말한다.

즉

$$g_m = g_{mo}(1 - \frac{V_{GS}}{V_P}), \quad g_{mo} = \frac{2I_{DSS}}{|V_P|}$$

이다. g_{mo}의 값은 $V_{GS} = 0$[V]로 바이어스 되었을 때 J-FET의 최대 교류 이득 정수이다.

4. 실험 절차

① [그림 22-3]과 같은 회로를 연결한다.

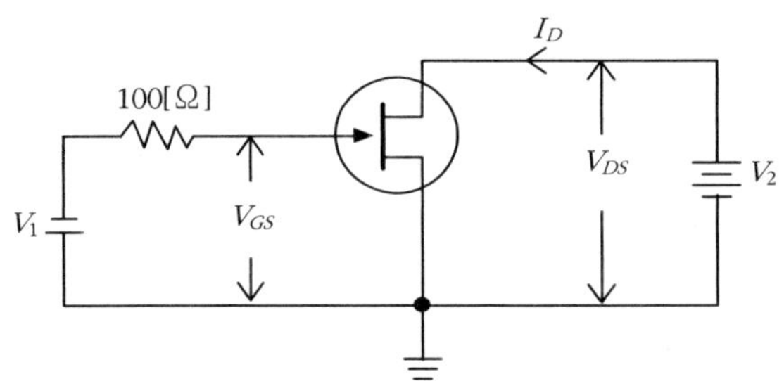

[그림 22-3] J-FET 특성 실험 회로

② 게이트와 소스 사이의 전압 V_{GS}= 0[V]가 되도록 직류전원전압기의 출력전압을 조정한다.

③ 드레인과 소스 사이의 전압 V_{DS}를 〈표 22-1〉에 주어진 0, 1, 2, 4, ……, 20[V] 변화시킬 때의 I_D를 측정하여 〈표 22-1〉에 기록한다.

④ 직류전원전압기를 조정하여 게이트와 소스 사이의 전압 V_{GS}= 0.4, 0.8……, 1.5[V]를 변화시키면서 실험 절차 ③를 반복하여 드레인 전류 I_D를 측정하여 〈표 22-1〉에 기록한다.

⑤ 〈표 22-1〉를 이용하여 $V_{DS} - I_D$ 특성 곡선을 [그림 22-4]에 그린다.

실험 결과 보고서

학과 : 학번 : 성명 :

1. 실험 결과표

〈표 22-1〉 $V_{DS}-I_D$ 특성

V_{GS} [V]	I_D [mA]								
	V_{DS} [V]								
	0	1	2	4	6	8	10	15	20
0									
0.4									
0.8									
1.0									
1.2									
1.5									

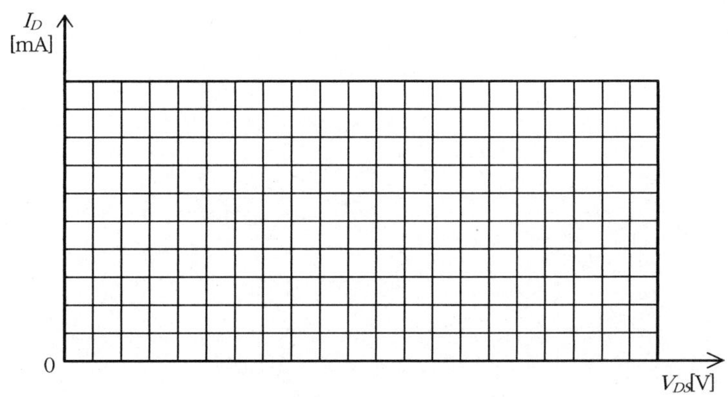

[그림 22-4] $V_{DS}-I_D$ 특성 곡선

2. 검토 및 정리

(1) J-FET의 P채널과 N채널의 차이점을 설명하여라.

(2) J-FET의 핀치오프 전압에 대하여 설명하여라.

(3) J-FET의 드레인 전류 I_D는 무엇에 의해 제어되는지 설명하여라.

(4) 일반 트랜지스터와 전계효과 트랜지스터를 비교하여 설명하여라.

실험 23 J-FET 증폭회로

1. 실험 목적

(1) J-FET 증폭기의 동작 원리를 이해할 수 있다.
(2) J-FET의 접지방식의 종류 및 특징을 알 수 있다.
(3) J-FET의 응용 분야를 알 수 있다.

2. 기기 및 재료

기기	규격	수량	재료	규격	수량
오실로스코프		1대	FET	2N5951	1개
신호발생기	AF	1대	저항	470[Ω] 560[Ω] 4.7[kΩ] 100[kΩ]	각 1개
전압계		대	콘덴서	10[μF] 100[μF]	1개
회로시험기		대			
브래드보드		1개			

3. 관련 이론

(1) J-FET 증폭회로

J-FET 증폭회로는 소스 접지 증폭회로, 드레인 접지 증폭회로, 게이트 접지 증폭회로의 3종류가 있다.

1) 소스 접지(common source, CS) 증폭회로

[그림 23-1](a)는 CS 증폭회로의 기본회로, 그림 (b)는 등가회로를 나타낸 것이다. 회로에서 저주파에서의 전압증폭도를 A_v, 출력 임피던스 Z_o, 입력 임피던스 Z_i를 구해보자.

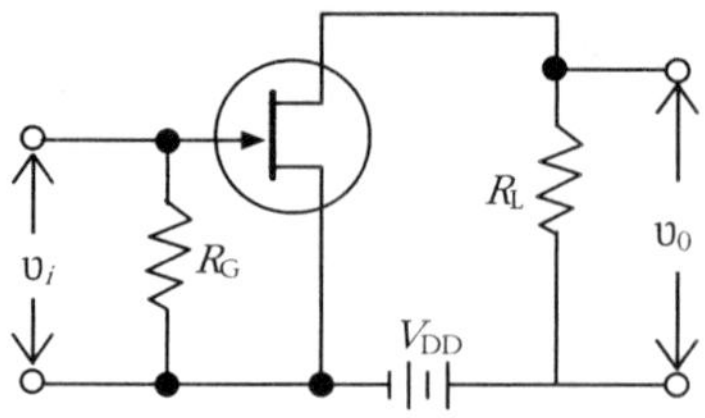

(a) 기본회로

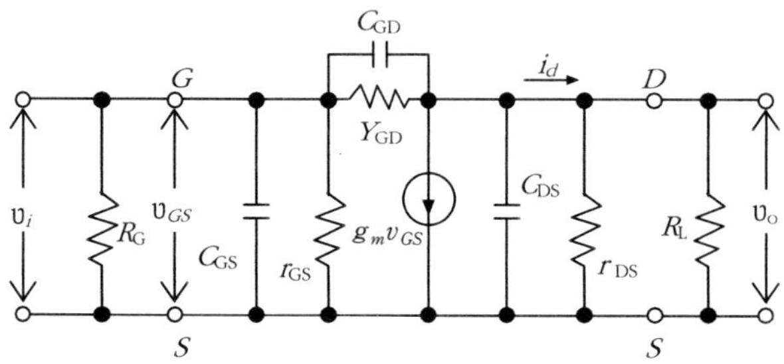

(b) 등가회로

[그림 23-1] CS 증폭회로

채널과 게이트 사이에 존재하는 저항은 충분히 크므로 이것을 무시하고, 드레인 교류 전류 i_d는

$$i_d = v_{GS} \cdot g_m = -v_i \cdot g_m$$

이 된다. 출력전압 v_o는

$$v_o = -v_i g_m \cdot R_L\left(\frac{r_{DS}}{R_L + r_{DS}}\right)$$

가 된다.

따라서 전압증폭도 A_v는

$$A_v = \frac{v_o}{v_i} = -g_m \cdot R_L\left(\frac{r_{DS}}{R_L + r_{DS}}\right)$$

가 된다.

여기서 $r_{DS} \gg R_L$이면

$$A_v \fallingdotseq -g_m \cdot R_L$$

이 된다.

또 출력 임피던스 Z_o는

$$Z_o = \frac{v_o}{i_d} = R_L\left(\frac{r_{DS}}{R_L + r_{DS}}\right)$$

가 된다.

여기서 $r_{DS} \gg R_L$ 이면

$$Z_o \fallingdotseq R_L$$

이 된다.

다음에 입력 임피던스 Z_i를 구하면 게이트에 흘러들어가는 전류 i_G는

$$i_G = \left(\frac{1}{R_G} + \frac{1}{r_{GS}}\right)v_i$$

이므로

$$Z_i = \frac{v_i}{i_G} = \frac{R_G . r_{GS}}{R_G + r_{GS}}$$

가 된다. 여기서 $R_G \ll r_{GS}$이면

$$Z_i \fallingdotseq R_G$$

가 된다.

2) 드레인 접지(common drain, CD) 증폭회로

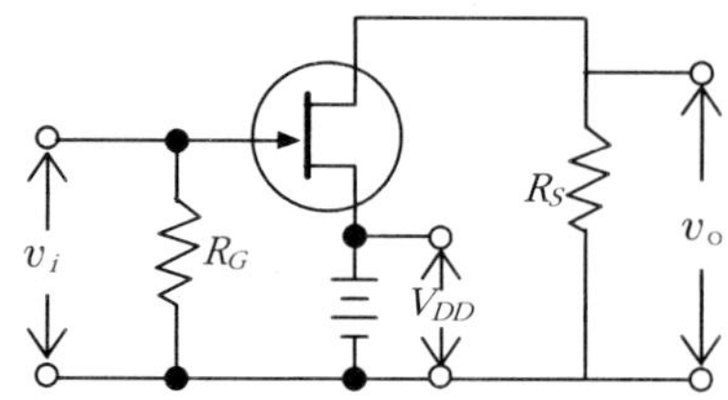

(a) 기본회로

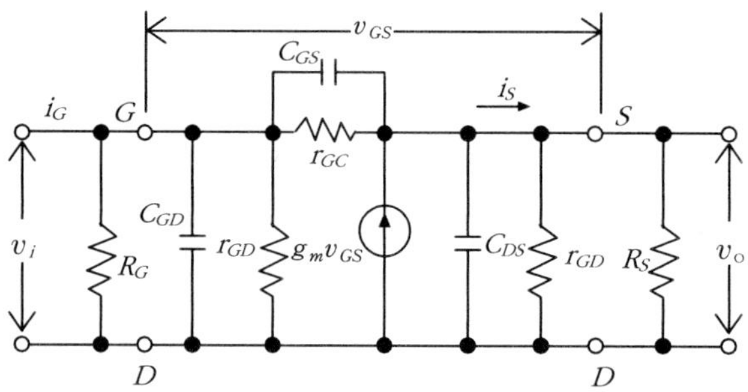

(b) 등가회로

[그림 23-2] CD 증폭회로

[그림 23-2] (a)는 CD 증폭회로의 기본회로, (b)는 등가회로를 나타낸 것이며, 일명 소스 폴로어(source follower) 증폭기라고도 한다.

전압증폭도 A_v, 입력 임피던스 Z_i, 출력 임피던스 Z_o를 구해보면

$$A_v = \frac{v_o}{v_i} = \frac{g_m}{\dfrac{1}{R_S} + \dfrac{1}{r_{DS}} + g_m}$$

$$Z_i = \frac{v_i}{i_G} = \frac{1}{\dfrac{1}{R_G} + \dfrac{1}{r_{GD}} + \dfrac{1}{r_{GS}}(1 - A_v)}$$

$$Z_o = \frac{v_o}{i_s} = \frac{1}{\dfrac{1}{R_s} + \dfrac{1}{r_{DS}} + g_m}$$

이 된다.

여기서 $g_m \gg 1/R_s$, $g_m \gg 1/r_{DS}$일 때

다음과 같이 근사적으로 구할 수 있다.

$$A_v \fallingdotseq 1,\ Z_o \fallingdotseq \frac{1}{g_m},\ Z_i = \frac{R_G \cdot r_{GD}}{R_G + r_{GD}}$$

위 식에서 소스 폴로어 증폭회로는 전압증폭도가 1보다 작고 위상반전은 없으며, 또 입력 임피던스는 매우 크고, 출력 임피던스는 작다는 것을 알 수 있다. 따라서 임피던스 변환 등에 사용된다.

3) 게이트 접지(Common gate, CG) 증폭회로

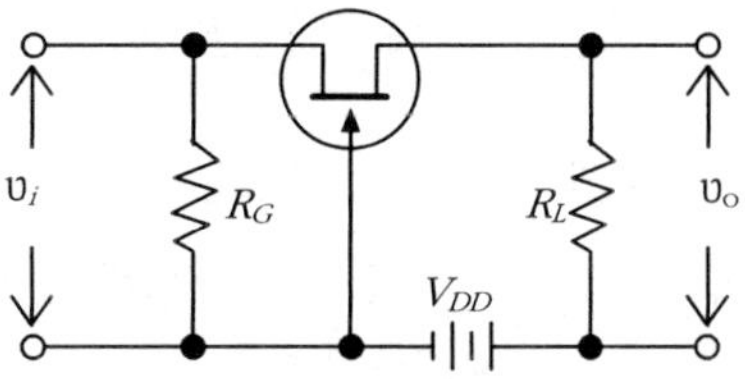

(a) 기본회로

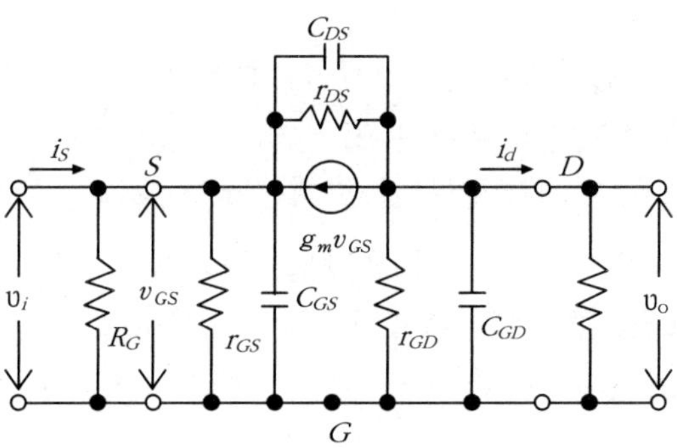

(b) 등가회로

[그림 23-3] CG 증폭회로

[그림 23-3]은 CG 증폭회로의 기본회로와 그 등가회로를 나타낸다.
전압증폭도 A_v, 입력 임피던스 Z_i, 출력 임피던스 Z_o를 구해보면

$$A_v = \frac{v_o}{v_i} = \frac{g_m + \frac{1}{r_{DS}}}{\frac{1}{R_L} + \frac{1}{r_{DS}}}$$

$$Z_i = \frac{v_i}{i_s} = \frac{1}{g_m + \frac{1}{r_{DS}}(1 - A_v)}$$

$$Z_o = \frac{v_o}{i_d} = \frac{1}{\frac{1}{R_L} + \frac{1}{r_{DS}} - \frac{1}{A_V \cdot r_{DS}}}$$

이 된다.

여기서 $g_m \gg 1/r_{DS}$, $r_{DS} \gg R_L$이면 다음과 같이 근사값을 구할 수 있다.

$$A_v \fallingdotseq g_m R_L \ , \ Z_o \fallingdotseq R_L, \ Z_i \fallingdotseq \frac{1}{g_m}$$

즉, 게이트 접지 증폭회로의 전압 증폭도와 출력 임피던스는 소스 접지 증폭회로와 같지만 입력 임피던스는 작아진다. 또 입력과 출력은 동상이 되며, 고주파에서도 안정하게 증폭되는 특징이 있다.

(2) J-FET 증폭회로의 응용

FET증폭회로는 신호원 임피던스가 높은 증폭기의 초단 혹은 주파수 선택도를 높일 필요가 있는 증폭기의 초단 등에 널리 쓰이고 있다.

예를 들면 직류 증폭기에서는 직류 전압계, 오실로스코프(oscilloscope)의 수직 증폭기 등 계측기, 의료기기나 오디오 회로에는 크리스털(crystal) 혹은 세라믹 카트리지(cartridge)용 전치 증폭기, 톤 컨트롤(tone control) 회로, 고주파 증폭회로에 FM튜너(tuner), TV의 영상 중간주파 증폭기, UHF대의 믹서 회로 등이다.

4. 실험 절차

① [그림 23-4]와 같이 회로를 연결한다.

② 접지에 대한 각각의 점 V_D, V_S, V_G를 측정하여 〈표 23-1〉에 기록한다.

③ 측정된 값을 이용하여 다음의 값을 계산하여 〈표 23-1〉에 기록한다.

여기서 $V_{RD} = V_{DD} - V_D$, $V_{DS} = V_D - V_S$, $V_{GS} = V_G - V_S$, $V_{RS} = V_S$,

$$V_{RG} = V_G = 0[V], \ I_D = \frac{V_{RS}}{R_S}$$

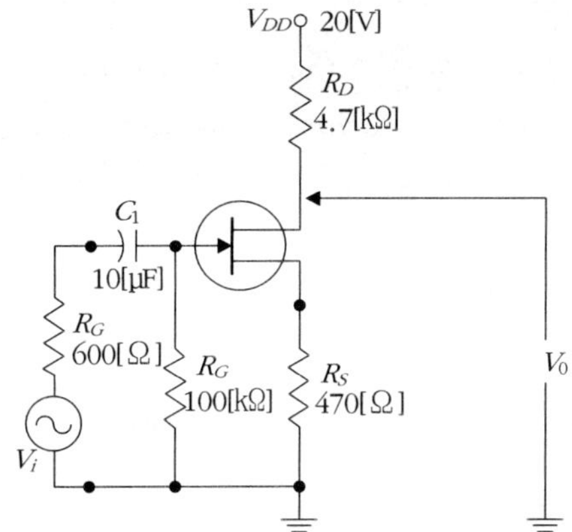

[그림 23-4] 소스저항(R_S)을 갖는 CS 증폭기

④ 입력신호 전압(V_i)이 100[mV_{p-p}]이고, 주파수가 1[㎑]을 인가할 때 출력 전압(V_O)을 측정하여 〈표 23-2〉에 기록한다.

⑤ 전압이득 A_V와 소스저항 r'_S, 전달 콘덕턴스 $g_m = \frac{1}{r'_S}$ 을 계산하여 〈표 23-2〉에 기록한다.

여기서 $A_V = \frac{V_O}{V_i}$, $r'_S = \frac{R_D}{A_V}$, $\frac{g_m = A_V}{R_D}$ 이다.

⑥ [그림 23-5]에 J-FET의 전달 콘덕턴스 곡선 및 470[Ω] 저항의 역기울기 직선을 그린다. 이 곡선과 직선의 교점에서 V_{GS}, I_D값을 구하여 〈표 23-2〉에 기록한다.

⑦ 교차된 V_{GS}점의 약 ±0.5[V]되는 2점을 콘덕턴스 곡선상에 결정하여라. 이들 두 점을 각각 V_{GS1}(V_{GS} + 0.5[V]), V_{GS2}(V_{GS} − 0.5[V])라 하고, 그래프 상의 각각에 해당되는 I_D값을 I_{D1}, I_{D2} 라 한다. 다음 식으로 g_m, r'_S를 계산하여 〈표 23-2〉에 기록한다.

$$g_m = \frac{I_D}{V_{GS}} \fallingdotseq \frac{I_{D1} - I_{D2}}{V_{GS1} - V_{GS2}} = \frac{I_{D1} - I_{D2}}{1[V]}$$

$$r's = \frac{V_{GS}}{I_D} = \frac{1}{g_m} = \frac{V_{GS1} - V_{GS2}}{I_{D1} - I_{D2}} \fallingdotseq \frac{1[V]}{I_{D1} - I_{D2}}$$

실험 결과 보고서

학과 : 학번 : 성명 :

1. 실험 결과표

〈표 23-1〉 J-FET CS 증폭 특성

	V_D	V_S	V_G	V_{RD}	V_{RS}	V_{DS}	V_{RG}	V_{GS}	I_D
계산값									
측정값									

〈표 23-2〉 J-FET CS 증폭 특성

	회로해석기법				전달콘덕턴스 곡선 기법				
	V_O	A_V	r'_S	g_m	I_D	V_{GS}	ΔV_{GS}	g_m	r'_S
계산값									
측정값							≒1〔V〕		

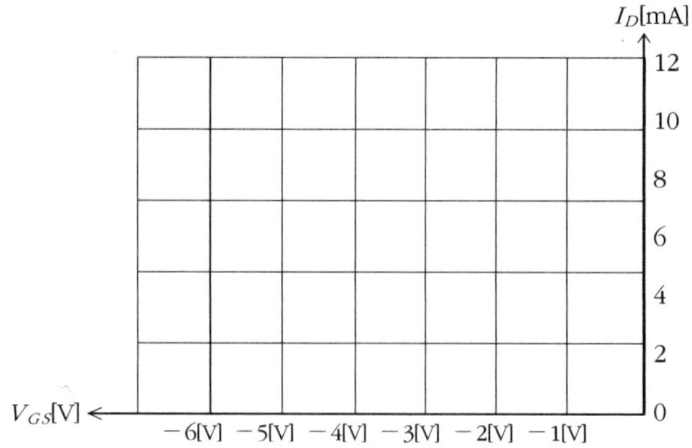

[그림 23-5] CS 증폭기($V_{GS}-I_D$)의 실험 특성 곡선

2. 검토 및 정리

(1) J-FET의 각종 접지방식의 특징을 설명하여라.

(2) J-FET의 사용 용도를 설명하여라.

(3) J-FET 증폭회로의 3가지 접지방식에 대하여 회로 특성을 비교하여 전압증폭도 A_V, 입력 임피던스 Z_i, 출력 임피던스 Z_0의 식을 빈 칸에 써넣어라.

구분	소스 접지	드레인 접지	게이트 접지
회로도	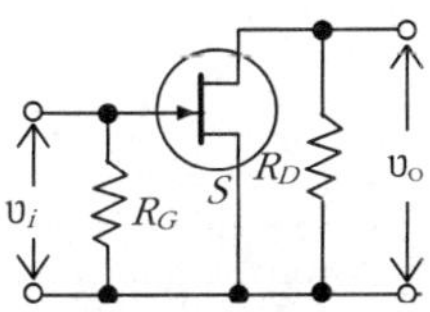 $R_{DS} 〉 R_D$	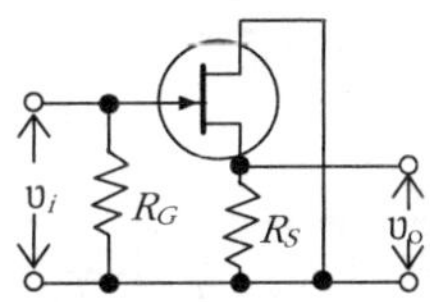	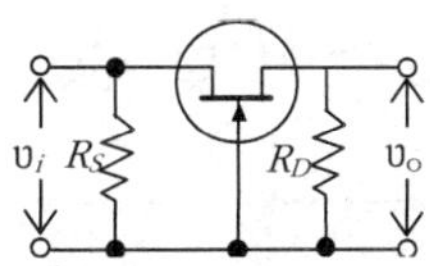 $R_{DS} 〉 R_D$
전압 증폭도 A_V			
입력 임피던스 Z_i			
출력 임피던스 Z_o			

실험 24 J-FET 증폭기의 바이어스 회로

1. 실험 목적

(1) J-FET 바이어스 방법을 알 수 있다.
(2) 각종 바이어스 방법 및 특징을 알 수 있다.
(3) 증폭기의 바이어스 방법을 설계할 수 있다.

2. 기기 및 재료

기기	규격	수량	재료	규격	수량
직류전원전압기	5[V], 20[V]	1대	FET	2N5951	1개
회로시험기		1대	저항	1[kΩ] 2.2[kΩ] 4.7[kΩ] 100[kΩ] 47[kΩ] 330[kΩ]	각 1개
직류 전압계	10[V]	1대			
직류전류계	15[mA]	1대			
직류전압계	2[V], 20[V]	1대			
브래드 보드		1개			

3. 관련 이론

J-FET 회로의 바이어스 방법은 고정 바이어스, 자기 바이어스, 전압분배 바이어스법이 있다. 각각의 특징은 트랜지스터 회로와 거의 같고, 일반적으로 구성이 간단한 자기 바이어스법이 많이 사용되고 있다.

(1) 고정 바이어스(fixed bias) 회로

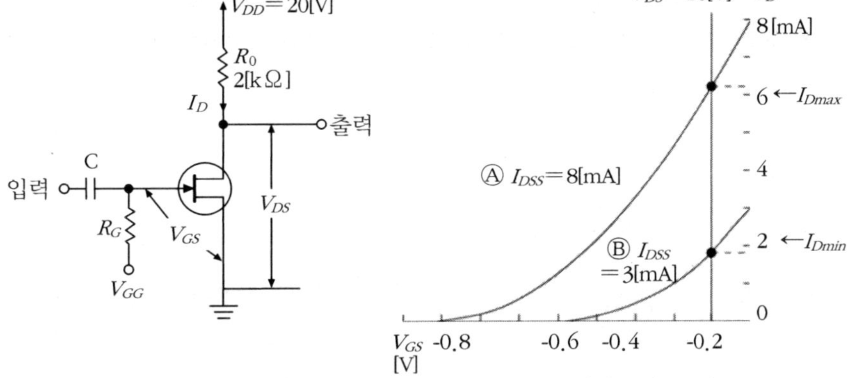

(a) 회로도　　　　(b) 전달특성 곡선

[그림 24-1] 고정 바이어스 회로

[그림 24-1]은 고정 바이어스를 사용한 N채널 J-FET 회로이다. 이 회로에서 역바이어스 전압 V_{GS}는 전지 V_{GG} 로 얻어지는데, 이때 게이트 단자나 R_G에는 전류가 흐르지 않는다(I_G=0). 즉, 게이트－소스는 역방향 바이어스되므로 접합을 지나는 전류는 없다. 콘덴서 C를 지나는 직류 전류도 없으므로 R_G를 통하여 흐르는 전류 역시 없다. 저항 R_G는 콘덴서 C를 통하여 가해지는 교류 신호 전압이 R_G에 걸쳐 나타나도록 하기 위한 것이다. R_G 양단에 걸리는 전압은 $V_{RG}=I_G R_G=0$[V]이고, 역바이어스 전압 V_{GS}는 다음과 같다.

$$V_{GS}=V_G-V_S=V_{GG}-0=V_{GG}$$

드레인－소스 전류 I_D는

$$I_D=I_{DSS}(1-\frac{V_{GS}}{V_P})^2$$

이 되어, 이 전류에 의해 R_D 양단에 걸리는 전압강하는

$$V_{DD}=I_D R_D$$

이다. 따라서, 드레인에서의 전압(출력전압 V_D)은 다음과 같이 된다.

$$V_{DS} = V_{DD} - I_D R_D$$

[그림 24-1] (b)는 고정 바이어스 회로의 전달 특성곡선을 나타낸 것이며, J-FET의 특성에 의한 동작점의 변동에 의한 곡선 A와 곡선 B는 바이어스점의 편차가 되기 때문에 특성에 의한 전류값이 변하지 않도록 하기 위하여 게이트－소스 사이의 전압 V_{GS}는 $-0.1 \sim -0.4$[V] 사이의 X축 절편에 두는 것이 좋다.

(2) 자기 바이어스(self bias) 회로

단일 공급 전압 V_{DD}만을 사용하는 자기 바이어스 회로는 [그림 24-2] (a)와 같다.

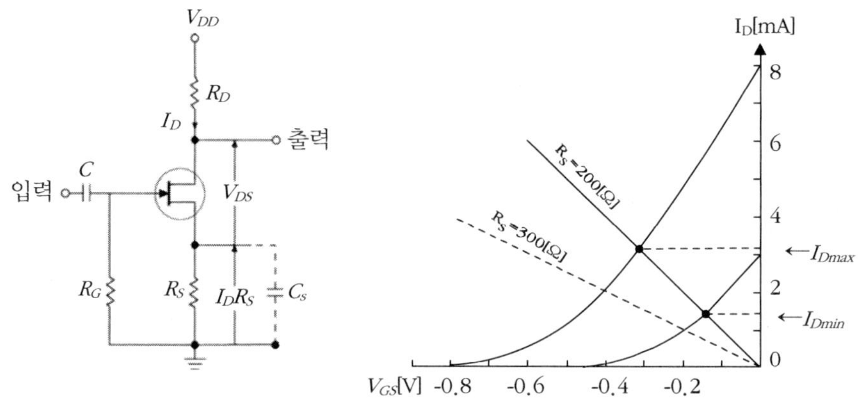

(a) 회로도 (b) 전달특성 곡선

[그림 24-2] 자기 바이어스 회로

이 회로는 게이트－소스 사이의 바이어스 전압을 걸어주기 위해 소스 저항 R_S를 사용한다. 게이트 접합부는 역방향 바이어스되어 있으므로 $I_G = 0$이고, 게이트 전압은 다음과 같다.

$$V_S = I_G R_G = 0[V]$$

드레인 전류를 I_D로 정하면 소스 전압은

$$V_S = I_D R_S$$

이고, 게이트－소스 전압은

$$V_{GS} = V_G - V_S = 0 - I_D R_S \qquad V_{GS} = -I_D R_S$$

이 된다.

J-FET 소자의 전달 특성을 나타내는 식 $I_D = I_{DSS}(1 - V_{GS}/V_P)^2$와 자기 바이어스 회로에서 유도된 식 $V_{GS} = -I_D R_S$을 연립 방정식으로 풀면 이 회로의 동작점을 구할 수 있다.

[그림 24-2] (b)는 J-FET의 특성에 의한 동작점의 변동을 나타낸 것이며, 2개의 전달 특성 곡선상에 식 $V_{GS} = -I_D R_S$를 적용한 것이며, 어느 것이나 직선과 전달특성 곡선의 교점이 바이어스점이 된다.

이 바이어스는 R_S를 크게 할수록 동작점의 편차는 적어지나, I_D의 값도 작게 해야 하는 단점이 있다.

(3) 전압 분배 바이어스(voltage feedback bias) 회로

[그림 24-3]과 같이 전압 분배 바이어스 회로는 1개의 전원을 사용하는 장점이 있으며, 드레인 전류 I_D의 조정은 R_D양단 전압에 의해 조정되어진다.

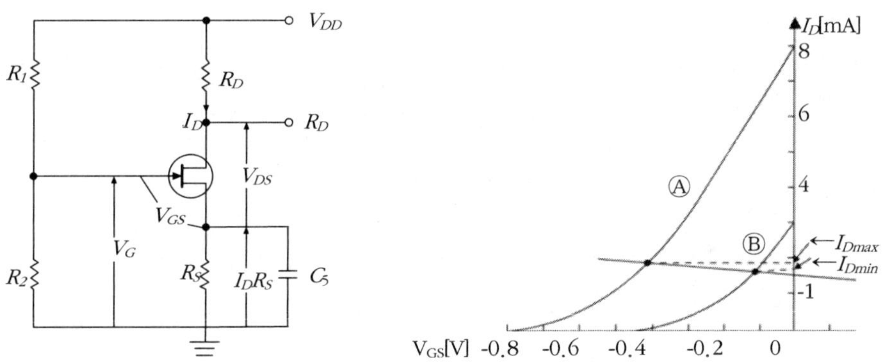

(a) 회로도 (b) 전달 특성곡선

[그림 24-3] 전압 분배 바이어스 회로

이 바이어스에서 게이트와 소스 접합은 역바이어스되어야 하므로 소스측의 전압이 게이트측보다 높아야 한다. [그림 24-3] (a)에서 게이트 전압 V_G는

$$V_G = \frac{R_2}{R_1 + R_2} V_{DD} = V_{GS} + I_D R_S$$

게이트와 소스 사이의 전압 V_{GS}는

$$V_{GS}=\frac{R_2}{R_1+R_2}V_{DD}-I_DR_S$$

이 된다. [그림 24-3] (b)는 J-FET의 특성 편차에 의한 드레인 전류 I_D는 매우 작게 할 수 있고, 입력 저항 R_i는

$$R_i=\frac{R_1R_2}{R_1+R_2}$$

로서 입력 임피던스를 크게 하기 위해서는 저항값을 크게 해야 하는 단점이 있다.

특히 높은 입력 임피던스가 필요할 경우에는 [그림 24-4]에 나타낸 바와 같이 저항 R_G를 통해서 게이트 전류는 거의 흐르지 않기 때문에 R_G양단의 전압강하는 거의 없다. 따라서 입력 임피던스는 전압 분배 바이어스의 입력저항 R_i보다 R_G값을 더한 만큼 커진다.

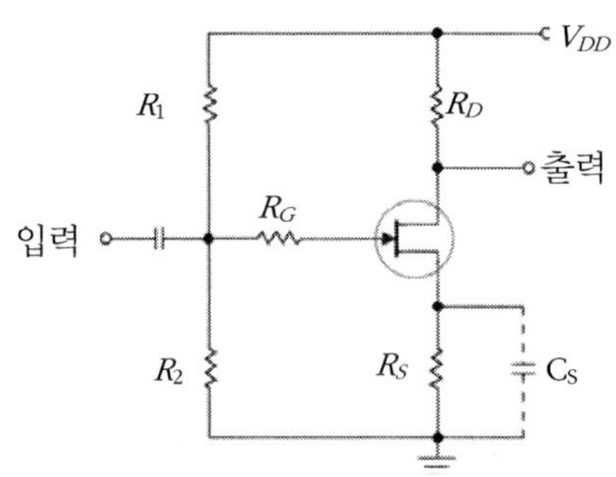

[그림 24-4] 높은 입력 임피던스 바이어스 회로

4. 실험 절차

(1) 자기 바이어스

① [그림 24-5]와 같은 회로를 연결한다.

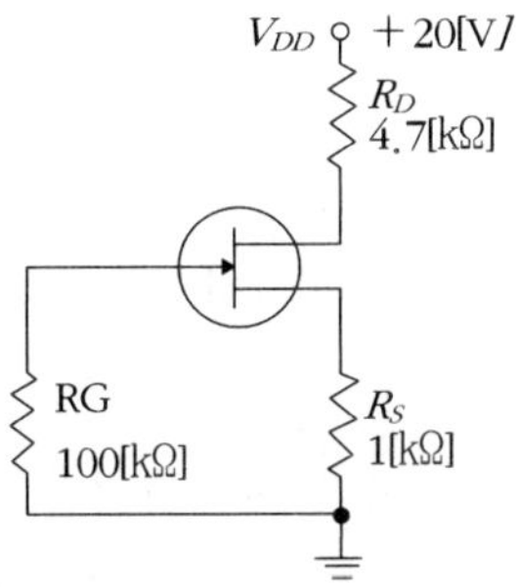

[그림 24-5] 자기 바이어스 회로 실험

② 접지에 대한 드레인 전압 V_D, 소스 전압 V_S, 게이트 전압 V_G를 측정하여 〈표 24-1〉에 기록한다.

③ 측정된 V_D값을 이용하여 V_{RD}, V_{DS}, V_{RG}, V_{RS}, V_{GS}와 I_D를 아래의 식을 이용하여 계산하고 〈표 24-1〉에 기록한다.

$V_{RD}=V_{DD}-V_D$, $V_{RS}=V_S$, $V_{DS}=V_D-V_S$, $V_{RG}=V_G \fallingdotseq 0[V]$, $V_{GS}=V_G-V_S$

단, $V_{GS}=V_{RS}$, $I_D=\dfrac{V_{RS}}{R_S}$

④ [그림 24-7]의 그래프를 사용하여 J-FET의 전달 콘덕턴스 곡선을 그린다. 이 곡선과 $R_S=1[k\Omega]$의 역기울기 직선과 교점의 V_{GS}, I_D값을 〈표 24-2〉에 기록한다.

⑤ [그림 24-7]에서 구해진 V_{GS}, I_D를 사용하여 V_{RD}, V_{RG}, V_{RS}, V_{DS}를 아래의 식을 이용하여 계산하여 〈표 24-2〉에 기록한다.

$V_{RD}=I_DR_D$, $V_{RG}=I_GR_G=0[V]$, $V_{RS}=I_DR_S$,

$V_{DS}=V_{DD}-(V_{RD}+V_{RS})$

(2) 전압 분배 바이어스

① [그림 24-6]과 같은 회로를 연결한다.

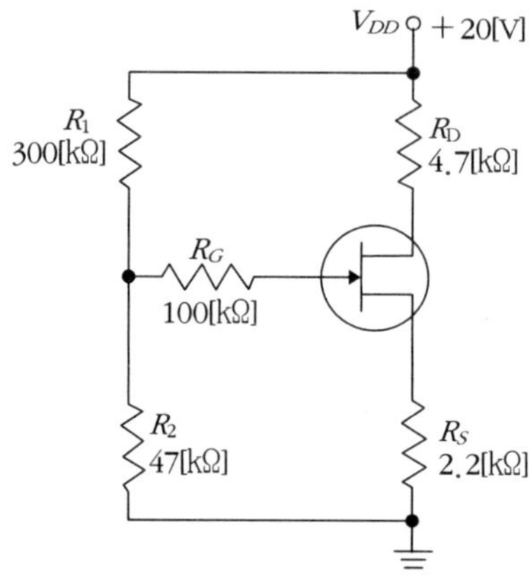

[그림 24-6] 전압 분배 바이어스 실험 회로

② 접지에 대하여 V_{R2}, V_D, V_G, V_S를 측정하여 〈표 24-3〉에 기록한다.

③ 측정값을 이용하여 V_{RD}, V_{RS}, V_{R1}, V_{RG}, I_D를 계산하여 〈표 24-3〉에 기록한다.

$$V_{RD} = V_{DD} - V_D\,,\ V_{RG} = V_{R2} - V_G\,,\ V_{RS} = V_S\,,\ V_{R1} = V_{DD} - V_{R2}\,,\ I_D = \frac{V_{RS}}{R_S}$$

④ [그림 24-8]을 사용하여 J-FET의 전달 콘덕턴스 곡선을 그린다. 이 곡선과 $R_S = 2.2$[kΩ]의 역기울기 직선과 교점의 V_{GS}, I_D값을 〈표 24-4〉에 기록한다.

⑤ [그림 24-8]에서 구한 I_D, V_{GS}를 사용하여 V_{RD}, V_{RS}, V_G, V_{DS}를 아래의 식을 이용하여 계산하여 〈표 24-4〉에 기록한다.

$$V_{RD} = I_D R_D\,,\ V_G = V_{RS} - V_{GS},\ V_{RS} = I_D R_S,$$
$$V_{DS} = V_{DD} - (V_{RD} + V_{RS})$$

⑥ V_{R1}, V_{R2}, V_{RG}를 아래 식을 이용하여 계산하여 〈표 24-4〉에 기록한다.

$$V_{R1} = \frac{V_{DD} \times R_1}{R_1 + R_2}\,,\ V_{R2} = \frac{V_{DD} \times R_2}{R_1 + R_2}\,,\ V_{RG} = I_G R_G \fallingdotseq 0[\mathrm{V}]$$

실험 결과 보고서

학과 : 학번 : 성명 :

1. 실험 결과표

〈표 24-1〉 자기 바이어스 특성

	V_D	V_S	V_G	V_{RD}	V_{RS}	V_{DS}	V_{RG}	V_{GS}	I_D
계산값									
측정값									

〈표 24-2〉 자기 바이어스 특성

	I_D	V_{GS}	V_{RD}	V_{RS}	V_{RG}	V_{DS}
계산값						
측정값						

〈표 24-3〉 전압 분배 비아어스 특성

	V_D	V_S	V_G	V_{RD}	V_{RS}	V_{DS}	V_{R1}	V_{GS}	I_D
계산값									
측정값									

〈표 24-4〉 전압 분배 비아어스 특성

	I_D	V_{GS}	V_{RD}	V_{RS}	V_G	V_{DS}	V_{R1}	V_{R2}	V_{RG}
계산값									
측정값									

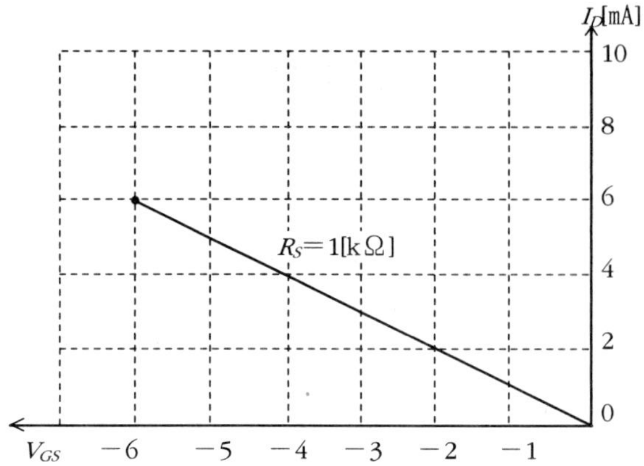

[그림 24-7] 자기 바이어스 $V_{GS} - I_D$ 특성 곡선

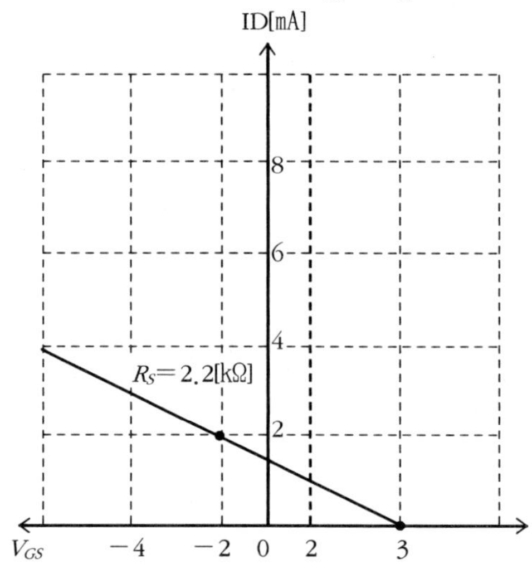

[그림 24-8] 전압 분배 바이어스 $V_{GS} - I_D$ 특성 곡선

2. 검토 및 정리

(1) 자기 바이어스 회로의 이점에 대하여 설명하여라.

(2) 고정 바이어스 회로보다 전압 분배 바이어스 회로를 사용하는 이유를 설명하여라.

(3) 전압분배 바이어스 회로가 안정한 이유를 설명하여라.

(4) N채널 J-FET의 소스 단자는 항상 게이트보다 (+) 전위가 되는 이유를 설명하여라.

실험 25 MOS-FET

1. 실험 목적

(1) MOS-FET의 구조 및 동작 원리를 알 수 있다.
(2) MOS-FET의 종류 및 사용 용도를 알 수 있다.
(3) MOS-FET의 특성을 측정할 수 있다.

2. 기기 및 재료

기기	규격	수량	재료	규격	수량
직류전압계	20[V]	2대	FET	1GFET	1개
직류전류계	20[mA]	1대	저항	4.7[kΩ], 10[kΩ], 1[kΩ]	각 1개
회로시험기		1대	가변저항	5[kΩ]	1개
브래드보드		1개		10[kΩ]	1개

3. 관련 이론

금속산화물 반도체(MOS-FET)에는 소자가 만들어질 때 전도 채널이 형성되어 있지 않은 n채널 증가형(enhancement) MOS-FET, p채널 증가형 MOS-FET와 전도 채널이 미리 형성되어 있는 n채널 공핍형(depletion) MOS-FET, p채널 공핍형 MOS-FET가 있다.

(1) n채널 증가형 MOS-FET

[그림 25-1]과 같이 불순물 농도가 낮은 p형 반도체를 기판으로 하여, 이 기판 위에 약 0.0254[㎜] 정도 미만의 간격으로 불순물 농도가 높은 n형 불순물을 확산시켜서 각각 n형의 소스와 드레인 영역을 형성한다.

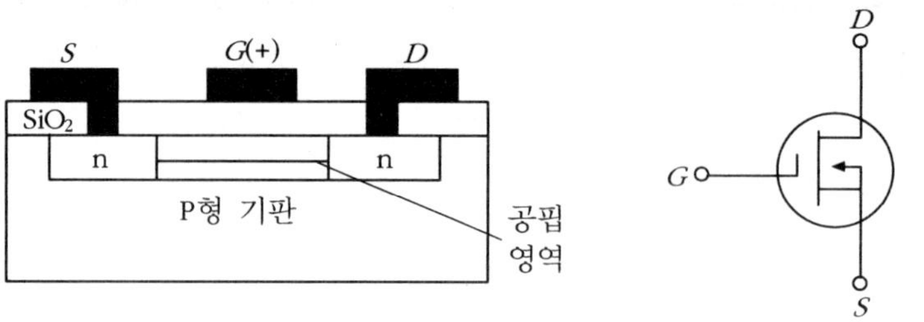

(a) 구조 (b) 기호

[그림 25-1] n채널 증가형 MOS-FET의 구조와 기호

증가형 MOS-FET는 캐리어가 흐를 수 있는 전도 채널이 소자를 만들 때 형성되어 있지 않고, 금속인 게이트 단자에 양의 전압을 가함으로써 n채널을 형성시킨다.

p형 기판 위의 얇은 산화물(SiO_2) 층은 금속으로 된 게이트와 기판 사이에서 절연체로서 작용한다.

게이트 단자에 전압을 가하지 않으면 소스와 드레인 사이에는 캐리어가 이동할 수 있는 전도 채널이 전혀 형성되지 않으나, n채널이므로 게이트와 소스 사이의 양의 전압을 인가하면 산화물층은 콘덴서 양 극판 사이에서 유전체로 작용하여, 산화물층과 인접한 p형 기판 부분에 부(-)의 전하층을 형성하여 결국은 채널이 형성된다.

이때, 게이트와 소스 사이의 양의 전압을 더욱 크게 인가할수록 산화물층과 인접한 p형 기판 부분에 더욱 강한 부(-)의 전하층을 형성하여, 이 전도 채널로 더욱 더 많은 자유전자들을 끌어당겨 이 채널의 전도도는 증가한다.

이러한 전도 채널을 통하여 부(-)의 자유전자들이 드레인과 소스 사이의 전압 V_{DS}의 방향에 의해서 소스와 드레인 사이에 흘러서 결국은 전류가 흐르게 되는 것이다.

[그림 25-2]에서 (a)는 드레인 전류 I_D와 게이트－소스간의 정(＋)의 인가전압인 V_{GS}의 특성 관계를 직접 나타낸 전달 특성곡선을 나타낸 것이다. V_{GS}를 인가하기 전까지는 전도 채널이 형성되지 않기 때문에 I_D는 흐르지 못하므로, 포화 드레인 전류 I_{DSS}는 존재하지 않는다.

그러므로, 게이트-소스간의 인가전압 V_{GS}가 증가형 MOS의 문턱 전압 V_T (threshold voltage)을 넘기 전까지는 완전한 전도 채널이 형성되지 않기 때문에 전류가 흐르지 않다가 V_T를 넘자마자 I_D는 급격히 증가하기 시작한다.

이와 같이 V_T을 기점으로 전달 특성은 포물선 특성을 가지며 다음과 같은 식으로 주어진다.

$$I_D = K(V_{GS} - V_T)^2 \quad (\text{단}, |V_{GS}| > |V_T|)$$

여기서, K는 증가형 MOS의 채널 폭과 길이에 따라 주어지는 상수, 보통 K=0.3 [mA/V²]이다.

또한, 전달 콘덕턴스는 다음과 같다.

$$g_m = \frac{\partial I_D}{\partial V_{GS}} = 2K(V_{GS} - V_T)$$

[그림 25-2]에서 (b)는 V_{GS}인가에 따른 V_{DS}에 대한 I_D의 관계를 나타낸 것으로 출력 특성 또는 전압－전류 특성이라고도 한다. V_{GS}가 V_{DS}보다 큰 경우, 즉 $V_{GS} > V_{DS}$일 때는 산화물층과 인접한 p형 기판 부분에 더욱 강한 부(－)의 전도 채널을 형성하므로, 이 채널로 더욱 더 많은 자유전자들이 이동하므로 I_D는 증가한다.

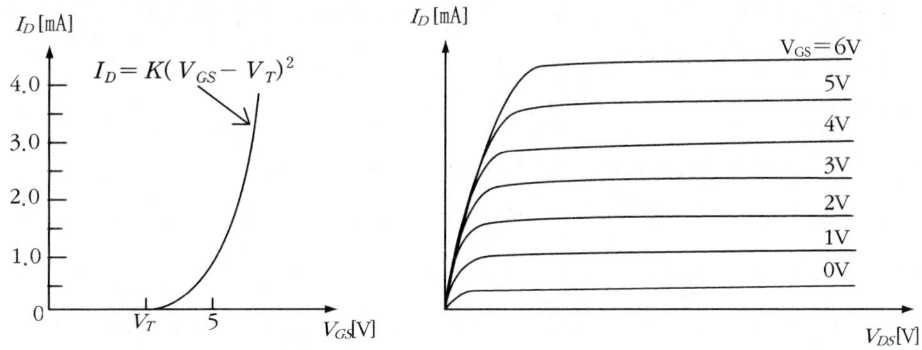

(a) 전달특성($V_{GS} - I_D$) (b) 출력특성($V_{DS} - I_D$)

[그림 25-2] n채널 증가형 MOS-FET의 특성 곡선

V_{GS}가 V_{DS}보다 작은 경우, 즉 $V_{GS} < V_{DS}$일 때는 전도 채널상에 자유전자들이 포화상태에 이르러 결국은 I_D는 더 이상 증가하지 않음을 알 수 있다.

(2) p채널 증가형 MOS-FET

[그림 25-3]과 같이 n형 반도체를 기판으로 하여, 이 기판 위에 약 0.0254[㎜] 정도 미만의 간격으로 불순물 농도가 높은 p형 불순물을 확산시켜서 각각 p형의 소스와 드레인 영역을 형성한다.

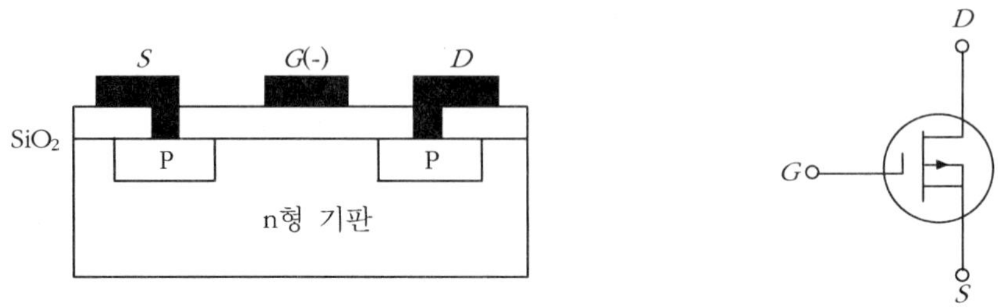

(a) 구조 (b) 기호

[그림 25-3] p채널 증가형 MOS-FET의 구조와 기호

게이트 단자에 전압을 가하지 않으면 소스와 드레인 사이에는 캐리어가 이동할 수 있는 전도 채널이 전혀 형성되지 않으나, 게이트와 소스 사이에 부(−)의 전압을 인가하면 산화물층은 콘덴서 양 극판 사이에서 유전체로 작용하여 산화물층과 인접한 n형 기판 부분에 정(+) 전하층을 형성하여 채널이 형성된다. 게이트와 소스 사이의 부의 전압을 더욱 크게 인가할수록 산화물층과 인접한 n형 기판 부분에 더욱 강한 정(+)의 전하층을 형성하여, 이 전도 채널로 더욱 더 많은 다수 캐리어인 정공들을 끌어당겨 이 채널의 전도도는 증가한다.

이러한 전도 채널을 통하여 정(+)의 정공들이 드레인과 소스 사이의 전압 V_{DS}의 방향에 의해서 이동하므로, 결국은 전류가 흐르게 되는 것이다.

[그림 25-4] (a)와 같이 게이트와 소스 사이의 부(−)전압 V_{GS}를 인가하기 전까지는 전도 채널이 형성되지 않기 때문에 I_D는 흐르지 못한다.

또한, 부의 전압 V_{GS}가 증가형 MOS의 문턱 전압 V_T를 넘기 전까지는 완전한 채널이 형성되지 않기 때문에 전류가 흐르지 않다가, V_T 전압을 넘자마자 I_D는 급격히 증가하기 시작한다.

[그림 25-4] (b)와 같이 V_{GS}〉 V_{DS}일 때는 산화물층과 인접한 n형 기판 부분에 더욱 강한 양의 전도 채널을 형성해서 더욱 더 많은 정공들이 이동하므로 I_D는 증가한다. V_{GS}〈 V_{DS}일 때는 전도 채널상에 정공들이 포화상태가 되어 결국 I_D는 더이상 증가하지 않음을 알 수 있다.

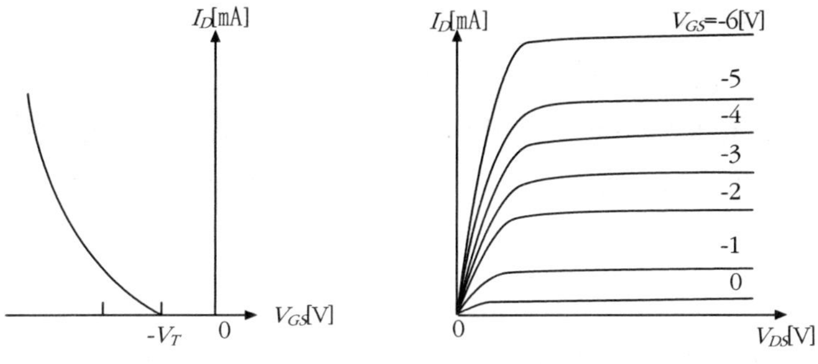

(a) 전달 특성　　　　(b) 출력 특성

[그림 25-4] p채널 증가형 MOS-FET의 특성 곡선

$$I_D = K(V_{GS} - V_T)^2 \quad (\text{단}, |V_{GS}| > |V_T|)$$

여기서, K는 증가형 MOS의 채널 폭과 길이에 따라 주어지는 상수, 보통 K＝0.3[㎃/V^2]이다.

(3) n채널 공핍형 MOS-FET

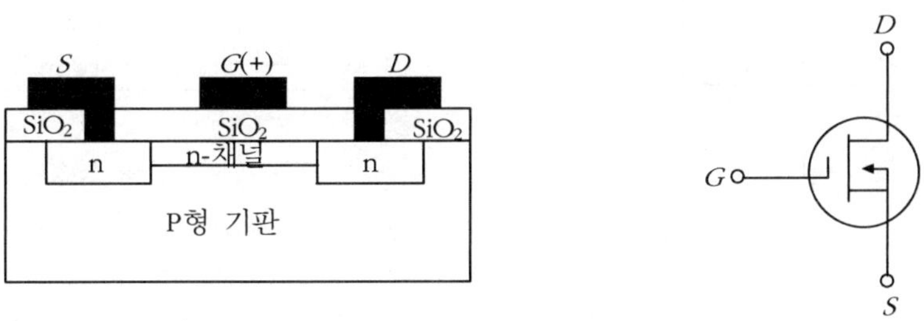

(a) 구조　　　　(b) 기호

[그림 25-5] n채널 공핍형 MOS-FET의 구조와 기호

[그림 25-5]와 같이 p형 반도체를 기판(substrate)으로 하여, 이 기판 위에 불순물 농도가 높은 n형 불순물을 확산시켜서 각각 n형의 소스와 드레인 영역을 형성한다.

공핍형(depletion type) MOS-FET는 캐리어가 흐를 수 있는 전도 채널이 소자를 만들 때 물리적으로 이미 형성되어 있어서 게이트(gate) 단자는 채널과 격리되어 있다. p형 기판 위의 얇은 산화물층은 금속으로 된 게이트와 채널 사이에서 절연체로서 작용하는데, 이 산화물층은 콘덴서 정(＋) 극판 사이에서 유전체로 작용하는 원리와 비슷하며, 게이트에는 정(＋)의 전압이나 부(－)의 전압 어느 전압이라도 인가할 수 있다.

게이트 단자에 부(−)의 V_{GS}을 인가하면 n형 불순물인 소스와 드레인 사이에 형성된 n채널 내의 다수 캐리어인 자유전자가 반발력으로 쫓겨나고, 그 자리에는 정(+) 이온만이 생기게 되므로 전도 전자의 부족으로 인하여 전도도가 떨어진다. 부(−)의 V_{GS}을 더욱 크게 인가하면 채널은 완전히 공핍이 되어 핀치오프 상태가 되고, 드레인 전류 $I_D=0$가 된다. 게이트 단자에 정(+)의 V_{GS}을 가하면 n채널 내의 부(−)의 전기를 띤 자유전자를 흡인력으로 더 많이 끌어당기므로 전도도를 크게 증가시킬 수 있다.

이러한 전도 채널을 통하여 전도 전자들이 드레인과 소스 사이의 전압 V_{DS}의 전압 방향에 의해서 소스와 드레인 사이에 흘러서 전류가 흐른다.

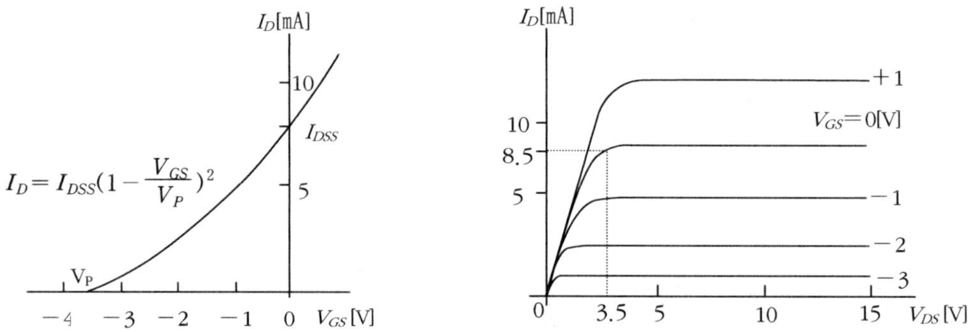

(a) 전달 특성 (b) 출력 특성

[그림 25-6] n채널 공핍형 MOS-FET의 특성 곡선

[그림 25-6] (a)는 I_D와 게이트−소스간의 인가전압인 V_{GS}의 특성 관계를 직접 나타낸 전달특성을 나타낸 것이다. 강한 부(−)의 V_{GS} 전압을 더욱 크게 인가하면, 채널은 완전히 공핍이 되어 핀치오프 상태가 되므로, 핀치오프 전압 V_P (pinchoff voltage)에서는 드레인 전류 $I_D=0$가 된다. 그러므로, $V_{GS} \rangle V_P$일 때 전류가 흐르며, $V_{GS} \langle V_P$ 전압에서는 부(−)의 V_{GS}을 인가하는 것이므로 I_D는 거의 흐르지 못한다.

V_{GS}=0일 때 포화 드레인 전류를 I_{DSS}라고 하면 다음과 같은 식이 성립한다.

$$I_D = I_{DSS}(1-\frac{V_{GS}}{V_P})^2$$

[그림 25-6] (b)는 V_{GS} 인가에 따른 V_{DS}에 대한 I_D의 관계를 나타낸 것으로 출력 특성 또는 전압－전류 특성이라고도 한다. 정(＋)의 V_{GS}를 인가하면, 산화물층과 인접한 n채널 내의 부(－)의 전기를 띤 자유전자를 흡인력으로 더 많이 끌어당기므로, 더욱 많은 자유전자들이 이동하므로 I_D는 증가한다. 부(－)의 V_{GS}를 가하면, 전도 채널상에 자유전자들이 공핍상태에 이르러 약간의 I_D만 흐름을 알 수 있다.

(4) p채널 공핍형 MOS-FET

[그림 25-7]과 같이 n형 반도체를 기판으로 하여, 이 기판 위에 불순물 농도가 높은 p형 불순물을 확산시켜서 각각 p형의 소스와 드레인 영역을 형성한다.

n형 기판 위의 얇은 산화물 층은 금속으로 된 게이트와 채널 사이에서 절연체로서 작용하는데, 이것은 콘덴서 양 극판 사이에서 유전체로 작용하는 원리와 비슷하며, 게이트 단자는 채널과 격리되어 있어서 게이트에는 정(＋)의 전압이나 부(－)의 전압 어느 전압이라도 인가할 수 있다.

게이트 단자에 정(＋)의 V_{GS}을 가하면 p형 불순물이 소스와 드레인 사이에 형성된 p채널 내의 다수 캐리어인 정공이 반발력으로 쫓겨나고, 그 자리에는 부(－) 이온만이 생기게 되므로, 캐리어의 부족으로 인하여 전도도가 떨어지며, 정(＋)의 V_{GS} 전압을 더욱 크게 인가하면, 채널은 완전히 공핍이 되어 핀치오프 상태가 되고, 드레인 전류 $I_D=0$가 된다.

게이트 단자에 부(－)의 V_{GS}를 가하면 P채널 내의 정(＋)의 전기를 띤 정공들을 흡인력으로 더 많이 끌어당기므로 전도도를 크게 증가시킬 수 있다.

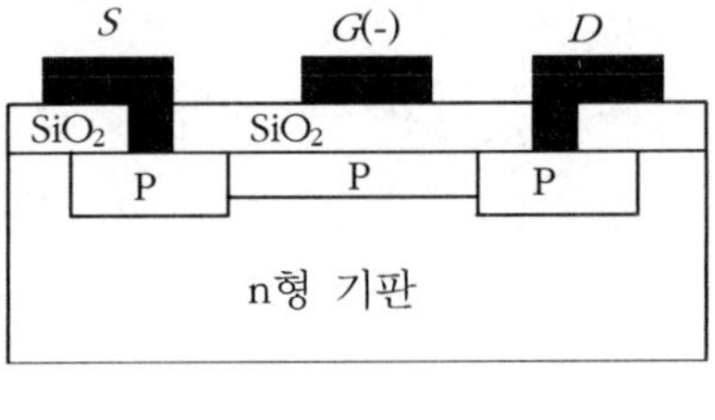

(a) 구조

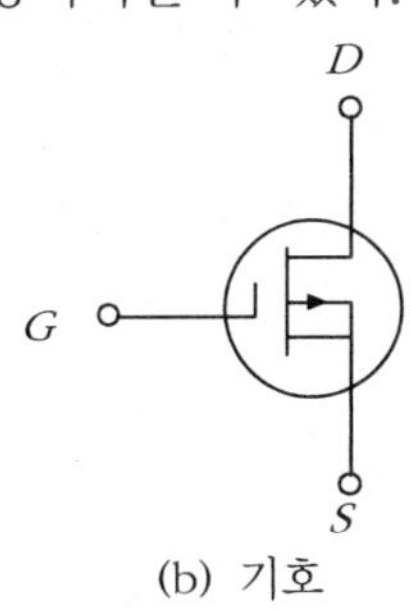

(b) 기호

[그림 25-7] p채널 공핍형 MOS-FET의 구조와 기호

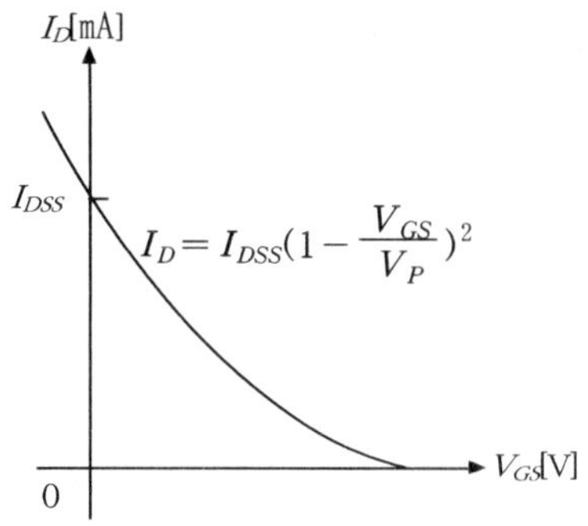

(a) 전달 특성

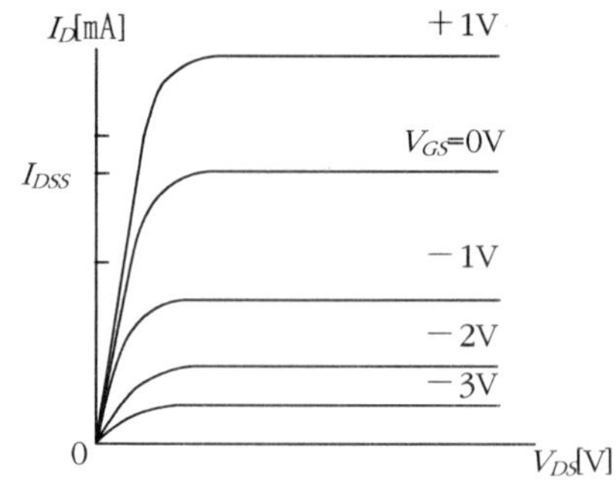

(b) 출력 특성

[그림 25-8] p채널 공핍형 MOS-FET의 특성 곡선

이러한 전도 채널을 통하여 전도전자들이 드레인과 소스 사이의 전압 V_{DS}의 방향에 의해서 소스와 드레인 사이에 흘러서 전류가 흐른다.

[그림 25-8] (a)에서 정(+)의 V_{GS}를 가하면 전도 채널상에 정공들이 공핍 상태에 이르러 약간의 I_D만 흐름을 알 수 있다. 또한 부(−)의 V_{GS}를 가하면 산화물층과 인접한 p채널 내의 양의 전기를 띤 정공들을 흡인력으로 더 많이 끌어당기므로 더욱 많은 캐리어들이 이동하므로 I_D는 증가한다.

[그림 25-8] (b)에서 강한 정(+)의 V_{GS}를 인가하여 더욱 크게 인가하면 채널은 완전히 공핍이 되어 핀치오프 상태가 되므로 핀치오프 전압 V_P(pinch-off voltage)에서는 드레인 전류 $I_D = 0$가 된다. 그러므로 $V_{GS} < V_P$일 때까지 전류가 흐르며 $V_{GS} > V_P$ 전압에서는 강한 정(+)의 V_{GS}를 인가하는 것이므로 I_D는 거의 흐르지 못한다.

$V_{GS} = 0$일 때 포화 드레인 전류를 I_{DSS}라고 하면 다음과 같은 식이 성립한다.

$$I_D = I_{DSS}(1 - \frac{V_{GS}}{V_P})^2$$

4. 실험 절차

① [그림 25-9]와 같이 회로를 연결한다.

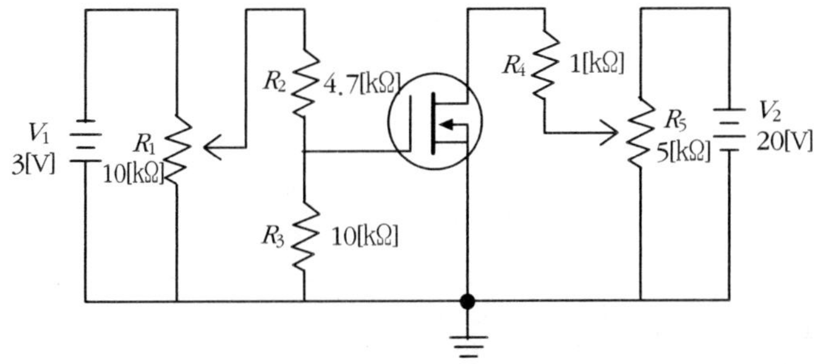

[그림 25-9] MOS-FET의 실험 회로

② $V_{GS}=0$[V]일 때 V_{DS}를 0.5, 1, 2, 3, 4[V]로 변화시키면서 I_D를 측정하여 〈표 25-1〉에 기록한다.

③ $V_{GS}=-0.5$[V], $+0.5$[V]일 때 실험절차 ②를 반복하여 〈표 25-1〉에 기록한다.

④ 〈표 25-1〉를 이용하여 $V_{DS}-I_D$ 특성 곡선을 [그림 25-10]에 그려라.

실험 결과 보고서

학과 : 학번 : 성명 :

1. 실험 결과표

〈표 25-1〉 MOS-FET의 특성

V_{GS} [V]	I_D [mA]				
	V_{DS} [V]				
	0.5	1	2	3	4
−0.5					
0					
+0.5					

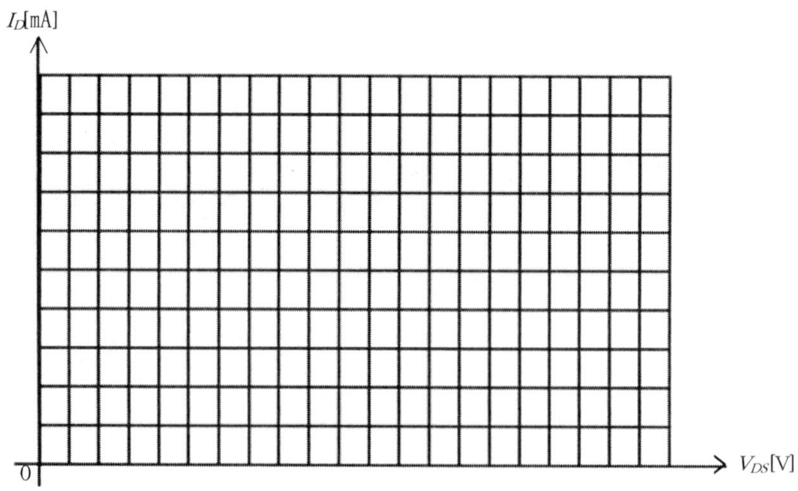

[그림 25-10] $V_{DS} - I_D$ 실험 특성 곡선

2. 검토 및 정리

(1) MOS-FET의 종류에 대하여 설명하여라.

(2) n채널 증가형 MOS-FET의 문턱전압에 대하여 설명하여라.

(3) n채널 증가형 MOS-FET의 전달콘덕턴스의 특성식을 쓰고, 간단히 설명하여라.

(4) p채널 공핍형 MOS-FET의 전달 특성을 그리고 설명하여라.

(5) p채널 공핍형 MOS-FET의 드레인 전류를 식을 쓰고 설명하여라.

실험 26 광전 소자

1. 실험 목적

(1) 여러 가지 광전 소자(photoelectronic device)의 동작 원리를 이해할 수 있다.
(2) 여러 가지 광전 소자의 특성을 측정할 수 있다.
(3) 여러 가지 광전 소자의 용도를 알 수 있다.

2. 기기 및 재료

기기	규격	수량	재료	규격	수량
직류전원전압기	0~5[V], 0~15[V]	각 1대	LED	TIL221,222 (적색, 녹색)	각 1개
회로시험기		1대	포토 결합기	4N26	1개
직류전류계	5[mA], 100[mA]	각 1대	다이오드	1N914	1개
직류전압계	10[V]	1대	7 세그먼트표시기	500, 507	각 1개
브래드 보드		1개	저항	20, 200, 560, 1[kΩ]	각 1개
			가변저항	1[kΩ]	1개

3. 관련 이론

(1) 발광 다이오드

발광 다이오드(Light-Emitting Diode : LED)는 반도체의 PN접합으로부터 빛이 방사되는 원리를 이용하여 만든 중요한 광전소자(optical device)로서 전압이 낮고, 수명이 길며, 고속 스위칭이 가능하므로 반도체 광원(Light source)으로 많이 사용된다.

순방향 바이어스 된 PN접합에서는 N쪽의 전자는 접합을 넘게 되고, P쪽에 들어가서 소수 반송자가 되며, 여기서 다수 반송자인 정공과 재결합 현상이 일어나게 되는데, 이 과정에서 광자(photo)가 방출된다. 방출된 빛의 파장은 반도체 다이오드를 만드는 데 쓰인 물질에 따라 다른데, 갈륨비소(GaAs) 소자에서는 적외선 영역에서 발광하므로 볼 수 없으나, 갈륨비소인(GaAsP) 소자에서 주황색 또는 적색의 빛을 낸다.

또 갈륨인(GaP)의 LED에서는 초록빛이나 빨강, 노랑빛을 낼 수 있다. 보통 직류 점등인 경우에는 순방향 전류 5~10[㎃] 정도로 실용 광도가 얻어지고, 그때의 전압 강하는 1.6[V] 정도, 최대 허용 역전압은 3[V] 정도로 낮다.

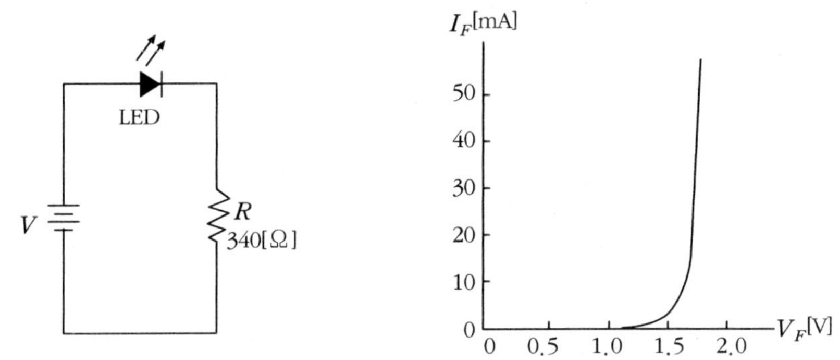

(a) 구동회로 (b) 특성곡선

[그림 26-1] GaAsP LED

[그림 26-1] (a)와 같이 전원전압 $V=5$[V]인가하고 LED의 전압을 1.6[V]라 하면, 10[㎃]가 흐르도록 LED 구동회로를 만들면 된다.

[그림 26-1] (b)는 대표적인 갈륨비소인(GaAsP) LED의 전압-전류 특성곡선을 나타내었다. LED에서 나오는 빛의 세기는 이곳을 흐르는 전류 및 전원에 관계되며, 전원과 LED소자 사이를 직렬로 전류 제한용 보호저항을 반드시 넣어야 한다.

LED는 계산기나 디지털 시계 등의 표시기와 광통신의 광원 등에 널리 쓰이고, 적외선 LED는 도난 경보장치에 사용되기도 한다.

(2) 포토 다이오드

포토 다이오드(photo diode)는 입사된 빛을 전기적인 양으로 바꾸어 주는 포토 검파기(photo detector)의 한 종류이다.

PN접합에는 [그림 26-2] (a)와 같이 공핍층 전장이 형성되어 있다. 이 공핍층중에서 포토 반송자가 여기되면 이들 반송자는 전장에 의하여 드리프트(drift)되며, PN접합에는 광기전력이 발생한다(태양 전지는 이것을 이용한 것이다).

PN 접합에 역방향 전압을 인가한 상태에서는 다이오드에는 소수 반송자로 인한 적은 전류가 흐른다. 이 소수 반송자의 양은 온도와 접합면에 비치는 빛에 따라 달라지는데, 다이오드를 투명한 용기에 넣으면 입사되는 빛에 따라 역방향 전류가 변화하게 된다. 광전류의 세기는 입사하는 광기전력에 비례한다.

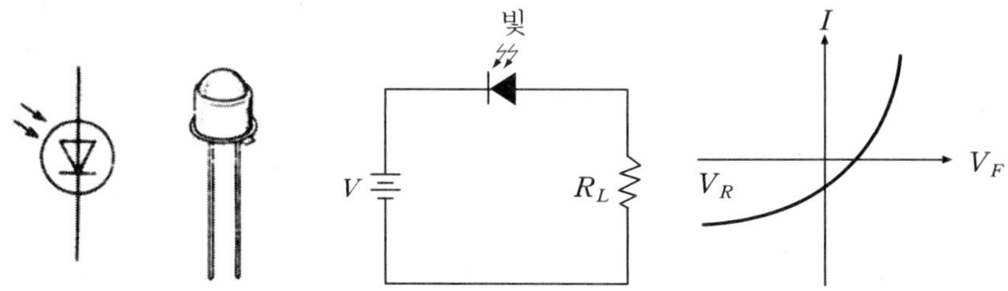

(a) 기호 및 외관 (b) 바이어스 회로 (c) V－I 특성 곡선

[그림 26-2] 포토 다이오드

(3) 포토 트랜지스터

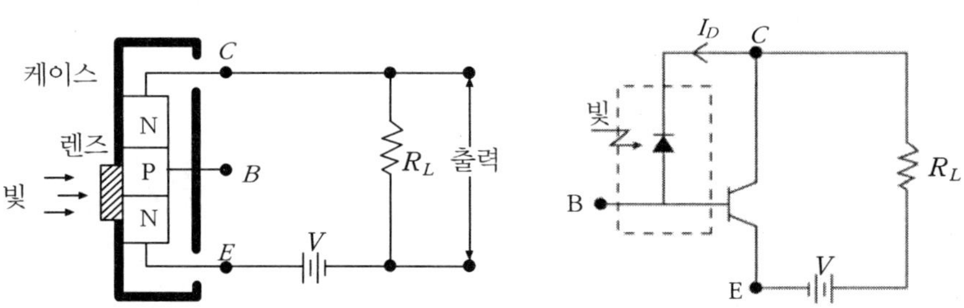

(a) 구조 (b) 기본 회로

[그림 26-3] 포토 트랜지스터

포토 트랜지스터(photo transistor)는 [그림 26-3](a)와 같이 빛이 입사되는 부분이 투명한 유리알 케이스로 되어 있어서, 이 부분으로 빛이 투과되어 포토 트랜지스터가 동작하게 된다. [그림 26-3] (b)와 같이 트랜지스터의 베이스－콜렉터 사이의 접합에 역방향으로 바이어스된 광다이오드를 접속한 것이다.

광다이오드에 빛을 쬐면 역방향 전류 I_D가 흐르게 되고, 이 전류는 트랜지스터의 베이스 전류가 되어 β배만큼 증폭되어 부하측에 나타나게 된다. 그러므로 광 감도를 높이려면 광전 다이오드의 I_D가 크든지 또는 트랜지스터의 β가 높으면 된다.

4. 실험 순서

(1) 발광 다이오드(LED)

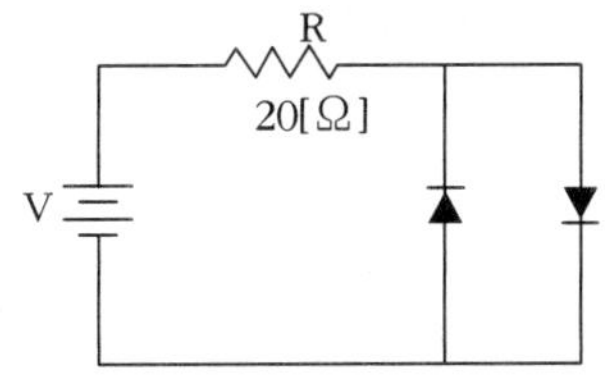

[그림 26-4] LED 특성 실험 회로

① 적색 LED를 사용하여 [그림 26-4]와 같은 회로를 연결한다.

② 직류전원전압 V를 조정하여 발광다이오드(LED)에 10[mA]의 전류가 흐르도록 한다. 이때의 발광 다이오드(LED)에 걸리는 전압을 〈표 26-1〉에 기록한다.

③ 〈표 26-1〉의 각각의 전류값에 대하여 위의 과정 ②를 반복하여 〈표 26-1〉에 기록한다.

④ 적색 LED를 녹색 LED로 교체하고 위의 과정 ②~③을 반복하여 기록한다.

⑤ [그림 26-5]과 같이 회로를 연결한다.

⑥ 적색 LED의 순방향 전류 I_F를 1[mA]~10[mA]까지 1[mA]씩 변화할 때, 다이오드 순방향 전압 V_F를 측정하여 〈표 26-2〉에 기록한다.

⑦ 〈표 26-2〉를 이용하여 발광 다이오드의 전압－전류 특성곡선을 [그림 26-8]에 그린다.

(2) 7-세그먼트 표시기

① [그림 26-6]의 7-세그먼트 표시기(common anode type)의 공통 단자 COM의 핀 번호를 알아내고, [그림 26-6] (b)와 같이 각 핀 번호에 대응하는 표시소자에 대한 핀(a, b, c, d, e, f, g, dp)를 찾아 〈표 26-3〉에 기록한다.

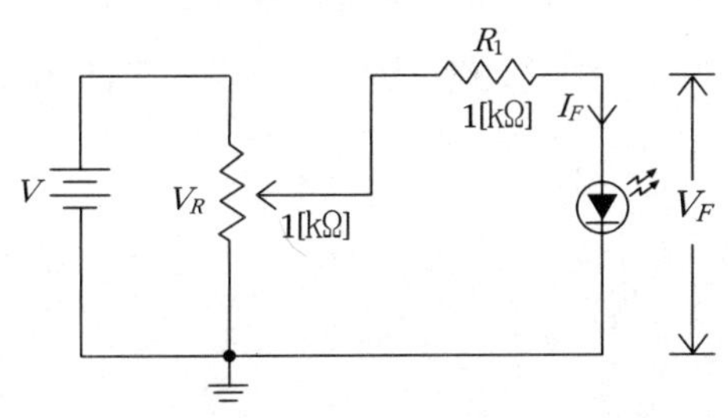

[그림 26-5] LED 전압－전류 특성 실험 회로

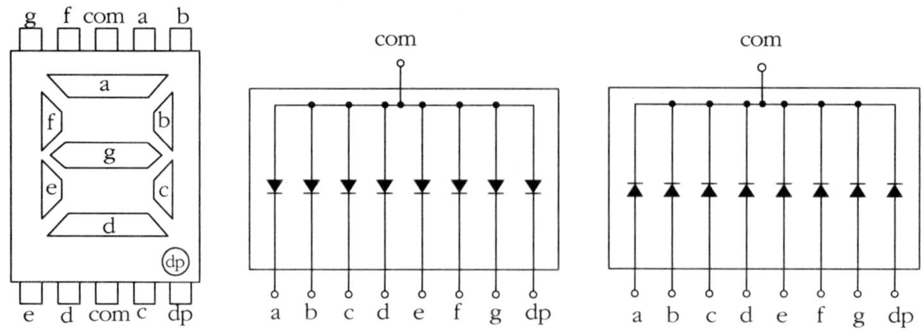

(a) 핀의 명칭의 예 (b) common anode type (c) common cathode type

[그림 26-6] 7-세그먼트 표시기

② [그림 26-6] (c)와 같이 common cathode type으로 교체하고, 실험절차 ⑤에서를 반복하여 〈표 26-4〉에 기록한다.

(2) 포토 트랜지스터

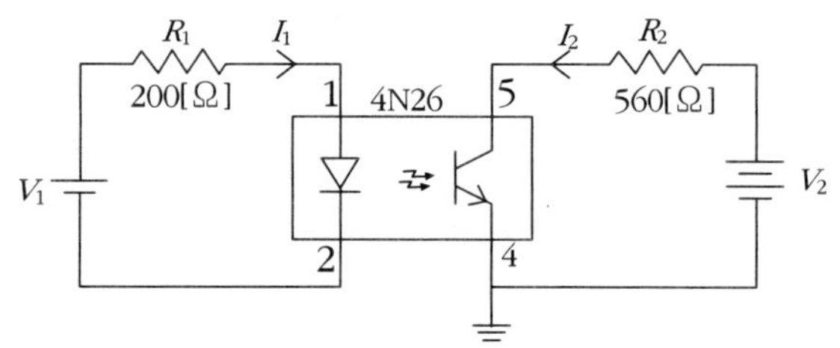

[그림 26-7] Photo Tr 특성 실험 회로

① [그림 26-6]와 같이 회로를 연결한다.

② 전압 V_2를 DC 5[V]로 고정시키고, 직류전원전압 V_1을 0~2.4[V]로 변환시키면서 전류 I_1의 값에 따른 I_2의 변화를 측정하여 〈표 26-5〉에 기록한다.

③ $V_2=10$[V]로 놓고, 위의 과정 ②를 반복한다.

④ 〈표 26-5〉의 포토 트랜지스터 특성 곡선을 [그림 26-9]에 그린다.

실험 결과 보고서

학과 : 학번 : 성명 :

1. 실험 결과표

〈표 26-1〉 발광다이오드(LED)

전류 I[mA]	10[mA]	20[mA]	30[mA]	40[mA]
적색 LED V[V]				
녹색 LED V[V]				

〈표 26-2〉 적색 LED 전류-전압 특성

I_F[mA]	1	2	3	4	5	6	7	8	9	10
V_F[V]										

〈표 26-3〉 7-세그먼트 표시기(common anode type)

표시번호	공통단자 com	a	b	c	d	e	f	g	dp
핀 번호									

〈표 26-4〉 7-세그먼트 표시기(common cathode type)

표시번호	공통단자 com	a	b	c	d	e	f	g	dp
핀 번호									

〈표 26-5〉 포토 트랜지스터

V_2 =5[V]			V_2 =15[V]		
V_1 [V]	I_1 [mA]	I_2 [mA]	V_1 [V]	I_1 [mA]	I_2 [mA]
0			0		
0.4			0.4		
0.8			0.8		
1.2			1.2		
1.6			1.6		
2.0			2.0		
2.4			2.4		

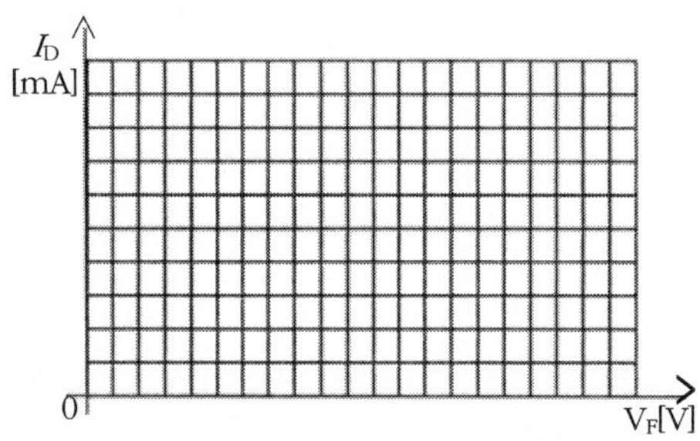

[그림 26-8] 적색 LED 전압-전류 특성 곡선

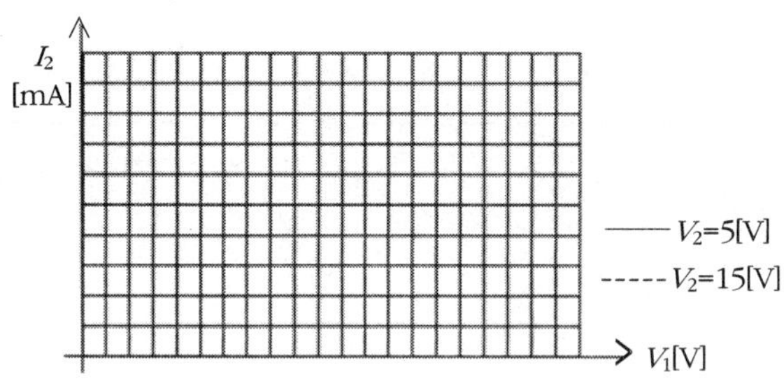

[그림 26-9] Photo Tr 특성 곡선

2. 검토 및 정리

(1) 발광 다이오드와 일반 다이오드의 차이점에 대하여 설명하여라.

(2) 발광 다이오드와 포토 다이오드의 바이어스에 대하여 설명하여라.

(3) 7-세그먼트 표시기(common cathode type)에 숫자 0에서 9까지 표시하기 위한 표시기의 핀번호 조합에 대하여 설명하여라.

(4) 광전 소자들의 응용 분야에 대하여 설명하여라.

실험 27 다이액과 트라이액

1. 실험 목적

(1) 다이액(DIAC)의 구조와 특성을 이해할 수 있다.
(2) 다이액의 특성 곡선을 그릴 수 있다.
(3) 트라이액(TRIAC)의 특성을 이해할 수 있다.

2. 기기 및 재료

기기	규격	수령	재료	규격	수량
직류전압계	150[V]	1대	다이액	DB4	1개
직류전류계	500[mA], 2[A]	각 1대	트라이액	2SM12	1개
오실로스코프	40[MHz] 이상	1대			
회로시험기	아날로그, 디지털	1대	변성기	AC220V/6.12[V]	1개
직류전원전압기	150[V]	1대	가변저항기	10[kΩ]	1개
브래드 보드		1개	저항	20,470	각 1개

3. 관련 이론

(1) 다이액

다이액(Diode ac switch : DIAC)은 순방향과 역방향에서 도통상태와 차단상태가 있는 쌍방향성 2단자 스위칭 소자로서, 실리콘 대칭형 스위치(Silicon Symmetrical Switch : SSS)라고도 한다.

[그림 27-1](a)는 다이액의 기호를 나타내며, 그림 (b)와 같이 5층 구조로 되어 있으며, 그림 (c)와 같이 2개의 PNPN 소자를 연결한 것과 등가적으로 같게 된다.

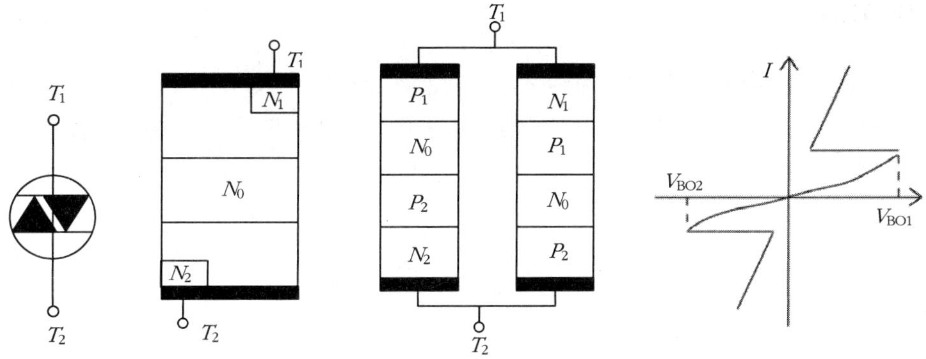

(a) 기호 (b) 구조 (c) 등가구조 (d) 전압－전류 특성

[그림 27-1] 다이액의 구조와 특성

단사 T_1에 (+)전압을 걸어주면 소자의 왼쪽 절반은 순방향바이어스 상태, 오른쪽 절반은 역방향 바이어스 상태로 되며, 전압을 높이면 순방향 바이어스된 $P_1N_0P_2N_2$에 의해서 차단 상태에서 도통상태로 변화해가고, 반대로, T_2 단자전압이 정(+)으로 되었을 때에는 오른쪽 절반인 $N_1P_1N_0P_2$이 도통상태가 된다. 이와 같은 동작에 따라 그림 (d)와 같은 전류-전압 특성을 가지게 된다.

즉, T_1에 (+)전압을, T_2에 (−)전압을 가하면 P_1과 N_o은 도통상태가 되나 N_o와 P_2가 역방향이 되어 차단상태가 된다. 그러나 역방향 전압을 증가시키면 P_1에는 강한 전계가 생겨 N_o과 P_2의 공유 결합이 깨지고, N_o형에서의 전자는 P_1으로 이동하게 된다. 그러면 P_2의 전자들은 N_o영역을 거쳐 P_1으로 이동하므로 전류는 T_1에서 T_2로 흐르게 된다.

다음에 T_1에 (−)전압을, T_2에 (+)전압을 가하면 P_2와 N_o은 도통 상태가 되고 N_o과 P_1은 차단상태가 되나 전압을 높이면 강한 전계에 의해 전자가 이동하므로 전류가 흐르게 된다.

[그림 27-1] (d)의 V－I 특성 곡선에서 PN 접합의 애벌런치(avalanche) 효과 트랜지스터의 전류이득 작용에 의한 부성저항 특성을 가지고 있으며, 일정한 브레이크 오버 전압(break over voltage： V_{BO})을 나타낸다. 다이액이 한 번 도통하면 이것을 차단(off)시키는 방법은 유지 전류 이하로 떨어지게 하는 방법뿐이다. 트리거 펄스 전압은 대략 6~10[V] 정도가 된다.

다이액은 주로 과전압 보호용이나 트리거 소자로 이용되고, 교류회로의 전류 제어회로, 조명 조정장치, 온도 조정장치 등에 널리 사용된다.

(2) TRIAC

[그림 27-2] (a)는 트라이액(bidirectional triode thyristor : Triac)의 기호를 나타낸 것이며, 그림 (b)와 같이 N형 실리콘 단결정 양쪽에 P형과 N형의 불순물을 확산시켜 만든 것이다. 즉 트라이액은 쌍방향 소자이고, 게이트에 (+) 또는 (−)의 어느 값 이상의 전류를 흘리면 트리거되며(도통과 차단을 지속적으로 시킬 수 있다) 비교적 약한 전력으로 동작시킬 수 있는 것이 특징이다.

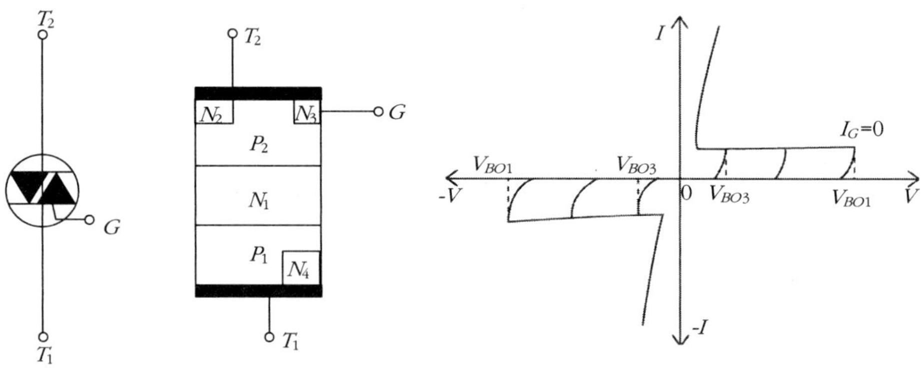

(a) 기호 (b) 구조 (c) V−I 특성

[그림 27-2] 트라이액의 구조와 특성

T_1과 T_2 사이에 순방향 또는 역방향 전압을 가해주었을 때 게이트에 어느 값 이상의 전류가 흘러들어가든지 나가든지 하면 T_1과 T_2사이는 단락된다.

T_1 전극에 (+)전압, T_2 전극에 (−)전압을 인가하고, 게이트에 (+)의 펄스를 가하면 N_3의 전자가 P_2로 이동되고 P_1의 정공의 주입을 유기하여 도통상태가 된다.

T_1 전극에 (−)전압을, T_2 전극과 게이트에 각각 (+)전압을 가하면 순방향 바이어스가 되어 N_2에서 P_2로 전자가 주입되며 이것은 N_1으로 확산된다. 따라서 N_1의 전위가 낮아지므로 P_2에서 N_1으로 정공이 이동한다. 그러면 P_1의 전위는 증가하여 N_4에서 P_1으로 전자가 이동하여 도통된다.

T_2에 (+)전압, T_1에 (−)전압, G에 (−)전압을 가하면, P_2와 N_3 사이는 순방향이 되어 전자는 N_3에서 P_2로 주입된다. 그러면 $N_1-P_2-N_3$ 트랜지스터에서 이득이 증가하므로 P_1의 정공은 N_1으로 이동하여 N_2로 주입되므로 ON 상태가 된다.

T_1 전극에 (−), T_2에 (+)전압, G에 (−)전압을 가하면 N_3와 P_2는 순방향이 되어 N_3에서 N_1으로 전자가 주입되므로 N_1은 전위가 낮아 정공은 P_2에서 N_1으로 이동되어 $P_2-N_1-P_1$ 트랜지스터가 되고 전류는 $P_2-N_1-P_1-N_4$로 흐르게 되어 도통상태

가 된다.

[그림 27-2] (c)의 $V-I$ 특성 곡선에서 PN접합의 애벌런치(avalanche) 효과 트랜지스터의 전류이득 작용에 의한 부성 저항 특성을 가지며, 일정한 브레이크 오버 전압(break over voltage : V_{BO})을 나타낸다.

2개의 SCR을 역 병렬로 접속하여 3단자의 교류 스위치로서 교류전력을 제어하고 있으며 DIAC과 함께 사용된다. 도통상태를 차단상태로 하기 위해서는 SCR과 같은 방법으로 해야 되며, 교류전력 제어에 가장 적합한 소자이다.

4. 실험 절차

(1) 다이액

① [그림 27-3] (a)와 같은 회로를 연결한다.

② 직류전원전압 V를 조정하여 전압을 점차 올려 주면서 V_{B01}이 되는 점의 전압과 그때의 전류를 측정하여 〈표 27-1〉에 기록한다.

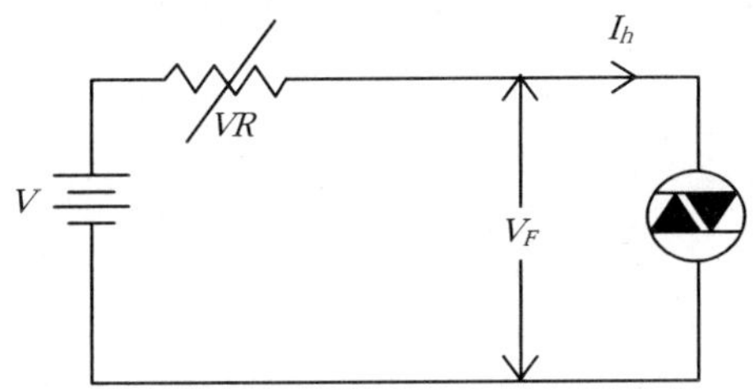

(a) 순방향 회로

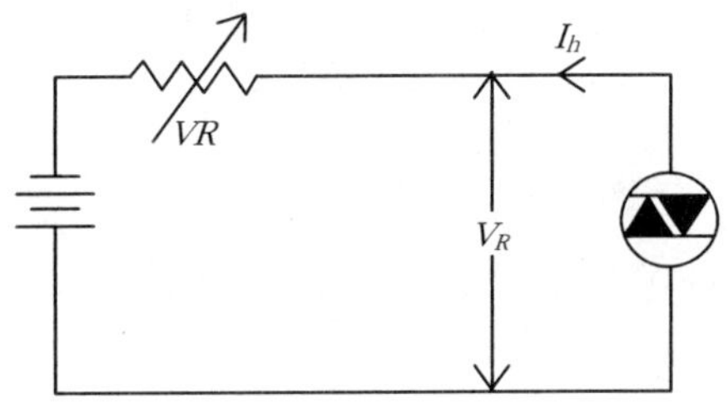

(b) 역방향 회로

[그림 27-3] 다이액의 특성 실험 회로

③ 전류계를 2[A]용으로 교체하여 연결한다.

④ [그림 27-3]의 (b)와 같이 역방향 회로를 연결하고 직류전원전압을 넣고 전압 V_{B02} 및 그때의 전류를 측정하여 〈표 27-1〉에 기록한다.

⑤ 〈표 27-1〉의 실험 결과표의 값을 이용하여 다이액의 전압-전류 특성 곡선을 [그림 27-6]에 그린다.

(2) 트라이액(Triac)

① [그림 27-5]의 회로를 연결한다.

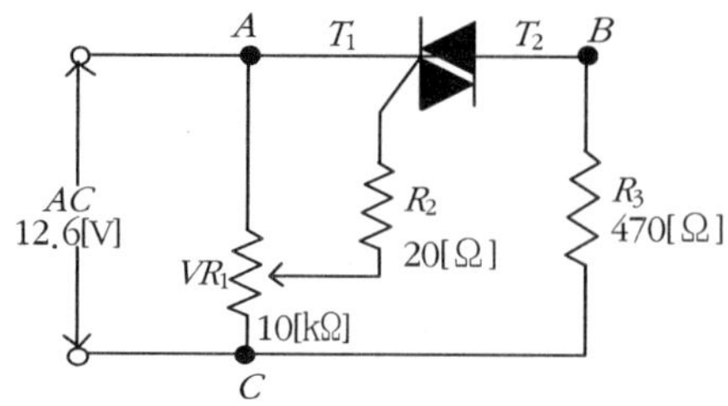

[그림 27-5] 트라이액의 특성 실험 회로

② 신호발생기의 전압을 넣고 A와 C의 파형을 측정하여 [그림 27-7](a)에 그린다.

③ VR_1을 조정하여 A와 B의 출력파형이 90°만 나타나도록 하고, 이때의 파형을 [그림 27-7](b)에 그린다.

④ B와 C의 파형이 실험 절차 ③의 출력 파형이 30° 지연되도록 하고, 이때의 파형을 [그림 27-7](c)에 그린다.

⑤ R_3단자에 램프를 직렬로 연결한 다음 VR_1의 변화에 따라 불빛의 밝기가 변하는지를 확인한다.

실험 결과 보고서

학과 : 학번 : 성명 :

1. 실험 결과표

〈표 27-1〉 다이액의 특성

회로 연결	V[V]	I[mA]	규격
순방향 회로 (V_{B01} I_h)			
역방향 회로 (V_{B02} I_h)			

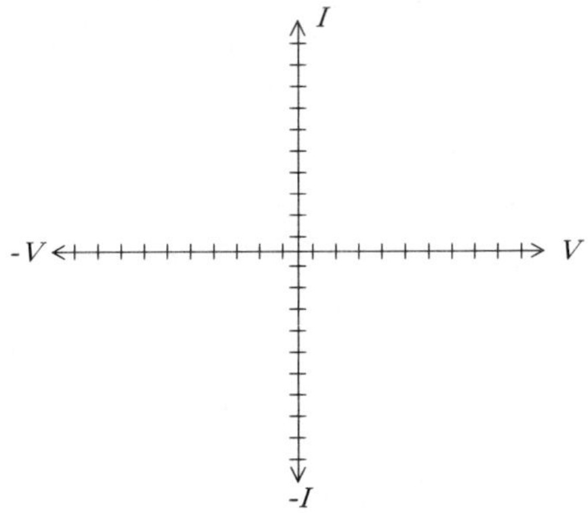

[그림 27-6] 다이액의 전압-전류 특성

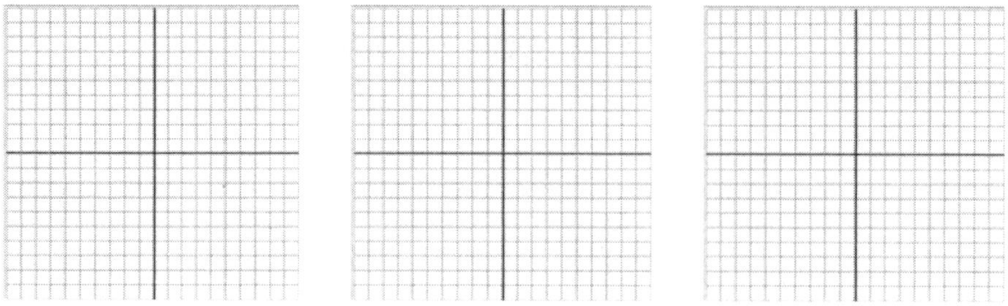

(a) A－C 파형　　(b) A－B 파형(90°)　　(c) B－C파형(30° 지연)

[그림 27-7] 트라이액 특성

2. 검토 및 정리

(1) 다이액은 어느 방향에서나 전류를 흘릴 수 있고 브레이크 오버 전압을 초과할 때 (　　)되고, 유지전류 이하로 떨어질 때 (　　)된다.

(2) 다이액과 트라이액의 차이점에 대하여 설명하여라.

(3) 트라이액의 게이트의 극성을 판별하는 방법을 설명하여라.

실험 28 단일접합 트랜지스터(UJT)

1. 실험 목적

(1) UJT의 특성을 이해할 수 있다.

(2) UJT의 응용 분야를 알 수 있다.

2. 기기 및 재료

기기	규격	수량	재료	규격	수량
직류전압계	50V	1대	UJT	2N2646	1개
직류전류계	500mA 2A	각 1대	저항	470 1[kΩ]	각 1개
직류전원전압기	20V	1대			
브레드보드		1개			

3. 관련 이론

[그림 28-1] (a)의 구조와 같이 1개의 이미터와 2개의 베이스를 가진 단일접합 트랜지스터(Uni-Junction Transistor : UJT)는 2층 도핑 영역과 3개의 외부 단자를 가지는 소자이다. 이미터의 불순물 농도는 n영역의 불순물 농도보다 높게 주입되어 있다.

이때 베이스(B_1, B_2) 사이의 저항은 상대적으로 높아서 이미터(E)가 개방되었을 때 5~10[kΩ] 정도이며, 이런 저항을 베이스 사이의 저항이라고 하고 R_{BB}로 나타낸다.

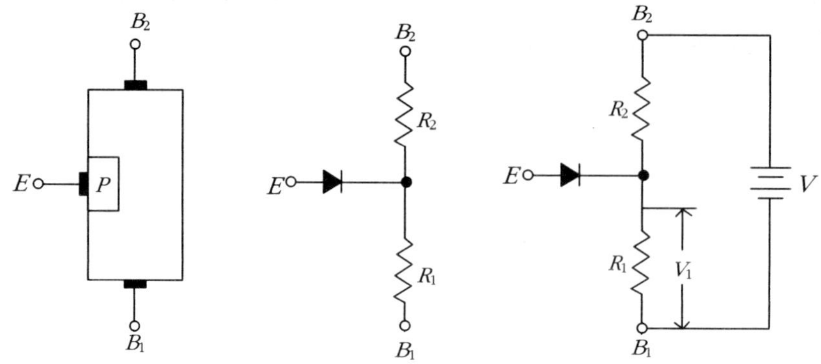

(a) 구조 (b) 등가회로 (c) 스탠드 오프 전압

[그림 28-1] UJT

[그림 28-1]의 (b)는 UJT의 등가회로를 나타내고, 이미터 다이오드는 2개의 내부 저항 R_1, R_2에 접합되어 있다. 이미터 다이오드가 차단(off) 상태일 때 R_{BB}는 R_1과 R_2의 합으로 구해지고, 두 베이스 사이에 [그림 28-1]의 (c)처럼 전압이 가해지면 R_1양단에 걸리는 전압은 다음과 같다.

$$V_1 = \frac{R_1}{R_1 + R_2} V = \frac{R_1}{R_{BB}} V = \eta V$$

단, $\eta = \frac{R_1}{R_{BB}}$

η의 크기는 고유 스탠드 오프(Intrinsic stand-off)율로서 전압분배 계수라 부르고, 범위는 0.5~0.8 정도가 일반적이다. [그림 28-1]의 (c)에서 모든 이미터 전압 V_1은 고유 스탠드 오프 전압이라 부른다.

[그림 28-2] (a)는 UJT의 기호를 나타낸 것으로, 이미터의 화살표는 [그림 28-2] (b) 등가회로에서의 위쪽 이미터를 나타낸다. 이미터 전압이 스탠드 오프 전압을 넘어서면 이미터와 아래쪽 베이스 사이의 등가회로는 단락된다.

[그림 28-2] (b)는 UJT의 등가회로를 나타낸 것으로, B_2에서 B_1까지는 정(+)전압을 가지고 스탠드 오프 전압 V_1은 저항 R_1의 양단에 나타난다.

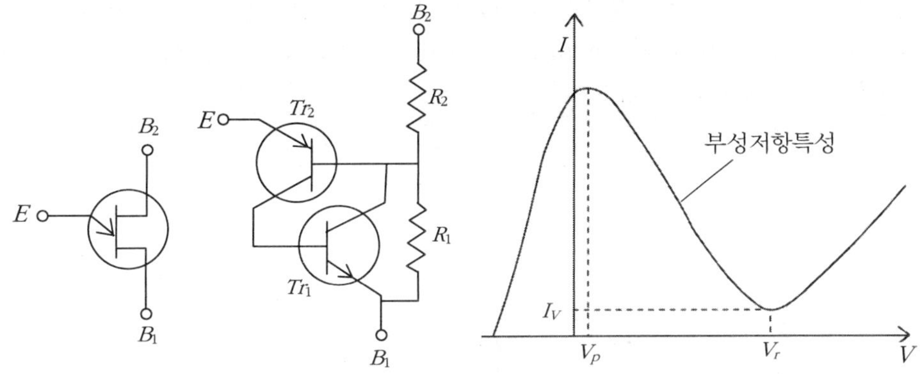

(a) 기호 (b) 등가회로 (c) 전압－전류 특성

[그림 28-2] UJT의 기호와 특성

B_1에 (－)전압, B_2에 (＋)전압을 가하면, N형 반도체는 약간의 전류 I_B만 흐르게 되며, 이때 E와 B_1간의 저항을 R_{B1}, E와 B_2 간의 저항을 R_{B2}라 하면 $R_{B1} = R_{B2}$가 되며 I_B는 다음과 같은 식으로 된다.

$$I_B = \frac{V_{BB}}{R_{B1} + R_{B2}}$$

R_{B1} 양단의 전압을 V_1, R_{B2} 양단의 전압을 V_2라 하고, E에 (－) 전압(V_E)을 가하면 $V_E < V_1$ 인 경우에는 PN이 역방향되어 전류가 흐르지 않는다. 그러나 $V_E > V_1$ 인 경우에는($V_E > \eta V_{BB}$, $\eta = V_1 / V_{BB}$) PN 접합이 순방향이 되어 E와 B_1 간에 전류가 흐른다. 이때에는 P형에서 N형으로 정공이 이동하고 전자는 N형에서 P형으로 이동하여 전류가 흐르게 된다. 한편 B2측의 높은 전계로 인하여 결국 B2에서 B1로 전류가 흐를 수 있으며, 이때에는 V_1은 매우 낮아지고 $R_{B1} \cong 0$이 된다.

이미터 입력 전압이 스탠드 오프 전압보다 낮으면 역바이어스된 Tr_2의 이미터 다이오드가 차단상태를 유지한다. 이미터 입력 전압이 스탠드 오프 전압보다 약간이라도 크면 Tr_2는 도통된다. 이것이 양쪽 트랜지스터를 포화 상태로 만들고 이미터와 아래쪽 베이스를 단락시킨다.

이상적으로 E와 B1 사이가 단락된 것을 형상화시킬 수 있다. 두번째의 근사법은 이미터 포화전압으로 불리는 낮은 전압으로 E와 B_1 사이에 $V_{E(sat)}$가 나타낸다.

그림 (c)와 같은 부성저항 특성을 이용하여 펄스 발생을 할 수 있으며, 타이머회로에 이용되기도 한다. 온도가 변하면 PN 접합부의 순방향 전압의 크기가 변하므로 B_2에 안정저항을 넣어야 한다.

4. 실험 절차

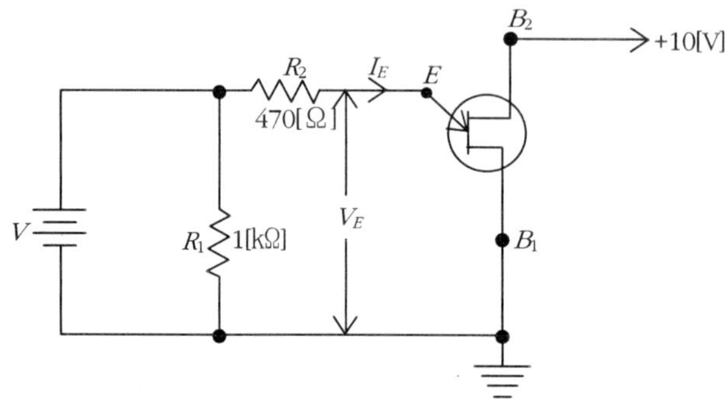

[그림 28-3] UJT 실험 회로

① [그림 28-3]과 같은 회로를 연결한다.

② 직류전원전압 V를 조정하여, V=0.65[V]로 했을 때에 이미터 전류 I_E와 이미터와 베이스 사이의 전압, 즉 스탠드 오프 전압 $V_{E(sat)}$을 측정하여 〈표 28-1〉에 기록한다.

③ 직류 가변 전압을 〈표 28-1〉에서 주어진 값으로 변화시키면서 각각에 대하여 이미터 전류 I_E와 이미터와 베이스 사이의 전압, 즉 스탠드 오프 전압 $V_{E(sat)}$을 측정하여 〈표 28-1〉에 기록한다.

④ UJT를 도통(ON)되는 순간의 V_E값을 측정하여 〈표 28-1〉에 기록한다.

⑤ 각각의 측정값을 이용하여 전압 분배 계수 η의 크기를 계산하여 〈표 28-1〉에 기록한다.

⑥ 각각의 측정값을 이용하여 이미터 입력 직류 전압에 대한 스탠드 오프 전압과 이미터 전류에 대한 관계를 [그림 28-4]에 그린다.

실험 결과 보고서

학과 : 학번 : 성명 :

1. 실험 결과표

〈표 28-1〉 UJT 특성

직류전원전압 V[V]	이미터 전류 I_E[mA]	이미터 전압 V_E	전압 분배 계수 η
0.65			
1			
3			
5			
7			
9			
11			
15			
19			

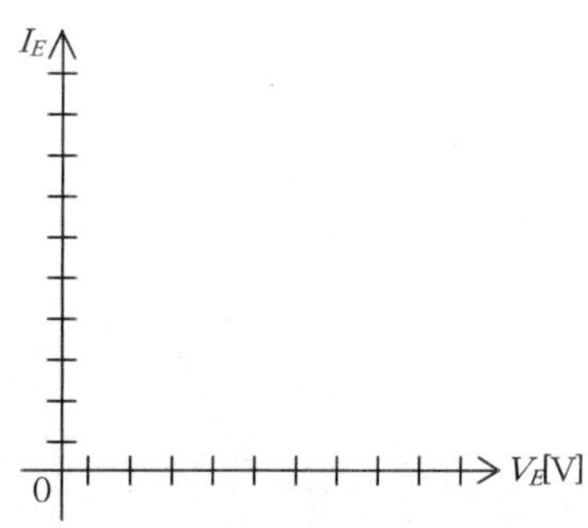

[그림 28-4] UJT의 전압-전류 특성

2. 검토 및 정리

(1) UJT는 어떤 특성을 이용하여 펄스를 발생할 수 있는지를 설명하여라.

(2) UJT는 어디에 이용되고 있는지 설명하여라.

(3) 일반적인 트랜지스터와 단일접합 트랜지스터의 차이점에 대하여 설명하여라.

(4) 이미터와 베이스 B_1사이의 전류 I_E[mA]가 흐르면 UJT는 어떤 상태가 되는가를 설명하여라.

실험 29 실리콘 제어 정류 소자(SCR)

1. 실험 목적

(1) 실리콘 제어 정류소자의 동작 원리를 이해할 수 있다.
(2) 실리콘 제어 정류소자의 특성을 측정할 수 있다.
(3) 실리콘 제어 정류소자의 성능과 용도를 알 수 있다.

2. 기기 및 재료

기기	규격	수량	재료	규격	수량
직류전원전압기	10[V], 150[V]	각 1대	SCR	2N1596	1개
직류 전압계	10, 150[V]	각 1대	저항	100[Ω], 5[W]	1개
직류 전류계	50[μA] 25[mA], 2[A]	각 1대	가변저항	5[kΩ]	1개
오실로스코프	40[MHz] 이상	1대			
회로시험기		1대			
브래드 보드		1개			

3. 관련 이론

(1) 실리콘 제어 정류소자(SCR)의 구조

실리콘 제어 정류소자(Silicon Controlled Rectifier : SCR)는 사이리스터(thyristor)라고도 하는데, 200[A] 정도의 대전류까지 제어할 수 있는 반도체 스위치 소자로서, [그림 29-1]과 같이 구조는 PNPN 또는 NPNP의 4층으로 접합한 반도체로 구성되어 있다.

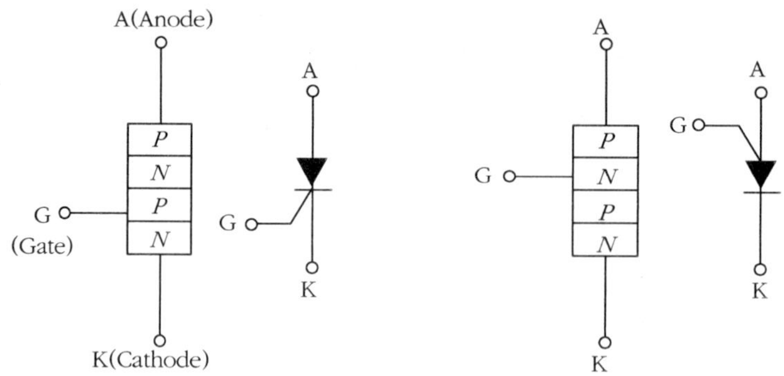

(a) P형 게이트 SCR (b) N형 게이트 SCR

[그림 29-1] SCR의 구조와 기호

SCR은 애노드(Anode, A), 게이트(Gate, G), 캐소드(Cathode, K)의 3개 전극을 가지고 있는데, 어느 층에서 게이트 단자가 연결되었는지에 따라 N형 게이트 SCR과 P형 게이트 SCR로 분류된다.

SCR은 게이트 G와 캐소드 K 사이에 수[V] 이하의 전압, 또는 수십[mA]의 게이트 전류로 애노드와 캐소드 사이에 큰 전압 또는 전류를 제어할 수 있는 성질을 갖는다.

(2) 실리콘 제어 정류소자(SCR)의 동작 특성

[그림 29-2] (a)와 같이 애노드 A와 캐소드 K 사이에 순방향 전압 V_a를 음(−) 전압에서 양(+) 전압으로 변화시키면 그림 (b)와 같이 애노드와 캐소드 사이에 급격히 단락의 상태로 된다. 이것을 브레이크 오버(Breakover)라고 한다.

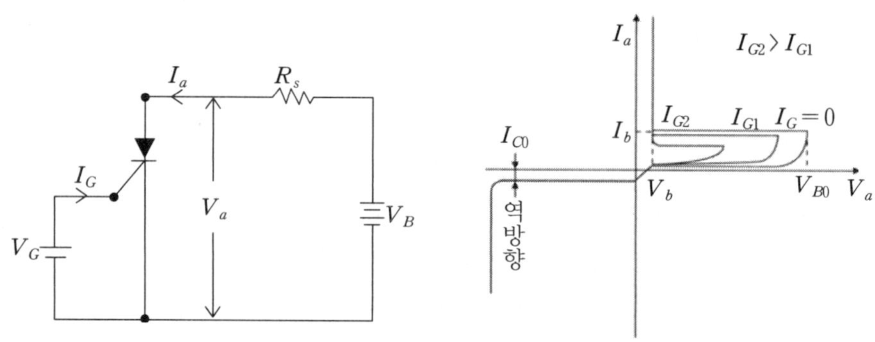

(a) 회로도 (b) 전압−전류(V−I) 특성

[그림 29-2] SCR의 동작 특성

또 게이트 전압 V_G를 어떤 값으로 설정하고, 애노드 전압 V_a를 0[V]로부터 점차 증가시키면 어떤 전압에서 브레이크 오버되어 단락된다. 이때의 애노드 전압을 브레이크 오버 전압 V_{BO}라고 하며, 그 점의 애노드 전류를 브레이크 오버 전류 I_{BO}라고 한다. V_{BO}와 I_{BO}의 곱, 즉 브레이크 오버 전력 P_{BO}가 커지면 열로 인하여 소자가 파괴될 때가 있다.

애노드 전압 V_a를 걸고, 게이트에 순간적인 정(+)의 트리거 전압 V_G를 걸어 미소한 게이트 전류 I_G를 흘리면 애노드와 캐소드 사이의 브레이크 오버 전압 V_{BO}는 극도로 낮아지고, 이에 따라 A－K는 통전상태, 즉 스위치를 닫은 상태로 된다. 통전된 상태에서는 게이트 전류의 흐름에 관계가 없으며, 통전을 차단하려면 애노드 전압을 0[V] 이하로 내려야 한다.

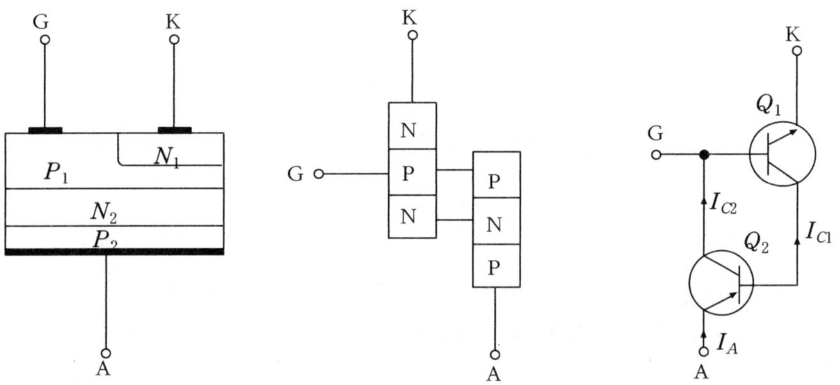

(a) 구조 (b) 등가구조 (c) 등가회로

[그림 29-3] SCR의 동작원리

[그림 29-3] (a) 구조를 (b)와 같은 등가구조로 나타낼 수 있고, (c)와 같은 트랜지스터 등가회로로 바꿀 수 있으므로 (a)에서 애노드에 음(－) 전압을, 캐소드에 정(＋) 전압을 가하면 N_1과 P_2는 순방향이 되어 도통상태가 되지만 P_1과 N_2는 역방향이 되어 결국 K와 A사이에 전류가 흐르지 못한다.

그러나 애노드에 (＋)전압을, 캐소드에 (－)전압을 가하면 순방향이 되어 도통상태가 되나 P_1 과 N_2는 역방향이므로 역시 전류가 흐르지 못한다. 그러나 이때에 게이트에 (＋)전압을 가하면 N_2측의 전자가 P_2쪽으로 이동하게 되나 애노드측의 높은 전계에 의해서 대부분 애노드측으로 이동한다. 따라서 전류가 흐르게 된다.

게이트의 전압(또는 전류)을 점차 증가시키면 V_{BO}는 점차 낮아지며, 게이트 전류를 매우 크게 하면 V_{BO}는 없어지고 일반적인 다이오드와 같이 전류가 흐른다. 게이트에 전류를 흐르게 해서 도통 상태가 되면 게이트 전류를 0으로 하여도 계속 전류가 흐르며, 전류를 흐르지 않게 하기 위해서는 애노드 전압을 유지 전압(Vb) 이하로 또는 역방향으로 전압을 가해야 한다.

이것을 3단자 단일 방향성 사이리스터라고 하며, 전류 제어능력을 가지고 있어 전동기의 속도 제어, 전등 불빛의 가감, 온도 조정기, 자동차의 점화장치, 무접점 고속 스위치 등에 널리 사용된다.

(3) SCR의 특징

① 고능률의 전력 제어 소자로 교류에 적합하며, 정상적으로 사용할 때 반영구적이다.

② 일단 통전이 된 것은 게이트 제어로 차단이 불가능하다.

③ 게이트 전압은 0.5~5[V]가 필요하며, 게이트 전류는 수 10[μA]~10[mA] 정도이다.

④ 통전때의 애노드(A)와 캐소드(K) 사이의 전압강하는 1~2[V] 정도이다.

⑤ 고온에 약하며 80[℃] 이하로 사용해야 하며, 정격전류 1[A] 이상의 것은 반드시 방열판에 부착하여 사용한다.

4. 실험 절차

① [그림 29-4]와 같이 회로를 연결한다.

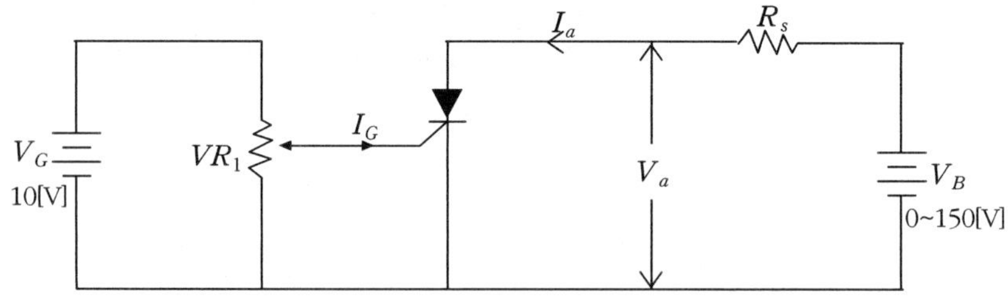

[그림 29-4] SCR의 특성 실험 회로

② 직류전원 전압기의 전원을 넣고, 가변저항기 VR_1를 가변시켜 전류 I_G = 0.5[mA]가 되도록 한다.

③ 직류 가변 전원 V_B를 가변시켜 애노드 전압 V_a를 0[V]로부터 점차 증가시킬 때, 애노드 전류 I_a를 측정하여 〈표 29-1〉의 해당란에 기록한다.
이때, I_a의 값은 매우 작기 때문에 [μA]나 [mA]의 계기를 사용해야 한다.

④ V_a를 계속 증가시켜 $V_a = V_{BO}$되는 전압 및 전류를 측정하여 〈표 29-1〉의 해당란에 기록한다.

⑤ 통전시킨 뒤의 유지 전압 V_b와 유지 전류 I_b의 값을 측정하여 〈표 29-1〉의 해당란에 기록한다.
이때, I_b는 수 [A], V_b는 수 [V]로 되는 것에 주의한다.

⑥ 전원을 끄고, SCR을 차단상태로 한다.

⑦ I_G를 1.0[mA], 1.5[mA], 2.0[mA], 2.5[mA]로 각각 조정하였을 때 위의 과정 ③~⑥을 반복한다.

⑧ 〈표 29-1〉를 이용하여 차단 상태의 각 I_G에 대한 $V_a - I_a$의 특성곡선 [그림 29-5]에 그린다.

실험 결과 보고서

학과 : 학번 : 성명 :

1. 실험 결과표

〈표 29-1〉 SCR의 특성

I_G	I_a[mA]											
	V_a[V]											
	0											40
0.5[mA]												
1.0[mA]												
1.5[mA]												
2.0[mA]												
2.5[mA]												

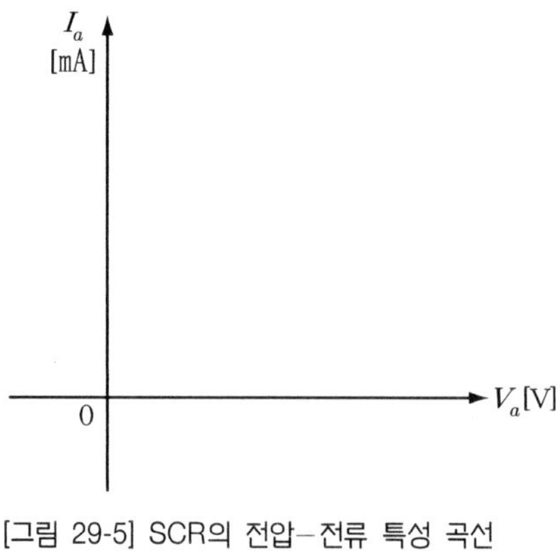

[그림 29-5] SCR의 전압-전류 특성 곡선

2. 검토 및 정리

(1) SCR의 특성과 일반 다이오드 특성의 차이점에 대하여 설명하여라.

(2) 브레이크 오버 전압(breakover voltage)에 대하여 설명하여라.

(3) 실리콘 제어 정류기의 응용 분야에 대하여 설명하여라.

실험 30 멀티바이브레이터 회로

1. 실험 목적

(1) 멀티바이브레이터(multi-vibrator)의 종류와 특성을 이해할 수 있다.
(2) 비안정 멀티바이브레이터를 발진회로에 응용할 수 있다.

2. 기기 및 재료

기기	규격	수량	재료	규격	수량
오실로스코프	40[MHz]이상	1대	트랜지스터	2SC1815	2개
직류전원전압기	20[V]	1대	저항	560[Ω] 10[kΩ], 47[kΩ], 100[kΩ], 470[kΩ]	2개 각 1개 각 1개
직류전압계	25[V]	1대	전해콘덴서	1μF, 100μF	각 2개
브래드보드		1개	발광다이오드		2개

3. 관련 이론

멀티바이브레이터(multi-vibrator, M/V)는 구형파(Squre wave, 방형파) 출력을 만들기 위해 콜렉터 결합형, 이미터 결합형 등의 결합 회로 구성이나 회로의 안정성에 따라 비안정(astable 또는 무안정), 쌍안정(bistable 또는 2안정), 단안정(monostable 또는 1안정) 멀티바이브레이터가 있다.

(1) 비안정 멀티바이브레이터 회로

[그림 30-1]의 회로와 같이 C결합 2단 증폭회로로서 안정상태가 없이 자동적으로 계속 동작하는, 즉 한쪽의 상태에서 다른 쪽의 회로가 가진 시정수에 따라 교번 발진을 계속하는 회로이며, 자주 발진회로라고도 한다.

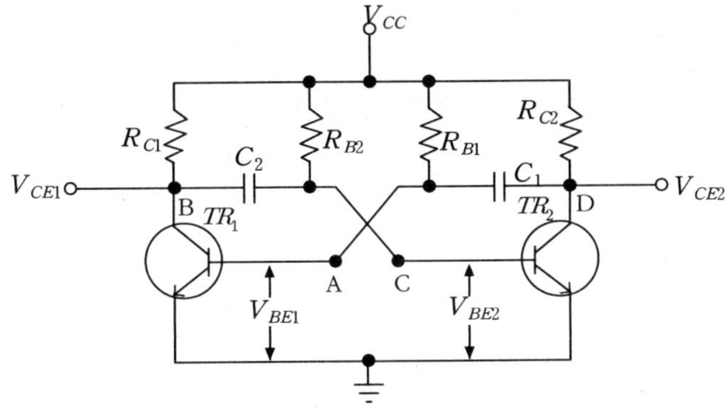

(a) 회로도

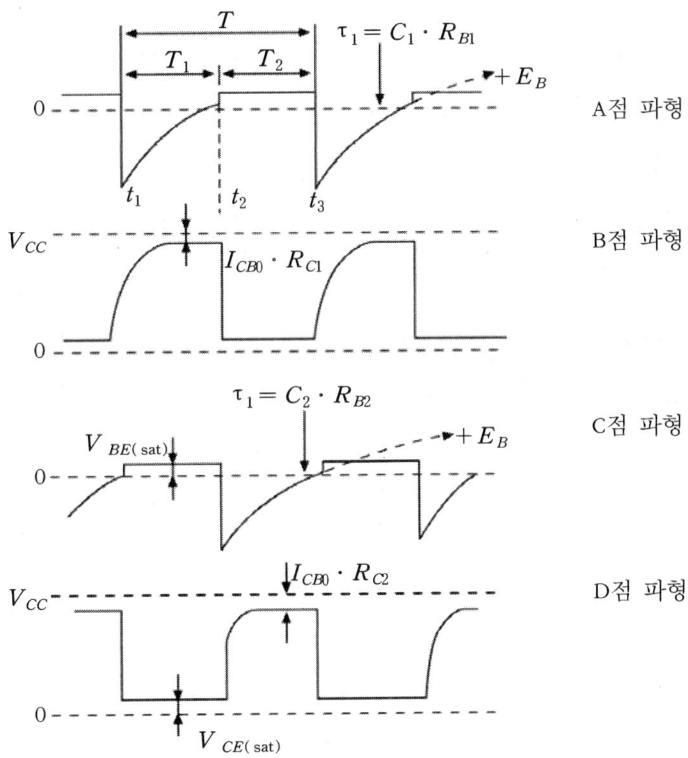

(b) 각 점의 파형

[그림 30-1] 비안정 멀티바이브레이터의 회로 및 파형

[그림 30-1] (a)에서 TR_1이 차단, TR_2가 도통이 되는 때를 t_1이라 하면, TR_1의 베이스 전압 V_{BE1}은 컷 오프 베이스 전압 $V_{BE(0)}$으로부터 (−)로 내려

가고, TR_2의 V_{BE2}는 포화 베이스 전압 $V_{BE(sat)}$가 된다. 따라서 t_1일 때는

$$I_{C1} = I_{CBO} \qquad \text{단, } I_{CBO} : \text{콜렉터 차단전류}$$
$$V_{CE1} = V_{CC} - I_{CBO}R_{C1} \qquad \text{단, } V_{CE(sat)} : \text{포화 콜렉터 전압}$$

이 되고, 또 TR_1이 OFF이므로

$$V_{CE1} \fallingdotseq V_{CC}$$
$$V_{CE2} = V_{CC} - I_{C2}R_{C2} = V_{CE(sat)}$$

로 되며, 시간이 t_1에서 t_2가 되면 V_{BE1}은 C_1에 축적되었던 (−)의 전하가 R_{B1}을 통하여 방전되므로 [그림 30-1] (b)에서와 같이 상승한다. t_2가 되었을 때는 $V_{BE(0)}$보다 약간의 (+)의 값을 갖는다.

이때 베이스에는 I_{B1}만큼의 전류가 흐르게 된다. 그러므로 TR_1의 콜렉터에는 I_{B1}의 h_{fe}배가 되는 I_{C1}만큼 저하시킨다. 이 변화가 C_2를 통하여 TR_2의 베이스에 가해져 $I_{C1}R_{C1}$만큼 V_{BE2}는 낮아진다. 따라서 I_{B2}는 I_{B2}만큼 적어지고, I_{C2}는 $I_{B2}h_{fe} = I_{C2}$만큼 적어진다.

이 결과 V_{CE2}가 $I_{C2}R_{C2}$만큼 상승하고, 이것이 C_1을 통하여 TR_1의 베이스에 흘러 V_{BE1}을 $I_{C1}R_{C1}$만큼 상승시키므로 이에 비례하여 I_{B1}이 더 흐르게 되어 I_{C1}을 증가시켜 V_{BE1}이 베이스 포화전압 $V_{BE(sat)}$에 도달하므로 TR_2를 컷 오프하게 된다.

그러므로 t_2의 상태에서는 다음과 같다.

$$V_{CE1} = V_{CC} - I_{C1}R_{C1} = V_{CE(sat)}$$
$$I_{C2} = I_{CBO}$$
$$V_{CE2} = V_{CC} - I_{CBO}R_{C2}$$

그런데 TR_2가 차단되므로

$$V_{CE2} \fallingdotseq V_{CC}$$

가 되며, TR_1과 TR_2가 포화상태와 컷오프 상태를 반복하게 된다.

그런데, 이 회로에서 대칭 파형을 얻으려면 $C_{B1} = C_{B2}$로 하면 되고, 반복주기 T는

$$T = T_1 + T_2$$
$$= 0.69(R_{B1}C_1 + R_{B2}C_2)[\mathrm{sec}]$$

로 주어지는데, 대칭형 회로에서는 $R_{B1} = R_{B2} = R$, $C_1 = C_2 = C$가 되므로, 위의 식은

$$T = 2 \times \tau = 2 \times 0.693RC \fallingdotseq 1.38RC \ [\mathrm{sec}]$$

로 된다.

또, 반복 주파수 f는 다음과 같다.

$$f = \frac{1}{T} = \frac{1}{T_1 + T_2} \fallingdotseq \frac{1}{0.69(R_{B1}C_1 + R_{B2}C_2)} \ [\mathrm{Hz}]$$

(2) 단안정 멀티바이브레이터 회로

이 회로의 동작은 트리거 펄스와 같은 입력에 의해서 일정한 시간 폭을 가진 출력을 내고, 그 시간이 지나면 다시 원래의 상태로 돌아오는 회로이며, 비안정 멀티바이브레이터 회로의 2개의 AC 결합 중에서 1개를 DC결합 상태로 바꾼 것이다.

그리고 이 회로는 시정수의 변화로 펄스의 속도를 자유로 늦출 수가 있으므로 펄스 발생기나 지연회로 등 광범위하게 응용되고 있다.

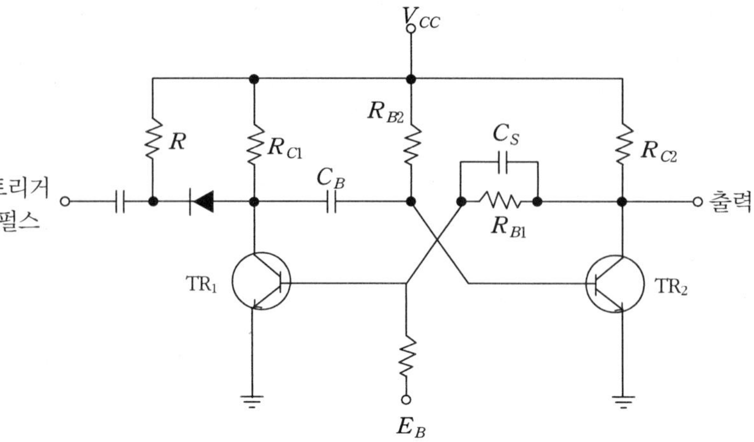

(a) 회로도

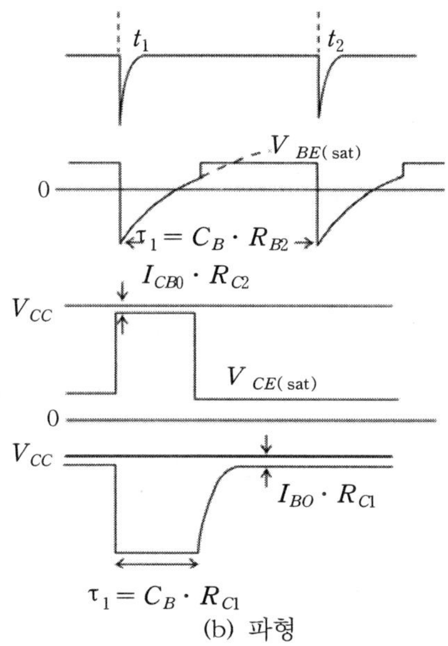

(b) 파형

[그림 30-2] 단안정 멀티바이브레이터 회로

[그림 30-2] (a)는 기본 회로이며, (b)는 파형을 표시한 것이다. 이 회로에는 콜렉터 결합형과 이미터 결합형이 있는데, 일반적으로 콜렉터 결합형이 많이 쓰이며, 그림의 기본 회로는 콜렉터 결합형이다. 이 회로의 동작은 하나의 안정상태와 하나의 준안정 상태를 가지며, 동작상태를 변화시키기 위해서 외부로부터 (−)의 트리거 펄스를 가하면 안정상태에서 준안정 상태로 되었다가 어느 일정한 시간이 경과된 다음 자동적으로 다시 안정상태로 돌아온다.

그림 (a)의 V_{CE2}출력으로 블로킹 발진기와 같은 펄스 발생 회로를 트리거하면, 트리거 입력 펄스보다 t_w시간 늦은 출력, 즉 그림 (c)의 ③과 같은 출력펄스가 된다. 그림의 기본 회로에서 V_{CC}를 공급하면 TR₁이 OFF, TR₂가 ON이 되었을 때

$$V_{CE1} = V_{CC} - I_{CBO}R_{C1} \fallingdotseq V_{CC}, \quad V_{CE2} = V_{CC} - I_{C2}R_{C2} \fallingdotseq V_{CE(sat)}$$

가 안정상태이다. 그런데 C_s는 가속(speed-up) 콘덴서로 스위칭 속도를 빠르게 하는 한편, 동작을 정확하게 하는 작용을 한다.

또 그림 (b)의 t_1시점에서 (−)의 트리거 펄스를 걸어 주면 V_{CE1}이 낮아진다. 그리고 그 변화분이 C_B를 통하여 TR_2의 베이스에 들어가 V_{BE2}를 저하시킨다. 이로 인하여 I_{C2}가 감소하고, 따라서 I_{C1}이 증가하여 전압 V_{CE1}이 낮아진다. 이 경우의 (−)의 트리거 펄스에 의한 동작 상태는 V_{CE1}이 저하→ V_{BE2}가 저하 → I_{C2}가 저하→ V_{CE2}상승→ V_{BE1}상승→ I_{C1}증가(→V_{CE1}이 저하)의 순으로 되며, 이 회로는 정궤환 작용으로 인하여 TR_1과 TR_2가 각각 ON, OFF를 반복한다.

다음 t_1에서 t_2로 접근하면 $V_{BE2} < V_{BE(0)}$인 경우는 TR_1이 도통이 되어 그림 (b)의 V_{CE2} 같은 출력파형 상태를 유지한다. 또 V_{BE2}는 콘덴서 C_B에 의한 시정수 $R_{B2}C_B$로 상승한다. 그리하여 $V_{BE(0)}$보다 커지면 t_2의 시점에서 TR_2가 도통이 되고, 이때 I_{C2}가 흘러 원래의 안정상태로 돌아온다.

출력 펄스폭 t_w는 TR_1이 컷 오프의 상태일 때로서, 실제 회로에서 $E_B = V_{CC}$라 하면

$$t_w = C_B R_{B2} \log_e \left(1 + \frac{V_{CC}}{E_B}\right)$$

로 주어진다. 또, 반복주기 t_w는 다음과 같이 표시된다.

$$t_w = C_B R_{B2} \log_e 2 \fallingdotseq 0.69 C_B R_{B2}$$

이 회로는 구형파의 발생이나 펄스폭의 신장, 펄스의 지연 등에 쓰인다.

3) 쌍안정 멀티바이브레이터 회로

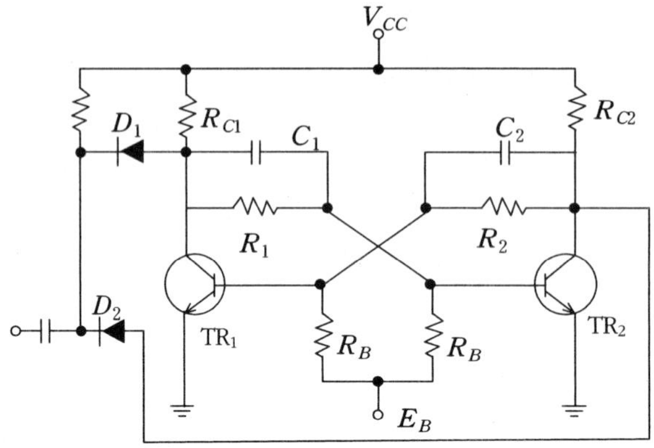

(a) 회로도

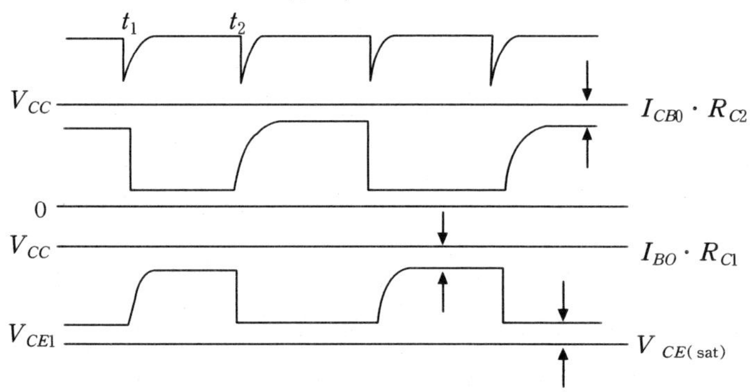

(b) 파형

[그림 30-3] 쌍안정 멀티바이브레이터의 회로 및 파형

쌍안정(2안정이라고도 한다) 멀티바이브레이터는 직류결합의 2단 증폭기로서 보통 플립 플롭(flip-flop) 회로라고 하는 것이다. 이 기본 회로는 [그림 30-3] (a)와 같다. 이 회로는 보통 좌우 대칭형이므로 스위치를 넣었을 때 TR_1 또는TR_2의 어느 한 쪽이 도통이면 다른 쪽의 트랜지스터는 차단의 안정상태가 된다. 즉, TR_1이 도통상태가 되면TR_1의 콜렉터 전압 V_{CE1}은 $V_{CE1} = V_{CE(sat)} \fallingdotseq 0$이 되고,$TR_1$이 도통이므로 TR_2는 차단이 되어 TR_2의 콜렉터 전압 V_{CE2}는 $V_{CE2} = V_{CC} - I_{CBO}R_{C2} \fallingdotseq V_{CC}$가 된다.

[그림 30-3] (a)에서 t_1일 때 (－)의 트리거 펄스를 가해주면 역바이어스가 되어 있는 D_1에는 펄스가 통과하지 못하고, D_2의 도통 상태에서 TR_2의 콜렉터 전위가

내려간다. C_2를 통하여 TR_1의 베이스 전위를 저하시켜 TR_1의 콜렉터 전류는 더욱 감소되고, (－)의 트리거 펄스가 들어가면 t_1의 시점에서는 V_{CE1}이 저하→ V_{BE2}가 저하 →I_{CE}가 저하 →V_{CE}가 상승 →V_{BE1}이 상승 →I_{C1}이 증가 (→V_{CE1}이 저하)의 순서가 된다. 또 R_1, R_2에 각각 병렬접속된 C_1, C_2는 가속 콘덴서로서, 발진 속도를 높여주는 역할을 한다.

이와 같이, 쌍안정 회로는 입력 트리거 펄스 2개마다 1개의 출력 펄스를 얻어 낼 수 있으므로, 분주기나 전자계산기, 계수기 기억회로, 2진 계수회로 등의 디지털 기기들의 소자로 많이 사용된다.

4. 실험 절차

① [그림 30-4]의 회로와 같이 연결한다.

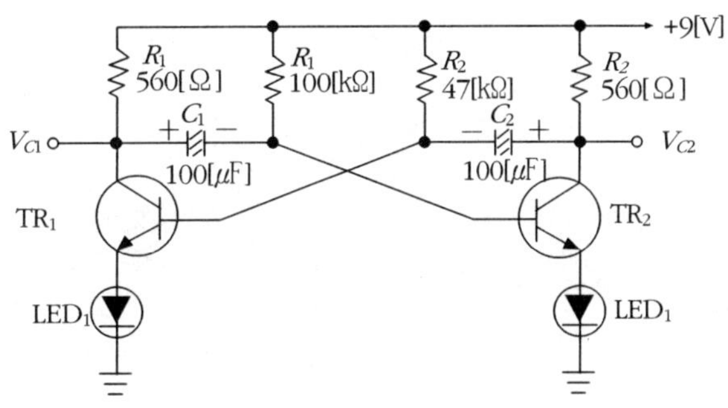

[그림 30-4] 비안정 멀티바이브레이터 실험회로

② 발광 다이오드 LED_1과 발광 다이오드 LED_2의 점등(ON) 시간과 소등(OFF) 시간을 각각 측정하여 펄스 파형을 [그림 30-5] (a)에 그린다.

③ LED_1 점등시간 →TR_1이 점등(ON) 되어 있는 시간 → TR_2가 소등(OFF) 상태에서 점등(ON) 상태로 회복되는 시간 → R_1, C_1에 의한 전압에서 약 0.6[V]까지 충전되는 시간 → $0.695R_1C_1$

④ V_{C1}과 V_{C2}의 파형을 측정하여 [그림 30-5] (b)에 그리고, 주기와 주파수 ($f = \frac{1}{T}$)를 구한다.

⑤ 실험 절차 ④를 이용하여 V_{C1}과 V_{C2}의 듀티비(duty ratio)를 구해 〈표 30-1〉

에 기록한다.

⑥ R_1=1[kΩ], R_2=500[kΩ], C_1=1[μF], C_2=1[μF]로 바꾸어 회로를 연결한다.

⑦ 이때에는 발광 다이오드(LED)의 점등, 소등을 눈으로 확인하기 어려우므로 오실로스코프를 사용하여 V_{C1} 파형과 V_{C2} 파형을 측정하여 [그림 30-5] (c)에 그린다.

⑧ V_{C1}과 V_{C2}의 주파수와 듀티비를 구한다.

⑨ 직류 전압계로 V_{C1}과 V_{C2} 전압을 각각 측정하여 〈표 30-1〉에 기록한다.

실험 결과 보고서

학과 :　　　　　　　　　　학번 :　　　　　　　　　　성명 :

1. 실험 결과표

〈표 30-1〉 비안정 멀티바이브레터 회로 특성

	V_{C1}		V_{C2}		비 고
	소자 변경전	소자 변경후	소자 변경전	소자 변경후	
주파수, 주기					
튜티비					
직류전압					

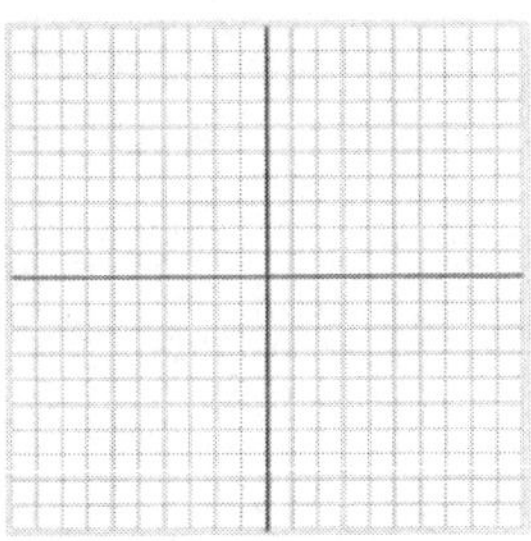

(a) LED 1,2 ON/OFF 파형

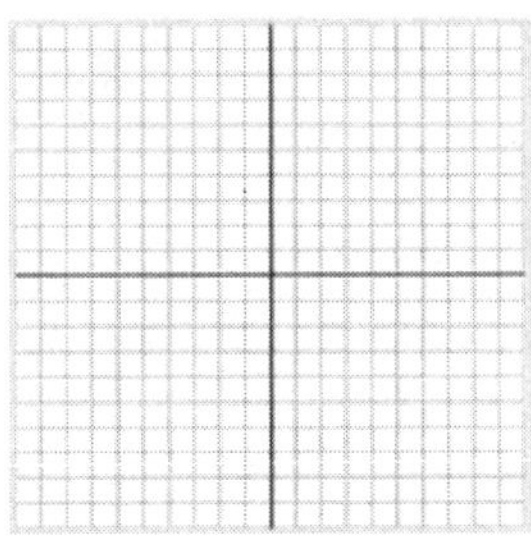

(b) V_{C1}, V_{C2} 파형(실험④)

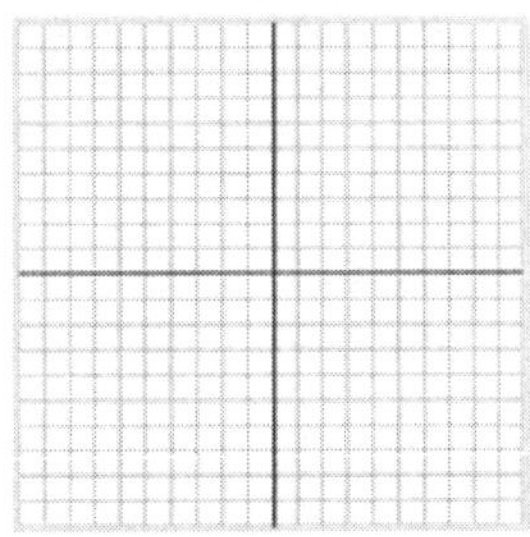

(c) V_{C1}, V_{C2} 파형(실험⑦)

[그림 30-5] 비안정 M/V 실험 파형

2. 검토 및 정리

(1) 멀티바이브레이터의 종류와 특징을 설명하여라.

(2) 멀티바이브레이터는 어디에 이용되는가를 설명하여라.

(3) [그림 30-4]의 회로에서 V_{C2} 출력 파형이 나타나는 주기 또는 기간은 어느 부품에 의해 결정되는가를 설명하여라.

(4) [그림 30-4]의 회로에서 사용된 트랜지스터는 어느 작용을 이용한 것인지를 설명하여라.

(5) 주기(T)와 주파수(f)의 관계를 설명하여라.

부 록

1. 전기통신용 심벌(KSC 0303에 따름)
2. 반도체 소자에 공통인 문자와 기호
3. 반도체에 쓰이는 약어와 기호
4. 다이오드, 정류소자의 약어와 기호
5. 각종 반도체 소자의 일람표

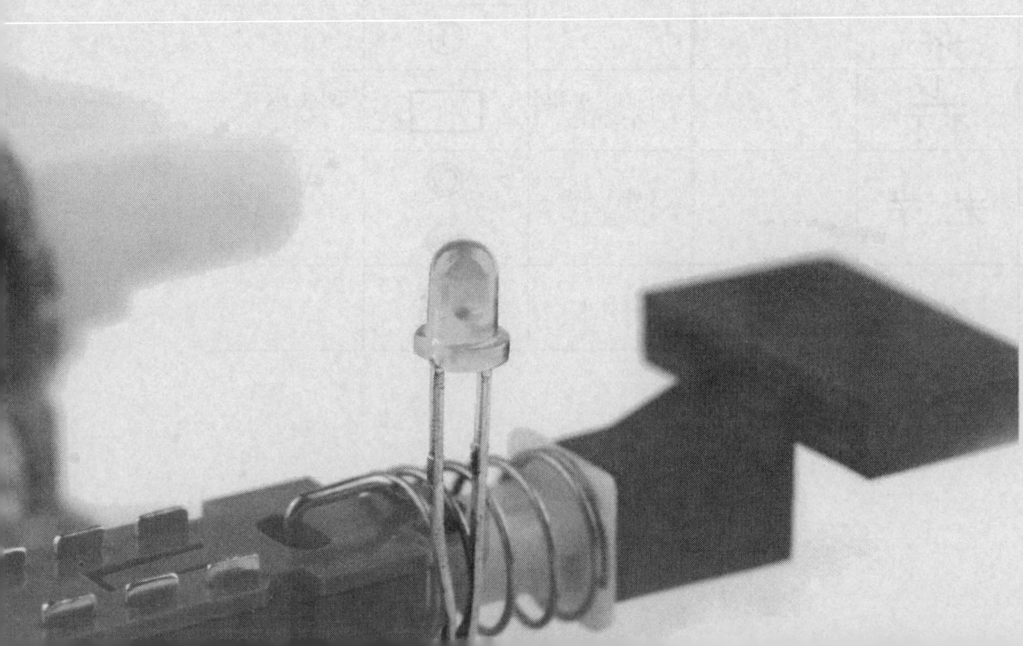

1. 전기통신용 심벌(KSC 0303에 따름)

(1) 기 본

명 칭	심 벌	비 고	명 칭	심 벌	비 고
단자			임피던스		
접지(대지)			가변 임피던스	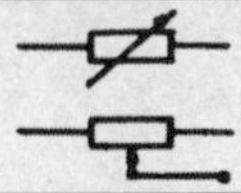	
접지(섀시)			램프	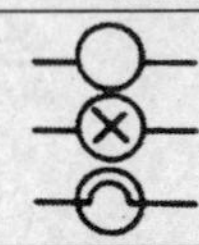	
단자가 붙은 인덕턴스	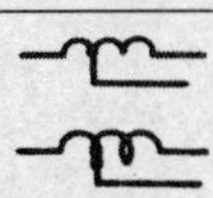	가변인 때에는 다음과 같이 한다 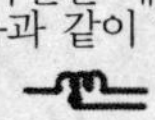	경보퓨즈		포장형일 때에는 다음과 같이 한다 
철심이 있는 변성기	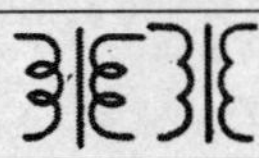		히터 코일	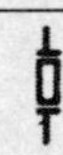	히터 코일형 퓨즈를 포함한다
압분 철심이 있는 변성기	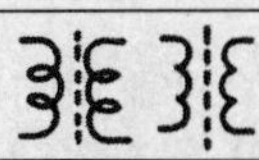		저항 램프		
단권 가변 변성기	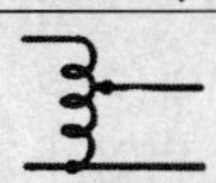		안정 저항 램프		
정전 용량 또는 축전기			차폐		
가변 축전기	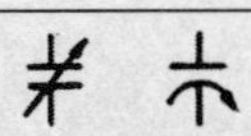		계기		○안에 종류 표시 문자기호 기입
반고정 축전기					
가변 평형형 축전기	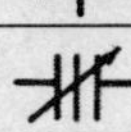				
차동 가변 축전기	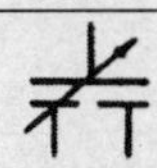		기기 또는 장치의 기본기호		□안에 종류 표시 문자기호 기입
연동 가변 축전기	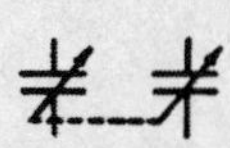		송화기 또는 마이크로폰		
전해 축전기			수화기		

(2) 전자관

구분	명 칭	심 벌	비 고	구분	명 칭	심 벌	비 고
음극	직렬 음극 및 방렬 음극용 히터		탭이 있을 때에는 다음에 따른다 	관구	전자관 (가스들이)		가스 또는 증기
	방렬 음극				브라운관	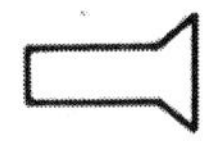	
	냉음극			베이스의 방향	사이드 핀		
	계수 방전관의 공통 전극				키가 있는 것		
	광전 음극				핀의 간격이 다른 것	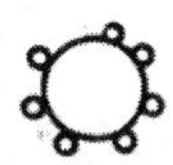	
	수은 음극			응용예 1	3극관 (직렬 음극)	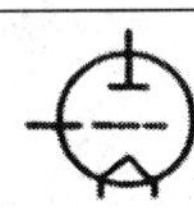	
제어전극	그리드				3극관 (방렬 음극)	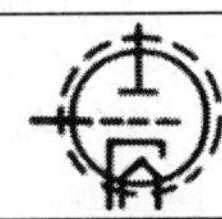	점선은 차폐한 때의 표시
	헬릭스		지파회로용		양단형 수냉관		3극 가열일 때의 표시
	반사 전극				5극관 및 빔 출력관	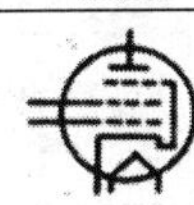	
	편향 전극 (브라운관용)	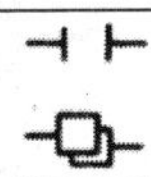			주파수 변환관	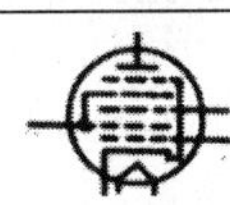	
	첨호 전극				2극 방전관 (냉음극)		정전압 방전관
집전극	양극 (플레이트)	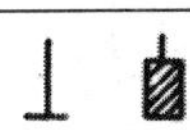			네온전구	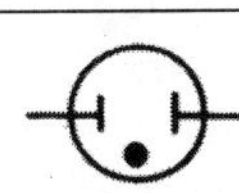	
	타깃				3극 방전관 (냉음극)	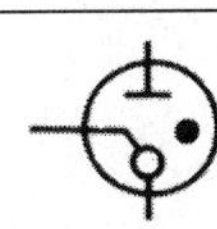	
	다이노우드						
관구	진공관 (일반)	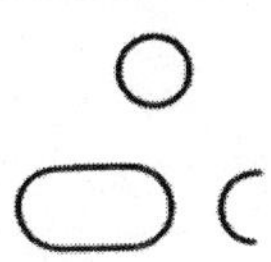					

(3) 반도체 소자

명칭		심벌	비고
전극	베이스		
	이미터		
	컬렉터		
	빛		
다이오드	다이오드 및 정류체(일반)		다이오드 및 트랜지스터의 심벌에서 혼동이 없을 때에는 ○표를 생략한다.
	가변용량 다이오드		
	터널 다이오드		
	정전압 다이오드		
	정전압 다이오드 (대칭형)		
	포토 다이오드		
정류소자	제어 정류소자 (P게이트)	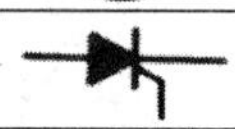	
	제어 정류소자 (N게이트)	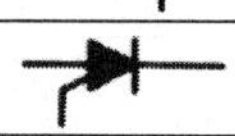	
더미스터	서미스터 (직렬형)		
	서미스터 (병렬형)		

명칭		심벌	비고
트랜지스터	PNP형 트랜지스터		
	NPN형 트랜지스터		
	단접합 트랜지스터		P형 베이스
	단접합 트랜지스터		N형 베이스
	포토 트랜지스터	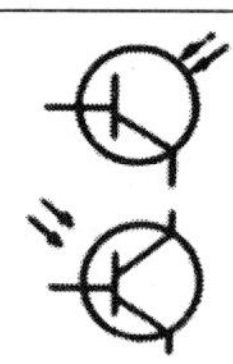	
태양전지	태양전지		
바리스터	바리스터		비대칭형
			조합대칭형
			실리콘 카바이드제의 대칭형

명칭	심벌	비고	명칭	심벌	비고
다이오드	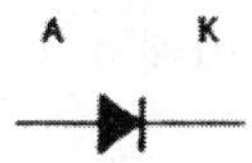	검파, 정류용	SCR		P Gate
제너 다이오드		정전압 다이오드	DIAC		
터널 다이오드		ED	TRIAC		
발광 다이오드		LED	LASCR		
가변용량 다이오드		Varactor	SCS	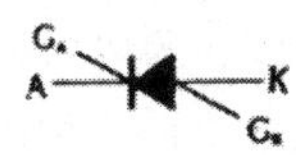	
전파브리지 정류기	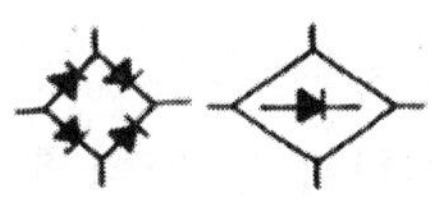		SBS	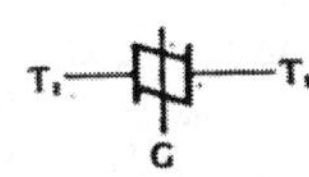	
트랜지스터	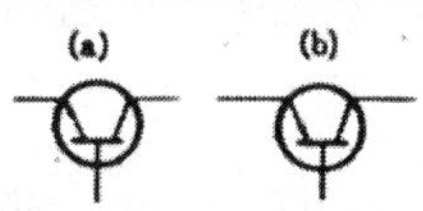	(a) NPN형 (b) PNP형	SSS		
UJT	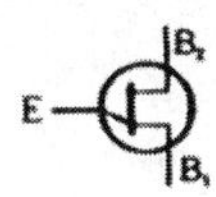		PUT	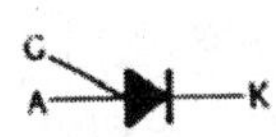	SUS
광전 트랜지스터	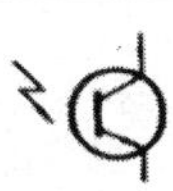		Cds	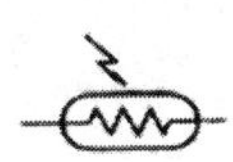	
서미스터	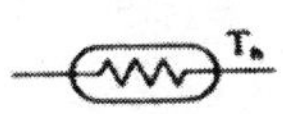		바리스터	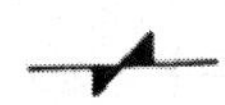	대칭형
접합형 FET	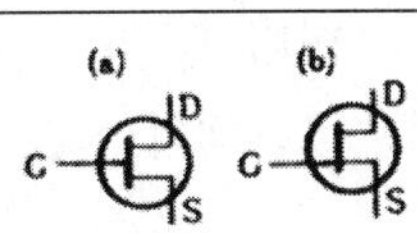	(a) N채널 (b) P채널	MOS형 FET	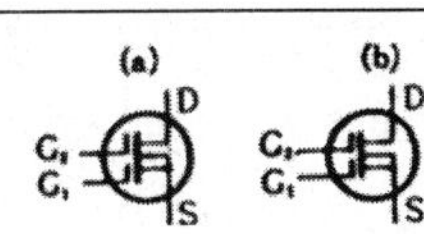	(a) N채널 (b) P채널

2. 반도체 소자에 공통인 문자와 기호

반도체 소자에 공통으로 쓰이는 문자, 기호를 묶어보면 아래와 같이 된다.

E	에미터	G	게이트
B	베이스	D	드레인
C	콜렉터	S	소오스
A	애노드	SD	시일드
K	캐소드	T	터미널(트라이액의 경우 T-1, T-2)

문자, 기호에 대해서는 대문자는 직류값을, 소문자는 교류값을 나타내고, 붙임자를 써서 입력, 출력, 접지방식을, 트랜지스터에서는 단자인 에미터, 베이스, 콜렉터 전극을 명시하여 약호의 명확화를 기하려는 것이다.

붙임자는 대체로 다음 원칙에 따른다.

- 붙임자는 보통 1～3자 또는 1～3단어로 구성된다.
- 제1의 붙임자는 전류가 측정되는 곳의 전극을 명시하거나 제2의 붙임자에 의해 명시된 기준 전극, 또는 회로의 교점과의 사이 전압이 측정되는 곳의 전극을 명시한다.
- 제2의 붙임자는 일반적으로 공통전극을 나타낸다. 예컨대 회로가 에미터 접지의 경우에는 E, e를 쓴다.
- 제3의 붙임자는 트랜지스터의 경우, 제1 및 제2의 붙임자에서 사용된 외의 또 하나의 전극의 상태를 나타낸다.
- 붙임자는 1개로 명시되는 경우는 제2, 제3을 2개로 명시되는 경우에는 제3을 생략할 때가 있다.
- 붙임자는 아니나 기호 앞에 전류 방향을 나타내는 (+), (−)를 붙이는 방법은 통상 전극에 흘러들어가는 방향을 정으로 하며 (+)로 한다.
- 붙임자의 대문자는 보통은 직류를, 소문자는 교류를 나타낸다.

V, v	전압	T_e	케이스 온도
I, i	전류	T_j	접합부 온도
P	전력, 허용손실	T_{stg}	보존 온도
T_a	주위온도	R_{th}	열저항

3. 반도체에 쓰이는 약어와 기호

(1) 일반 트랜지스터

V_{CBO}	콜렉터·베이스 사이 전압	$V_{CER(SUS)}$	콜렉터·에미터 사이 서스티닝전압
V_{CBV}	〃	V_{EBO}	에미터·베이스 사이 전압
V_{CEO}	콜렉터·에미터 사이 전압(베이스 개방)	BV_{CBO}	콜렉터·베이스 사이 항복 전압
V_{CER}	〃 (베이스·에미터 사이저항R 삽입)	BV_{CEO}	콜렉터·에미터 사이 항복 전압
V_{CES}	〃 (베이스·에미터 사이 단락)	BV_{CER}	〃
V_{CEV}	〃 (베이스·에미터 사이 지정전압)	BV_{CES}	〃
V_{CEX}	〃 (베이스·에미터 사이 지정회로)	BV_{CEX}	〃
BV_{EBO}	베이스·에미터 사이 항복 전압	C_{te}	입력용량
V_{CB}	베이스·콜렉터 사이 인가 전압	$C_c \cdot r_{bb'}$	$C_c \cdot rbb'$ 적, 베이스 시정수
V_{CE}	콜렉터·에미터 사이 인가 전압	f_{ab}	차단 주파수
V_{CC}	콜렉터 전원전압	$r_{bb'}$	베이스 퍼짐 저항(하이브리드 π형 등가회로에서의 bb' 사이 저항)
V_{EE}	에미터 전원전압	G_{pe}	전력이득(에미터 접지)
V_{BB}	베이스 전원전압		
V_t, V_{in}	입력전압	G_c	변환전력이득
V_O, V_{out}	출력전압	h_i	입력 임피던스(에미터접지의 경우 hie 이하 같음)
I_{CBO}	콜렉터 차단전류		
I_{CEO}	〃	h_r	전압귀환율
I_{EBO}	에미터 차단전류	h_f	소신호 전류 증폭률
I_B	베이스전류	h_o	출력어드미턴스
I_c	콜렉터전류	g_i	입력콘덕턴스
I_E	에미터전류	C_i	입력용량
P_o, P_{out}	출력전력	g_o	출력콘덕턴스
P_t, P_{tn}	입력전력	C_o	출력용량
P_c	콜렉터 손실	y_j	순전달 어드미턴스
h_{FE}	직류전류 증폭률(에미터접지)	y_r	역전달 어드미턴스
$V_{CE(sat)}$	콜렉터·에미터 사이 포화전압	t_d	지연시간
$V_{BE(sat)}$	베이스·에미터 사이 포화전압	t_r	상승시간
V_{BE}	베이스·에미터 사이 전압	t_{stg}	축적시간
f_r	트랜지션 주파수	t_f	하강시간
C_{ob}	콜렉터 출력용량		

(2) 전계효과 트랜지스터(FET)

V_{GDO}	게이트·드레인 사이 전압	g_m	상호 콘덕턴스
BV_{GDO}	게이트·드레인 사이 항복전압	I_{GSS}	게이트 누설전류
I_G	게이트전류	C_G	게이트용량
I_{GSS}	게이트 차단전류	C_{iss}	소스접지 입력용량
I_{DSS}	드레인전류	C_{rss}	소스접지 귀환용량
V_P	핀치오프 전압		

(3) 포토 트랜지스터

I_D 암전류 입사광이 없는 상태에서 콜렉터 접합에 역전압을 인가했을 때의 역전류

I_L 광전류 규정의 입사광 상태에서 콜렉터 접합에 역전압을 인가했을 때 흐르는 전류

4. 다이오드, 정류소자의 약어와 기호

(1) 일반 다이오드

V_{RM}	첨두 역전압	i_F	순시 순전류
V_{surge}	허용 서지전압	I_{FM}	첨두 순전류
V_R	직류 역전압	I_R	역전류
v_R	순시 역전압	i_R	역전류
V_F	순전압(직류값)	I_o	평균 정류전류 또는 출력전류
v_F	순시 순전압	C_j	접합용량
I_F	순전류(직류값)	C_r	단자 사이 용량
I_f	실효 순전류	η	정류능률

(2) 정전압 다이오드

I_Z	제너전류 역전압 인가, 역전류가 급증한 상태에서의 역전류값
V_Z	제너전압 역전압 인가, 역전류가 급증한 상태에서의 지정전류일 때의 역전압
V_d	동작저항 $r_d = \triangle V_z / \triangle I_z$…… 제너전압에 있어서의 값
r_z	제너전압의 온도계수

5. 각종 반도체 소자의 일람표

명칭	영 문	정션수	내용 및 별명
바이라테럴 SCR		4	SCR을 역병렬로 한 것과 같은 것. TRIAC
바이스위치	Biswitch	4	pnpn다이오드를 역병렬로 한 같은 것. DIAC, SSS
CAR	Controlled Avalanche Rectifier	1	과전압을 가하여 다이오드 스위치, 애버랜치 제어정류기
크리테지스터	Critesistor	0	서미스터의 일종
디서어져		1	다이오드의 역특성을 사용한 바리스터
DIAC		4	바이스위치, SSS
더블베이스 다이오드		1	UJT, 단접합 트랜지스터
EL	Electroluminescence	0	전장발광
에사끼 다이오드		1	터널 다이오드
FET	Field Effect Transistor	1	전계효과형 트랜지스터
게이트리스 SCR		3	PNPN다이오드, 쇼클레 다이오드, 4층 다이오드
GCS	Gate Controlled Switch	3	전류차단 가능한 SCR, GTO, 턴오프 SCR
GTO	Gate Turn Off	3	위와 같음, GCS
빛게이트 SCR		3	빛에 의해 제어 가능한 SCR, LAS
홀리스터	Hallistor	0	효율 소자
하이퍼캡다이옴		1	바랙터의 일종, 바리피코
기타 다이오드		1	파라메트릭 증폭용 바랙터의 1종
LAS	Light Activated Switch	3	빛에 의해 제어 가능한 PNPN 다이오드, 빛 게이트 SCR
MOS	Metal-Oxide Semiconductor	1	절연형 전계효과 트랜지스터
MOST	Metal-Oxide Semicond. transistor	1	위와 같음
네가옴		0	서미스터의 일종
NTC	Negative Temperature Coefficient	0	위와 같음
파라메트릭 다이오드		1	바랙터
PC	Photo-Conductor	0	광전도 소자
포토콘		0	위와 같음
포토우드		1	포토 다이오드
포토펫	Photo FET	1	빛에 의해 제어 가능한 FET
PNPN 다이오드		3	쇼클레 다이오드, 게이트리스 SCR, 4층 다이오드
포지스터		0	정특성 서미스터
SCR	Silicon Controlled Rectifier	3	실리콘 제어 정류기, 다이리스터
SCS	Silicon Controlled Switch	3	2개의 게이트 전극을 가진 SCR

명칭	영 문	정션수	내용 및 별명
셀트랩	Seltrap	1	다이오드의 역특성을 사용한 바리스터
세미스터	Semistor	0	정특성 더미스터의 일종
센시스터	Sensistor	0	위와 같음
쇼클레 다이오드		3	PNPN 다이오드, 게이트리스 SCR, 4층 다이오드
실리스트		0	바리스터의 일종
솔라오우드		1	태양전지
SSS	Sillicon Symmetrical Switch	4	바이스위치, DIAC
단접합 트랜지스터		1	UJT, 더블베이스 다이오드
테크네트론		1	전계효과 트랜지스터의 일종
다이액		4	바이스위치, DIAC
사이리스터	Thyristor	3	SCR의 일반명
사이렉터	Thyrector	0	바이스터
트랜스위치	Transwitch	3	SCR의 일종
TRIAC		4	바이와테럴 SCR
트리니스터		3	SCR, 다리스터
터널 다이오드		1	에사끼 다이오드
턴오프 SCR		3	GTO, GCS
UJT	Unijunction Transistor	1	더블베이스 다이오드, 단접합 트랜지스터
유니펫	Uni FET	1	FET의 일종
유니라테럴 다이오드 스위치		3	게이트리스 SCR, PNPN 다이오드, 쇼클레 다이오드
유니폴라 트랜지스터		1	FET
바랙터	Varactor	1	가변용량 다이오드, 바리캡, 파리메트릭 다이오드
바리캡	Varicap	1	위와 같음, 바랙터
바리피코		1	가변용량 다이오드의 일종, 하이퍼캡 다이오드
VDR	Voltage Dependent Reistor	0	바리스터
4층 다이오드		3	PNPN 다이오드, 게이트리스 쇼클레 다이오드
제너 다이오드	Zener Diode	1	정전압 다이오드

전자기초실험

2판 2쇄 발행 2013년 2월 25일

저 자 임승하 · 황호웅 · 나승권 · 이종성

발행인 남 승 우

발행처 **남두도서**

서울특별시 동작구 사당로9가길 6(사당동)
TEL : (02)595-1692~4
FAX : (02)595-1394
E-mail : namdoo6@unitel.co.kr
신고 : 5-76호 (1998. 11. 4)

정가 24,000 원

ISBN 978-89-5780-139-0 93560

〈디자인〉 편집 엄해숙 / 표지 나아기획